Zafar Chaudhry

O camelo e a sua doença

AF514777

Zafar Chaudhry

O camelo e a sua doença

ScienciaScripts

Imprint

Any brand names and product names mentioned in this book are subject to trademark, brand or patent protection and are trademarks or registered trademarks of their respective holders. The use of brand names, product names, common names, trade names, product descriptions etc. even without a particular marking in this work is in no way to be construed to mean that such names may be regarded as unrestricted in respect of trademark and brand protection legislation and could thus be used by anyone.

Cover image: www.ingimage.com

This book is a translation from the original published under ISBN 978-3-330-35012-0.

Publisher:
Sciencia Scripts
is a trademark of
Dodo Books Indian Ocean Ltd. and OmniScriptum S.R.L publishing group

120 High Road, East Finchley, London, N2 9ED, United Kingdom
Str. Armeneasca 28/1, office 1, Chisinau MD-2012, Republic of Moldova, Europe
Printed at: see last page
ISBN: 978-620-7-69969-8

Copyright © Zafar Chaudhry
Copyright © 2024 Dodo Books Indian Ocean Ltd. and OmniScriptum S.R.L publishing group

1

Capítulo 1
INTRODUÇÃO

Todos os membros da família dos camelos (Camelidae) pertencem à ordem Artiodactyla (ungulados de dedos pares) e à subordem: Tylopoda (patas almofadadas). Os camelos do Velho Mundo pertencem ao género Camelus com duas espécies: C. bactrianus (camelos com duas corcovas) e C. dromedarius (camelos com uma corcova). Os camelos do Novo Mundo pertencem ao género Lama com três espécies, L. guanicoe (o guanaco), L. peruana (a lama) e L. pacos (a alpaca), e ao género Vicugna com apenas uma espécie, a vicunha. A distribuição atual dos camelos é o resultado das actividades do homem, nas quais a domesticação, a extirpação, a transferência e a dispersão artificial desempenharam papéis importantes.

Os camelos tiveram origem na América do Norte quando as massas de terra ainda estavam unidas (Zeuner, 1963). Estes animais não eram maiores do que lebres. Permaneceram nesta área desde a época Eocénica, passando pelo período Terciário, até à época Pleistocénica, um período de 40 milhões de anos. Da América do Norte, os animais migraram para outras partes do mundo, acabando por desaparecer do seu habitat original, adaptando-se totalmente às várias zonas para onde migraram. O camelo evoluiu para as diferentes espécies da família dos camelos, tal como as conhecemos atualmente. Pensa-se que o dromedário de uma corcova evoluiu a partir do bactriano de duas corcovas. Foi referido que, numa fase inicial da embriogénese, estão presentes duas corcovas rudimentares no dromedário fetal, bem como no báctrio e em cruzamentos híbridos (Leese, 1927).

Os dromedários foram inicialmente domesticados na Arábia Central e Meridional (Zeuner, 1963). A partir daqui, dispersaram-se gradualmente para o Norte de África e para Leste, para os desertos e semi-desertos do Médio Oriente. Os romanos utilizaram camelos em muitas partes do seu império, o que explica a presença de camelos em partes da Europa e da Ásia (Ripinsky, 1983). A difusão do Islão também contribuiu para a dispersão dos camelos pelo Império Islâmico. O nome dromedário, para o camelo de uma só corcova, deriva da palavra grega "dromeus", um corredor, ou "dromas", correr. Inicialmente, este nome designava apenas os velozes camelos árabes, conhecidos pela sua rapidez de movimentos. Mais tarde, passou a aplicar-se a todos os camelos com uma só corcunda. O camelo bactriano deve o seu nome à região de Bactriana, na Ásia Central.

No passado, o camelo era utilizado principalmente para o transporte de mercadorias e passageiros nas zonas desérticas e semi-desérticas. A lã, o leite, a pele e a carne eram os subprodutos (Williamson e Pyane, 1978). Nos tempos modernos, o camelo é uma espécie negligenciada devido à rápida substituição por outras alternativas, como meios de comunicação e de transporte mais rápidos, por exemplo, os automóveis. No entanto, para os beduínos, o camelo é mais do que "o navio do deserto". Está integrado na sua religião e no seu folclore como uma dádiva especial de Deus. No Corão, a importância dos camelos para o povo é descrita da seguinte forma: "Eis o camelo de Alá, um sinal para vós; deixai-o, pois, alimentar-se na terra de Alá, e não lhe toqueis com ferida, para que não vos suceda um doloroso tormento" (Corão: Sura 7-73). E recorda-te de quando preparámos para Abraão o lugar da Casa de Deus e anunciámos aos homens a peregrinação. Virão a ti, a pé e montados em camelos magros" (Sura XXII 26-28 A Peregrinação). Na Surata XXVI, é mencionado: "Ele disse: (eis) esta camela. Ela tem o direito de beber (no poço) e vós tendes o direito de beber (cada um) num dia determinado; e não a toqueis com maldade, para que não vos venha a retribuição. Porém, eles manietaram-na e depois arrependeram-se". Muhammed (que a paz esteja com ele) adorava e elogiava o camelo. O califa Umar afirmou que "o árabe só prospera onde o camelo prospera". Transportar soldados para a guerra no dorso de camelos era uma prática aceite nos tempos bíblicos e continua a ser feita até hoje. A maior parte dos exércitos do Médio Oriente e de alguns países da Ásia (Paquistão e Índia) e do Norte de África ainda têm corpos de camelos nas suas unidades mecanizadas modernas.

O efetivo mundial de dromedários é de 17 milhões e o de bactrianos de 2 milhões. Quinze milhões de dromedários estão presentes em África e no Médio Oriente e 2 milhões na Índia e no Paquistão (Shwartz, 1992). Estima-se que existam cerca de 14 000 camelos de corrida e 40 000 camelos reprodutores só nos Emirados Árabes Unidos (Higgins et al., 1992). Foi registado um pico de produção de leite de 20-40 litros por dia para o camelo (Knoess, 1979; Quereshi, 1986; Khanna e Rai, 1993). Os camelos têm um período de lactação que dura todo ou quase todo o ano, enquanto que o gado local mantido no deserto da África Oriental produz leite apenas durante a estação das chuvas, durante aproximadamente dois meses (Kohler-Rollefson, 1994). Parece que o consumo doméstico de carne de camelo é raro entre as tribos nómadas que possuem dromedários, no entanto, a carne de camelo é popular em muitas cidades do Norte de África e da Arábia (Dorman, 1986). O ganho de peso diário de 1,5 kg para os machos e de 1,0 kg para as fêmeas com uma dieta de baixo custo indica que o camelo é um produtor de carne eficiente (Qureshi, 1986).

O corpo do camelo tem uma massa corporal grande, que aquece mais lentamente do que uma massa corporal pequena quando exposta ao sol. A corcunda caraterística do camelo é uma reserva de gordura subcutânea unida por tecido fibroso. Nas outras partes do corpo, o subcutâneo é quase isento de gordura, de modo a poder dissipar o calor de forma mais eficiente (Clooudsley-Thompson, 1969). O camelo dromedário é muito mais alto do que o camelo de duas corcovas. Um camelo adulto pesa entre 450-600 kg e a sua altura ao ombro é de cerca de 2,2 metros.

As cores dos camelos variam entre o castanho escuro e o cinzento empoeirado. Os camelos brancos são raros, enquanto os camelos pretos são considerados um mau presságio por algumas tribos. O pelo é mais comprido e mais espesso no cimo da cabeça, por baixo da garganta, no dorso do pescoço, nos ombros e na corcunda. O pelo atinge o seu comprimento máximo no início do inverno. O pelo espesso de inverno é normalmente retirado em meados do verão. Os lábios do camelo são extremamente sensíveis e permitem que o animal evite ser picado por espinhos quando percorre arbustos espinhosos. As narinas são fendas quase horizontais que se encontram praticamente na frente e contêm numerosos pêlos que impedem a entrada de areia nas narinas. O camelo pode, portanto, continuar a respirar normalmente, mesmo nas tempestades mais fortes. Os olhos são grandes e proeminentes. As pestanas são longas e pesadas. A membrana nictitante, a terceira pálpebra do olho, é espessa e tem glândulas bem desenvolvidas. Esta terceira pálpebra protege a córnea de todos os materiais estranhos, incluindo a areia. As sobrancelhas são grossas e extrusivas, protegendo os olhos do brilho do sol.

Os ossos digitais são largos e achatados e estão inseridos numa almofada cutânea larga, que forma a planta do pé. Os dois dígitos salientes estão estendidos quase de forma plana sobre o solo e terminam em garras ou unhas curtas, largas e ligeiramente curvas. O segundo e o quinto dedos não estão presentes. O camelo pisa sobre os dedos dos pés ou sobre a almofada que os sustenta. As almofadas expandem-se com a pressão exercida cada vez que o pé é colocado no solo. Isto proporciona a tração na zona arenosa. A capacidade de atravessar as dunas de areia dá ao camelo o nome de "o navio do deserto".

Por baixo do peito e nos joelhos e jarretes das quatro patas, existem almofadas de queratina espessas e córneas. As almofadas já estão presentes no feto de 5-6 meses. Estas almofadas evitam as escoriações quando o animal se ajoelha e permitem-lhe agachar-se na areia quente, elevando ligeiramente o corpo acima da superfície quente.

Em suma, o camelo possui certas características fisiológicas que lhe permitem prosperar em ambientes extremamente áridos (Shwartz, 1992) e a necessidade do homem de explorar as características úteis, que podem, em última análise, garantir a sobrevivência do camelo como animal doméstico. Atualmente, o mistério da privação de água está quase resolvido. Cerca de 12% da água total do corpo está contida no trato alimentar de um camelo completamente hidratado, o que é aproximadamente o mesmo que no gado. No entanto, os camelos são capazes de reciclar a água para a conservar. Isto é conseguido através de um grande número de células endócrinas no epitélio dos estômagos anteriores. Estas células controlam a passagem de água, electrólitos e ureia para dentro e para fora dos estômagos anteriores. Cerca de 50% da água absorvida no omaso é excretada no abomaso. Este ajuda a diluir a ingesta para que esta possa ser facilmente absorvida pelo trato intestinal. A água e a ureia são continuamente recicladas do sangue para os estômagos. Os camelos privados de água/desidratados perdem muito menos volume plasmático do que os outros animais, o que se deve à absorção contínua de água pelos intestinos.

Durante os últimos 10 anos, foi criada uma estrutura mais formal para as corridas nos países do Golfo. A época de corridas começa em outubro e prolonga-se até meados de abril. As corridas decorrem em distâncias até 20 km. Tradicionalmente, as corridas de camelos eram realizadas numa pista rectilínea, mas atualmente são construídas pistas circulares de até 10 km. As corridas de camelos são um desporto sério, que mantém o património cultural e tem implicações socioeconómicas significativas.

A manutenção de uma boa saúde e produtividade (seja aptidão para corridas ou aptidão para a produção de leite, carne e pelo) é de importância vital para o proprietário.

Em geral, a maior parte das doenças dos camelos devem ser consideradas como problemas de manada. É muitas vezes impraticável que uma manada permaneça no mesmo local durante um período de tempo. Consequentemente, o veterinário responsável pode ter a oportunidade de efetuar apenas uma única visita a um "paciente" antes de toda a manada se deslocar para uma nova área de pastagem. Nestas circunstâncias, a importância do exame clínico para se chegar a um diagnóstico correto é evidente (Higgins e Kock, 1986).

Para detetar anomalias nos camelos, o veterinário deve estar familiarizado com o seu estado de saúde normal. Um camelo saudável é um camelo com a cabeça erecta, olhos claros, orelhas espigadas com um aspeto brilhante, apetite, pulsação e temperatura normais. A corcunda dá frequentemente uma boa indicação do estado de saúde e deve ser arredondada, carnuda e vertical ou ligeiramente inclinada. Algumas raças mais pequenas de camelos do deserto têm corcundas pequenas, que não devem ser confundidas com a corcunda flácida e encolhida de um camelo deprimido, envelhecido ou doente (HMSO, 1956). Outros sinais de doença nos camelos são semelhantes aos de outras espécies.

Tem-se dito que o camelo sofre de poucas doenças de importância. No entanto, é evidente que sabemos muito pouco sobre as doenças de que sofre (Higgins 1983). Algumas são bem conhecidas, como a sarna e a tripanossomíase; outras estão apenas a começar a ser conhecidas. A tripanossomíase é, provavelmente, a doença infecciosa mais grave dos camelos e está disseminada por todas as zonas de criação de camelos.

Embora a maioria dos camelos seja plácida por natureza, o grau de flexibilidade reflecte o grau de manipulação humana. Deve ter-se especial cuidado ao examinar as fêmeas com crias ao pé ou os camelos machos durante a época de reprodução. Os exames rectais podem ser particularmente cansativos. Convém recordar que mesmo o camelo mais dócil pode causar danos aos incautos.

Fisiologicamente, os camelos adaptam-se bem a temperaturas elevadas. O volume de sangue é mantido, em parte, pelo desvio de água da pele para outros tecidos e órgãos do corpo. Estudos efectuados no Sara mostraram que, quando a temperatura ambiente excede os 40° C, pode perder-se até 40% do peso corporal e podem ser necessárias várias sessões de abeberamento antes de recuperar o peso total (Gauthier-Pilters e Dagg 1981). A conservação da água é auxiliada por mecanismos renais altamente eficientes (talvez relacionados com os longos néfrons encontrados nos camelos), retenção e reutilização de azoto, produção de fezes secas e uma temperatura corporal diurna flexível que pode variar até 6° C num período de 24 horas. Além disso, a água é recirculada continuamente no intestino a partir do duodeno e do cólon para os estômagos anteriores através do sangue.

Muitas das características fisiológicas do camelo acima referidas desempenham um papel na forma como os fármacos são metabolizados por esta espécie. O veterinário deve ter em conta estas variáveis metabólicas ao tratar camelos e também ao utilizar tranquilizantes e anestésicos para exames e intervenções cirúrgicas.

Com um pescoço e pernas relativamente longos e, por vezes, agressivos, o camelo sofre de um espetro de lesões traumáticas que requerem reparação cirúrgica. Os procedimentos cirúrgicos para estes casos não só permitirão salvar o doente, como também o regresso completo a níveis de desempenho rigorosos, tal como exigido nos camelos de competição.

REFERÊNCIAS

Clooudsley-Thompson, J.L. 1969. Camel. Encyclop. Americana. 5:261-263

De la Tour, 1971.

Dorman, A.E. 1986. Aspectos da criação e gestão do género Camelus. In: The Camel in Health and Disease (O Camelo na Saúde e na Doença). Ed: A.J. Higgins. Bailliere Tindall, Londres, pp. 3-20.

Gauthier-Pilters, H. e A.I. Dagg. 1981. The camel, its evolution, ecology, behavior and relationship to man. The University of Chicago Press, Chicago.

Higgins, A. J. 1983. Observações sobre as doenças do camelo árabe e seu controlo - Uma revisão. Vet. Bul., 53:1089-1100.

Higgins, A.J. e R.A. Kock. 1986. A guide to the clinical examination, chemical restrain and medication of the camel. In: The Camel in Health and Disease (O camelo na saúde e na doença). Ed: A.J. Higgins. Bailliere Tindall, Londres, pp.21-40.

Higgins, A.J.; W.R. Allen; I.G. Mathew e D.H. Snow. 1992. An introduction to the camel in health and disease (Uma introdução ao camelo na saúde e na doença). Proc. 1st int. Camel Conf. Pp. 17-19.

HMSO, 1956. Animal Management. Her Majesty's Stationary Office, Londres.

Khanna, N.D. e A.K. Rai. 1993. Potencial de produção de leite do camelo indiano. Asian Livestock 18:19-21.

Knoess, K.H. 1979. Milk production in the dromedary, in IFS Int. Symp. Camels, Sudão, pp. 201-214.

Kohler-Rollefson, I. 1994. Pastoreio de camelos: Uma estratégia de exploração indígena e fundiária. J. Camel Pract. Res., 1:1-6.

Leese, A.S. 1927. A Treatise on the One-Humped Camel in Health and Disease (Um tratado sobre o camelo de uma só cauda na saúde e na doença). Stamford: Haynes and Son.

Qureshi, M.H. 1986. O camelo. Seminário sobre o camelo. FAO. Out. 1985, Lahore, Paquistão.

Ripinsky, M. 1983. Camel ancestry and domestication in Egypt and the Sahara. Archaeology, maio-junho: 21-27

Shwartz, H.J. 1992. Desempenho produtivo e produtividade dos dromedários. Ani. Res. and Devel., 35:86-98.

Williamson, G. e W.J.A. Pyane. 1978. An introduction to animal husbandry in the tropics, 3rd ed., Longman, London. p. 755.

Zeuner, F.E. 1963. A history of domestic animals. Hutchinson, Londres.

Capítulo 2

SISTEMA DIGESTIVO

OS LÁBIOS

Os lábios dos camelos são extremamente móveis e sensíveis. O lábio superior é lívido e sobrepõe-se ao lábio inferior, o que ajuda na recuperação oral da humidade do nariz. Também ajuda a evitar espinhos, a selecionar pequenas porções de material vegetal como alimento e a apanhar pequenas partículas de alimento do solo quando necessário. Os lábios estão cobertos por pêlos macios de vários tamanhos, alguns dos quais são tácteis (Manefield e Tinson, 1996).

CAVIDADE ORAL

A cavidade oral dos camelos é típica de um ruminante e foi concebida para o manuseamento eficiente de grandes volumes de alimentos vegetais grosseiros. Os lábios superior e inferior são extremamente móveis e estão cobertos por pêlos macios e tácteis. O lábio superior é bífido, o que permite ao camelo selecionar os alimentos e evitar os espinhos. As glândulas *labiais* são numerosas e abrem-se sobre a membrana mucosa. O vestíbulo bucal contém grandes papilas bucais cónicas, que são cornificadas e se dirigem para a faringe. O palato duro é estreito rostralmente, com bordos laterais mais ou menos paralelos. O palato duro alarga-se na metade caudal da região molar. Um plexo venoso extenso situa-se entre a membrana mucosa e o osso. Está presente uma almofada dentária, coberta por um epitélio espesso e fortemente cornificado. Ao contrário dos outros ruminantes, está presente um par de dentes incisivos. No conjunto decíduo, o incisivo N 3 erupciona, embora não seja muito desenvolvido. Centralmente, ao longo da borda caudal da almofada dentária, ocorre a papila incisiva, sem aberturas detectáveis dos canais incisivos. As cristas palatinas são em forma de V rostralmente, mas tornam-se cristas transversais irregulares caudalmente. A região caudal, delimitada pelos dentes molares, é desprovida de cristas e é côncava, para acomodar o tórus da língua. A língua preenche a cavidade oral longa e estreita quando os dentes superiores e inferiores estão em contacto. A língua tem um aspeto espatulado. A membrana mucosa é fina e delicada ao longo das superfícies ventral e lateral inferior. Passa abruptamente para uma mucosa espessa e cornificada que cobre os bordos e o dorso do órgão e contém numerosas papilas. As papilas filiformes, cónicas e lentiformes têm funções mecânicas, enquanto as papilas fungiformes e valadas contêm papilas gustativas e têm principalmente uma função gustativa. As papilas foliáceas estão ausentes. Aproximadamente 20 mm rostralmente ao frênulo estão as aberturas do ducto salivar mandibular.

Não há aberturas detectáveis do órgão orobasal. Os recessos sublinguais laterais contêm as aberturas das glândulas salivares sublinguais. As glândulas salivares importantes são as glândulas parótidas, mandibulares e bucais e, em menor grau, a glândula sublingual. A secreção das glândulas parótidas e bucais ventrais é de carácter seroso; as bucais dorsal e média, bem como a sublingual, têm ácinos puramente mucosos, enquanto a da glândula mandibular é mista. A glândula sublingual é constituída por uma série de lóbulos amarelo-pálido, ao longo dos lados laterais da base da língua. A glândula sublingual monostomática está ausente. Numerosas glândulas mucosas pequenas estão presentes na mucosa das bochechas, à volta das amígdalas e no peculiar divertículo do palato mole (Smuts e Bezuidenhout, 1987).

PALATO SUAVE

De todos os animais domésticos, o palato mole do camelo é o mais longo, com um comprimento médio de 160 mm no adulto. Estende-se desde a extremidade do palato duro caudalmente sobre a epiglote até ao nível das cartilagens aritenóides (Smuts e Bezuidenhout, 1987).

DIVERTÍCULO PALATINO (DULLA)

Um peculiar divertículo expansível ocorre na face mediana ventral do palato mole, perto da sua origem. É mais desenvolvido nos machos do que nas fêmeas. Este divertículo palatino é popularmente designado por "DULLA", uma palavra árabe que designa a estrutura semelhante a um balão que é vista a ser insuflada a partir do interior e projectada da cavidade bucal dos machos durante a época de reprodução. Este ato é acompanhado de sons gorgolejantes. O divertículo é constituído por tecido conjuntivo frouxo e glândulas mucosas cobertas por mucosa, que pode ser parcialmente pigmentada. Uma prega de membrana mucosa de cada lado da raiz da língua corre dorsal e caudalmente para formar uma prega semi-lunar de cada lado da linha média dorsal. As duas pregas encontram-se dorsalmente e continuam caudalmente para formar um alargamento aproximadamente triangular do palato mole, com o vértice dirigido caudalmente e com uma fossa semi-lunar formada de cada lado. A explicação mais lógica para o mecanismo de distensão do "DULLA" parece ser a seguinte: o gás eructado do estômago é forçado para o pulmão, de onde o ar é forçado para a faringe oral, enquanto o palato mole é elevado e a entrada da nasofaringe é fechada. A distensão do "Dulla" foi conseguida artificialmente soprando ar através da traqueia com as narinas bem fechadas (Arnautovic e Magid 1974)

FARÍNEO

Contrariamente aos outros ruminantes, a faringe é relativamente longa e estende-se caudalmente até à primeira vértebra cervical. A nasofaringe faz parte do canal respiratório. Situa-se dorsalmente à orofaringe e estende-se desde as coanas até à abertura intra-faríngea. A membrana mucosa pode ser parcialmente pigmentada. O teto, Fornix pharyngis, é côncavo. É dividido por uma crista transversal proeminente em dois compartimentos em forma de cúpula. As aberturas faríngeas das tubas auditivas situam-se na face dorsolateral da parede do compartimento rostral, diretamente atrás das coanas. Cada abertura é constituída por uma fenda semi-lunar parcialmente coberta por uma almofada baixa de membrana mucosa. Caudoventralmente, a nasofaringe comunica com a oro e a laringofaringe através da abertura intrafaríngea. A orofaringe estende-se desde os arcos palatoglossais até à base da epiglote. O seu teto é formado pelo palato mole e pela "DULLA". As paredes laterais contêm as amígdalas palatinas (Smuts e Bezuidenhoat, 1987).

OS DENTES

A fórmula para a dentição permanente é a seguinte: $2(I/3C/1P^{1133}/3/2M) = 34$

Os traços característicos da dentição do camelo são a presença de um par de incisivos no maxilar superior e de dentes caninos em ambos os maxilares. Trata-se de um desvio em relação ao padrão dos ruminantes.

O incisivo único no maxilar superior representa o incisivo 3. É forte e semelhante a uma presa no macho; na fêmea é mais pequeno e pode estar ausente. Atinge o seu comprimento máximo aos 9 anos de idade (Leese 1927). Os incisivos do maxilar inferior são haplodontes, com coroas que são comprimidas rostrocaudalmente e que se tornam em forma de cunha em direção ao pescoço. No adulto jovem, os incisivos projectam-se quase horizontalmente da mandíbula e, com o avançar da idade, tornam-se verticais.

Os caninos em forma de presa estão colocados caudalmente, mas bastante próximos do incisivo 3. Quando os maxilares estão fechados, os incisivos inferiores estão colocados à frente dos incisivos superiores maiores. São consideravelmente mais pequenos na fêmea. Um segundo incisivo rudimentar (Di2) pode ocorrer na gengiva, mas nunca erupciona. O primeiro pré-molar, semelhante a uma presa, não é substituído.

ESOPHAGUS

O esófago começa caudalmente ao vestíbulo esofágico e à prega dorsal em forma de V, que marca a terminação dos arcos palato-faríngeos. A extremidade rostral do esófago encontra-se sobre a cartilagem cricoide e o músculo cricoaritenóideo dorsal. Caudalmente à laringe, relaciona-se com o músculo longus colli dorsalmente, com a traqueia ventralmente e com a artéria carótida comum e o tronco vagosimpático na sua vertente ventro-lateral. Está contido no canal semelhante a uma calha, que ocorre ventralmente aos corpos vertebrais e medialmente aos processos transversos colocados verticalmente. Em direção à entrada torácica, o esófago situa-se no aspeto dorsolateral esquerdo da traqueia. A posição do esófago no mediastino craniano é dorsal à traqueia. Continua no mediastino caudal em direção ao hiato esofágico do diafragma. Nesta região, é delimitado dorsalmente pelos gânglios linfáticos do mediastino caudal.

A função esofágica dos camelos, tal como a dos ruminantes, é muito mais diversificada do que a dos animais monogástricos. Têm de ser engolidas grandes quantidades de saliva e, por vezes, de alimentos grosseiros muito espinhosos, para chegarem ao sistema intestinal anterior. A eructação do gás tem de ser efectuada de acordo com a produção microbiana de gás. A regurgitação do conteúdo parcialmente digerido do estômago para ruminação é certamente a tarefa mais complexa do esófago. Os músculos circulares e longitudinais do esófago nos camelos, tal como nos ruminantes, são constituídos por músculos estriados. A Muscularis mucosae é rudimentar nos camelos e as glandulae oesophageae podem ser observadas ao longo de todo o comprimento do esófago (Lechner-Doll e Hoffrogge, 1994).

ESTÔMAGO

Embora os camelos sejam animais ruminantes, não são classificados como *Rumiantia*. Diferem dos verdadeiros ruminantes pelo facto de terem um sistema estomacal completamente diferente. As mesmas características gerais de ruminação e digestão microbiana de alimentos fibrosos num estômago grande e compartimentado desenvolveram-se independentemente nos camelídeos e nos ruminantes e em épocas geológicas diferentes. Este desenvolvimento independente resultou em diferenças marcantes na morfologia, histologia e motilidade do sistema estomacal.

O estômago do camelo está dividido em compartimentos, nomeadamente o rúmen (compartimento 1), o retículo (compartimento 2), o omaso e o abomaso (o omaso e o abomaso são designados como compartimento 3). Estes compartimentos diferem muito em forma e estrutura do desenho típico encontrado no boi e na ovelha.

O rúmen tem uma capacidade de cerca de 100 litros. Ocupa a maior parte da cavidade abdominal. Estende-se desde o diafragma até à entrada pélvica, preenchendo a metade esquerda da cavidade abdominal. A sua parte caudal ultrapassa largamente o plano mediano e entra na metade direita da cavidade abdominal. No animal em aleitamento, é relativamente mais pequeno. O rúmen do camelo não está dividido da mesma forma que o do boi e o da ovelha. É subdividido por uma forte crista muscular numa porção cranial e numa porção caudal. A parte ventral do rúmen é constituída por uma série de sacos glandulares. Estas glândulas assemelham-se às glândulas cardíacas de outras espécies animais. Estas glândulas estão distribuídas em quatro regiões: O epitélio da superfície luminal que cobre as cristas entre as diferentes fóveas; o epitélio foveolar; o epitélio ístmico; e o epitélio da peça terminal (Cummings et al., 1972). O epitélio da superfície luminal é composto por células altas, comprimidas lateralmente, contendo grânulos mucosos, cujo número de células aumenta perto do orifício foveolar e atinge um máximo no epitélio foveolar. Muitas células endócrinas também estão presentes nesta área (Luciano e Engelhardt, 1980). As células colunares à superfície contêm várias microvilosidades apicais e muitas mitocôndrias. Estas células são de especial interesse no que respeita à sua capacidade de absorção (Cummings et al., 1972; Luciano e Engelhardt, 1980). A parte dorsal do rúmen é revestida por um epitélio escamoso estratificado liso sem papilas (Engelhardt et al., 1992).

O retículo está situado à direita e cranioventralmente à cárdia. A sua parte inicial situa-se diretamente a nível cranial ao saco glandular do compartimento caudodorsal. Tem a forma de um feijão, com a sua curvatura maior dirigida ventralmente. O interior do retículo é caracterizado por um poderoso e complexo sistema de pilares radiantes que estão interligados por uma rede de pilares delgados (Smuts e Bezuidenhout, 1987). A estrutura da membrana mucosa do retículo assemelha-se à do saco glandular adjacente (Engelhardt et al., 1988).

O omaso é longo e em forma de salsicha. Situa-se cranialmente abaixo da cárdia, na superfície dorsal do saco cranioventral. Apresenta uma dilatação inicial que se torna constritiva alguns centímetros mais à frente por uma banda muscular incompleta no seu aspeto ventrocranial. Segue-se um aumento acentuado do seu lúmen à medida que se aproxima da parede esquerda do corpo. O diâmetro do omaso diminui à medida que se curva ventralmente e para a direita. Quando se aproxima do aspeto ventral do retículo, torna-se mais estreito ventralmente antes de passar para o abomaso (Smuts e Bezuidenhout, 1987). O omaso é revestido internamente por uma mucosa glandular disposta em

pregas longitudinais (Engelhardt et al., 1992).
As principais funções do trato alimentar são a preensão, a digestão e a absorção de alimentos e de água, bem como a manutenção do ambiente interno através da modificação da quantidade e da natureza dos materiais absorvidos.
O rúmen, o retículo e o omaso, nos camelos, são coletivamente designados por estomago florestal, que é comparativamente mais curto em relação ao peso corporal (8,9 + 0,32 e 11,3 + 0,31 litros/100 kg durante a estação verde e a estação seca, respetivamente) do que os outros ruminantes. A motilidade do estômago dos camelos resulta numa mistura eficaz de partículas de fluido e de alimento. A ruminação atinge o seu pico no início da manhã. Em contraste com os ruminantes domésticos, a atividade de ruminação nos camelos ocorre independentemente do tempo de alimentação (Kaske et al., 1989). Esta atividade máxima no início da manhã pode ser um mecanismo para conseguir um tempo de retenção prolongado das partículas no estômago. As partículas têm de ser reduzidas em tamanho antes de poderem passar para o omaso (Lechner-Doll e Engelhardt, 1989). Se a ruminação começar após um longo período sem ruminação, as partículas dos alimentos permanecem durante muito tempo no estômago e a digestibilidade da celulose pode ser melhorada. As partículas de alimento são retidas seletivamente no estômago dos camelos e dos ruminantes.
O abomaso (estômago posterior), produtor de ácido clorídrico, é um compartimento relativamente curto. A transição entre o omaso e o abomaso não é óbvia externamente. A curvatura maior situa-se ventralmente. Expande-se para formar uma convexidade proeminente em direção ao piloro, que se situa dorsalmente, abaixo da décima junção costocondral. A curvatura menor forma uma constrição marcada antes de se expandir numa parte pilórica bulbosa (Smuts e Bezuidenhout, 1987). Um ponto pertinente é o facto de o conteúdo do abomaso se diluir. A secreção estimada de água no abomaso totaliza 150% da quantidade de água absorvida no omaso. Juntamente com a água que entra no rúmen, há uma transferência líquida de água do sangue para os estômagos. A ingesta bastante seca que passa para o abomaso é, portanto, diluída antes de passar rapidamente para os intestinos, onde a água é reabsorvida de volta para o sangue.
A caraterística mais marcante que diferencia o estômago do camelo dos outros ruminantes é a presença de sacos glandulares.
A motilidade do estômago também difere fortemente entre ruminantes e camelídeos. Nos primeiros, a totalidade da ingesta no reticulo-rúmen é misturada e transportada no interior do órgão algumas horas após a ingestão do alimento de forma bastante homogénea. No segundo, as partículas e os fluidos são separados num ritmo de pressão de sucção durante o ciclo de motilidade, em que os fluidos e os solutos são pressionados para dentro dos sacos glandulares para potencial absorção. Assim, as partículas maiores de alimento são seletivamente retidas no estômago para uma degradação microbiana prolongada.
O conteúdo do estômago dos camelos é comparativamente sólido. A motilidade leva a uma rotação lenta da massa fibrosa (Hoffrogge et al., 1994). Foram observadas duas sequências básicas de contração do estômago (contração A e contração B) (Heller et al., 1986). A sequência A começa com uma contração do retículo seguida de uma contração do rúmen caudal cerca de 4 segundos depois. A sequência B começa com uma contração do rúmen cranial, seguida do retículo e do rúmen caudal. A sequência B dura cerca de 9 segundos. O fluxo de digesta através do canal entre o retículo e o omaso ocorre durante a contração do retículo. Durante a alimentação e a ruminação, a motilidade do estômago é frequente (cerca de 100 sequências A e B/h). Durante os períodos de repouso, ocorrem longas pausas na motilidade (até 20 minutos). A motilidade do estômago dos camelos resulta numa mistura eficaz de fluido e partículas.
O tempo médio de retenção de fluidos (MRT) no estômago é substancialmente mais longo nos bovinos (28 h) e nos camelos (25 h) do que nos ovinos e caprinos (20 h).
Ao contrário da maioria das espécies de ruminantes, os camelos não estão limitados a uma única estratégia alimentar. Podem, se necessário, utilizar dietas de baixa qualidade e ricas em fibras. Mas, se lhes for dada a escolher, seleccionam as partes mais nutritivas das plantas. Quando apenas estão disponíveis dietas de baixa qualidade e ricas em fibras, os camelos são classificados como comedores de volumosos e de fibras grosseiras. A digestibilidade dos alimentos fibrosos no estômago dos camelos pode ser mais eficiente do que na maioria dos ruminantes devido ao longo tempo de retenção da dieta (Engelhardt, 1994). Com base no comportamento alimentar, os camelos que forrageiam num arbusto espinhoso "pasto de savana" são classificados como navegadores selectivos (Engelhardt et al., 1992).
Quando os camelos são alimentados com alimentos pobres em proteínas com energia disponível suficiente para o crescimento microbiano, a reciclagem e utilização do azoto ureico endógeno é elevada e a excreção renal de ureia é baixa. Noventa a 96% do total de ureia transferida é reciclada para o trato gastrointestinal, em comparação com 47% em condições de controlo (Engelhardt et al., 1978; Mousa et al., 1983).
O retorno da ureia do sangue para o estômago é benéfico apenas em condições de escassez de azoto. Se o azoto ureico reciclado não puder ser incorporado na proteína microbiana, o amoníaco volta a ser absorvido na circulação e é ressintetizado em ureia (Engelhardt et al., 1978).
A fermentação dos alimentos para animais é basicamente semelhante nos camelos e nos ruminantes. Os ácidos gordos de cadeia curta (AGCC), que são o principal produto da digestão microbiana dos hidratos de carbono, são a fonte de energia mais importante para o camelo. Estes são absorvidos do estômago para o sangue em grandes quantidades (Dycker et al., 1994). A concentração de AGCC é 40-90 % mais elevada nos camelos do que nos ruminantes (Lechner-Doll et al., 1991). O mecanismo de absorção de AGCC pode ser diferente entre ruminantes e camelos devido às diferenças na estrutura histológica do estômago. Existem algumas provas de que a magnitude da absorção de AGCC nos camelos pode variar numa vasta gama, dependendo da situação alimentar (Holler et al., 1989). Dycker et al. (1994) verificaram que a absorção de AGCC depende do pH, da absorção de $Na+$ e da concentração de AGCC.

INTESTINO DELGADO

O comprimento total do intestino delgado é em média de 40 m, enquanto o intestino grosso é de 19,5 m. O duodeno começa no piloro, que está situado abaixo da décima junção costocondral. A pars cranialis situa-se contra a superfície visceral do fígado. É constituída por uma ampola duodeni proeminente seguida de uma delgada Ansa sigmidea, que se dirige craniodorsalmente. Na Flexure duodeni cranialis começa o "Duodenum descendens", fortemente convoluto, que passa em direção caudal. É suspenso por um curto mesoduodeno, que contém o lobo direito do pâncreas. No interior, na junção da ampola com a porção sigmoide, uma divisória em forma de prateleira projecta-se no lúmen e as paredes das duas porções estão ligadas uma à outra. Diretamente caudal à flexura craniana, o ducto hepato-duodenal emerge do pâncreas para entrar na parede duodenal. O trajeto intramural do ducto é de 45-60 mm. Abre-se através da papila duodenal maior, que se situa entre os bordos livre e aderente do aspeto dorsal da parede duodenal. Ventralmente ao pólo caudal do rim direito, o duodeno gira medialmente como a Pars transversa. Liga-se à última parte do cólon ascendente e passa cranialmente entre este último e o ângulo formado pelos cólons transverso e descendente para se dobrar ventralmente na Flexura duodenojejunalis (Smuts e Bezuidenhout, 1987).

O jejuno contorcido situa-se principalmente no flanco direito, na região abdominal, e no esterno, no plano medial. A sua prega suspensora, o mesojejuno, está fundida com o mesocólon. A sua porção terminal situa-se à esquerda do plano mediano. Uma prega peritoneal curta, a Plica ileocecalis, liga-se à curvatura menor do ceco e marca o início do íleo. O íleo curto termina no orifício ileal que delimita o nível cecocólico do pólo caudal da linha média, ao nível do pólo caudal do rim esquerdo.

INTESTINO GROSSO

O ceco e a parte inicial do cólon são maiores em diâmetro do que o intestino delgado. O cólon ascendente está disposto numa espiral plana, o cólon transverso é curto e o cólon descendente tem uma flexão sigmoide na sua parte inicial.

O ceco do camelo assemelha-se ao dos outros ruminantes domésticos. Trata-se de um tubo cego ligeiramente em forma de S, situado principalmente no flanco direito. Nasce ao nível da quinta vértebra lombar, medialmente ao rim esquerdo. O corpo está orientado para a direita e caudalmente, enquanto o ápice aponta cranioventralmente. O íleo situa-se medialmente a ele.

O cólon nasce na abertura ileal. A parte inicial do cólon ascendente passa cranialmente ao longo da superfície ventral do rim esquerdo e à direita do rúmen. Em seguida, vira-se ventralmente e caudalmente para a primeira espiral centrípeta da espiral composta por cinco espirais centrípetas e meia. A meio da segunda espiral, o diâmetro diminui consideravelmente. A Flexura centralis marca o início das espirais centrífugas, que também são em número de cinco e meia. A última ansa do cólon ascendente corre caudalmente e para a direita, antes de passar cranialmente e para a esquerda à volta dos vasos mesentéricos craniais como o cólon transverso. Este último é um segmento curto e curva-se caudalmente para marcar o início do cólon descendente. Na sua parte inicial ocorre uma flexão sigmoide. Continua depois ao longo da parede dorsal do corpo, suspenso por um mesocólon curto, para entrar na entrada pélvica e ser continuado pelo reto.

O reto é coberto pelo peritoneu até ao nível da segunda vértebra caudal. A porção retroperitoneal é, portanto, curta. As pregas longitudinais da membrana mucosa (Columnae rectales) terminam abruptamente na linha anorrectal. A zona cutânea é relativamente lisa e é continuada na linha anocutânea por pele normal contendo folículos pilosos como revestimento externo do ânus. A abertura anal situa-se abaixo da terceira ou quarta vértebra caudal.

FÍGADO

O fígado do camelo é de cor castanha escura quando está fresco. O seu peso nos animais adultos varia entre 6,5 e 10 kg. É apenas parcialmente lobulado. A vesícula biliar está ausente. A ausência de uma vesícula biliar, situada entre os lobos quadrado e direito, coloca alguma dificuldade na determinação da fronteira entre estes lobos no camelo. À esquerda de uma linha imaginária que liga a incisura esofágica à incisura do ligamento redondo encontra-se o lobo esquerdo, Lobus hepatis sinister. É subdividido em L. hepatis sinister medialis e lateralis. À direita da incisura do ligamento redondo encontra-se o lobo quadrado, L. quadratus. Uma incisura indistinta marca o limite do lobo quadrado. O lobo direito indiviso, L. hepatis dexter, situa-se à direita de uma linha imaginária que vai desta incisura até ao ponto em que a veia cava caudal atravessa o bordo dorsal do fígado. O lobo caudado, L. caudatus, que se situa dorsalmente à porta, tem um Proc. papillaris bem desenvolvido em forma de aba e um Proc. caudatus pontiagudo à direita. A borda dorsal do fígado é espessa e inclui a impressão renal côncava, Impressio renalis, o sulco para a veia cava caudal e o entalhe esofágico. Os restantes limites são nítidos e caracterizam-se pela presença de numerosas fissuras irregulares. Continuam como uma rede de sulcos ao longo das superfícies diafragmática e visceral por uma distância variável, dando a estas áreas um aspeto empedrado. A lobulação é distinta. Cada lóbulo é rodeado por tecido conjuntivo (Smuts e Bezuidenhout, 1987).

Os dois ductos hepáticos unem-se para formar o ducto hepático comum, que se une ao ducto pancreático antes de se abrir no duodeno. A distância entre a origem do ducto hepático comum e a sua abertura no duodeno é de 100 - 110 mm, e não existe esfíncter na extremidade terminal do ducto (Radmanesh, 1974).

O fígado situa-se principalmente no lado direito da linha média, sob a cobertura das costelas. Estende-se da 5ª à 12ª costela. O lobo lateral esquerdo situa-se à esquerda do plano mediano, na borda caudal da 5ª costela. No animal recém-nascido, todo o lobo esquerdo encontra-se do lado esquerdo. A superfície diafragmática está em contacto com o diafragma. A superfície visceral está em contacto com os diferentes compartimentos do estômago, o duodeno, o cólon e o pâncreas.

Nos recém-nascidos, o fígado é relativamente maior e os bordos são mais arredondados. O processo papilar é mais proeminente e tanto o lobo esquerdo como o direito sobressaem da caixa torácica e estão em contacto com a parede abdominal.

PANCREAS

O pâncreas do camelo é constituído por um corpo estreito e pelos lobos direito e esquerdo, sendo o esquerdo maior e mais comprido. Na sua superfície ventral encontra-se a "Incisura pancreatis", que é ocupada pela veia porta. O lobo esquerdo do pâncreas está inserido entre a crus esquerda do diafragma e o saco caudodorsal do rúmen. Caudalmente, está relacionado com a superfície ventral do rim esquerdo e com a parte mediocaudal do baço. O lobo direito está situado no mesoduodeno. Caudalmente, está associado ao cólon transverso e ao cólon descendente. Cranialmente, está ligado à ampola do duodeno. Ao nível da flexura duodenal cranial, o ducto hepatoduodenal emerge do pâncreas para entrar na parede duodenal e abrir-se na papila duodenal maior. O seu peso, em animais adultos, é de cerca de 0,5 kg (Smuts e Bezuidenhout, 1987).

DISFUNÇÕES DO TRACTO ALIMENTAR

Stepankina e Tashenov (1958) efectuaram estudos da função duodenal utilizando uma fístula permanente e verificaram que, no camelo, o volume normal de quimo era de 86 litros. O volume diminuiu para 60 litros após 15 dias de desidratação. Se assumirmos que os camelos pesavam 400 kg cada e que perderam uma média de 25% do seu peso corporal, os dados acima mencionados mostram que as perdas de água corporal provêm dos intestinos. Estudos com fístula duodenal também mostraram que, quando os animais estavam desidratados, o quimo ficava muito mais diluído. Supôs-se que a causa deste facto era a secreção salivar. No entanto, outra pesquisa usando uma fístula parotídea e duodenal mostrou que havia uma grande redução na secreção parotídea, de 20 litros por dia para cerca de 1 litro (Macfarlane et al., 1963). É pertinente que a saliva contenha mais ureia que levaria água consigo, contrariando assim o efeito secante da absorção de bicarbonato de sódio e água. É a secreção de água no abomaso que dilui o quimo.

A vantagem que o camelo tem em relação a outros mamíferos que vivem no mesmo ambiente é o facto de existirem grandes quantidades de sódio e bicarbonato não só nos estômagos mas também nos intestinos (Maloiy e Clemens, 1980). Uma vez que a absorção de água pelos intestinos está geralmente associada à absorção de sal, o camelo dispõe de uma grande fonte potencial de água nos seus intestinos. O cólon tem uma capacidade de absorção de água extremamente eficaz (Maloiy e Clemens, 1980). A baixa renovação de água do camelo desidratado permite a utilização deste reservatório durante um período muito mais longo do que qualquer outro animal (Macfarlane et al., 1963; Etzion et al., 1984). A regulação do teor de água pode ser importante para a conservação da água corporal, tal como o mecanismo renal de conservação de água (Farid et al., 1979).

As perdas do compartimento de fluido extracelular durante a privação de água são quase inteiramente provenientes do canal alimentar (Hecker et al., 1964; Thornton e Yates, 1968). Isto explica o facto de haver perdas mínimas de volume plasmático no camelo desidratado (Macfarelane, 1977). Para além da absorção de água pelos intestinos, a quantidade de fezes excretadas é determinada pela quantidade, qualidade e digestibilidade da forragem. Quando os alimentos são mais grosseiros, são produzidas mais fezes. Em boas pastagens, os camelos defecam duas vezes por hora (Gauthier-Pilters e Dagg, 1981), produzindo 200 g de peso fecal seco. Em pastagens pobres, a defecação ocorre apenas uma vez por hora, produzindo 100 g de fezes secas. Regra geral, a produção de fezes totaliza 370-500 g de peso seco por 100 kg de peso corporal (Maloiy, 1972; Schmidt-Nielsen et al., 1956). O conteúdo do cólon do camelo contém a menor concentração de potássio. A vantagem deste facto é que, sob a influência da aldosterona, o sódio será absorvido e o potássio será segregado nos intestinos.

As funções primárias do trato alimentar são a preensão, a digestão e a absorção dos alimentos e da água e a regulação da quantidade e da natureza dos materiais a absorver.

Existem quatro modos principais de disfunção alimentar. Trata-se de uma anomalia da motilidade, da secreção, da digestão ou da absorção. O procedimento de diagnóstico deve consistir em determinar qual o modo ou modos de função que estão perturbados antes de determinar o local, a natureza da lesão e a causa específica.

A função motora anormal pode assumir a forma de aumento ou diminuição da motilidade. O peristaltismo e os movimentos segmentares são normalmente afectados da mesma forma e do mesmo modo. A motilidade depende da estimulação através dos sistemas nervosos simpático e parassimpático e, por conseguinte, depende da atividade das partes central e periférica destes sistemas, bem como da musculatura intestinal e do seu plexo nervoso intrínseco. O desequilíbrio autonómico, que se traduz por um predomínio relativo de um ou de outros sistemas, manifesta-se por hipermotilidade ou hipomotilidade e pode resultar da estimulação ou da destruição dos centros hipotalâmicos, dos gânglios ou dos ramos periféricos eferentes ou aferentes do sistema. A debilidade, acompanhada de fraqueza da musculatura, ou a inflamação grave, como ocorre na peritonite aguda ou no traumatismo, resulta em atonia da parede intestinal. Uma inflamação menos grave, como a que ocorre em gastrites e enterites ligeiras, provoca um aumento da atividade muscular. O aumento da motilidade provoca diarreia, a diminuição da motilidade provoca obstipação e ambos têm efeitos deletérios na digestão e absorção.

A irritabilidade num determinado segmento aumenta a sua atividade e perturba a atividade normal do gradiente descendente, que assegura a passagem da ingesta do esófago para o reto. Se o gradiente em direção ao reto se tornar mais acentuado, há um aumento da taxa de passagem da ingesta nessa direção. Se o aumento da atividade potencial de um segmento irritado for suficientemente elevado, pode produzir um gradiente inverso para os segmentos orais. Assim, a direção das ondas peristálticas é invertida. É por este meio que ocorre o vómito e os conteúdos intestinais, mesmo as fezes, são devolvidos ao estômago e vomitados.

Um dos principais resultados de uma anomalia da motilidade é a distensão do trato. Ocorre numa série de perturbações, incluindo a acumulação rápida ou a expulsão insuficiente de gases, a oclusão completa do lúmen por acidente intestinal, obstruções da válvula pilórica ou ileocecal e ingurgitamento de alimentos sólidos ou líquidos. Os fluidos e, em menor grau, o gás, acumulam-se devido à sua incapacidade de passar ao longo do trato. Grande parte do líquido acumulado representa a saliva e os sucos gástricos e intestinais secretados durante a digestão normal. A distensão provoca dor e, por reflexo, um aumento do espasmo e da motilidade dos segmentos intestinais adjacentes. A distensão também estimula uma maior secreção de líquido para o lúmen do intestino, o que exagera a distensão. Quando a distensão ultrapassa um ponto crítico, a capacidade de resposta da musculatura da parede diminui, a dor inicial desaparece e desenvolve-se um estado de paralisia em que se perde todo o tónus muscular.

Um efeito imediato da distensão do estômago ou do intestino delgado pela acumulação de saliva e secreções gástricas e intestinais normais estimula a secreção adicional de fluidos e electrólitos nos segmentos orais. A estimulação é auto-perpetuante e cria um ciclo vicioso que resulta na perda de fluidos e electrólitos até ao ponto em que pode ocorrer desidratação fatal. A desidratação é acompanhada de acidose ou alcalose, consoante a obstrução se situe no intestino e seja acompanhada de perda de álcalis, ou no estômago e seja acompanhada de grande perda de radicais ácidos. O efeito líquido é o mesmo, quer o líquido seja perdido por vómito, quer seja retido no intestino. O mesmo ciclo de acontecimentos ocorre nos camelos que se empanturram de cereais, mas neste caso o mecanismo precipitante não é a distensão, mas sim um aumento grosseiro da pressão osmótica da ingesta devido à acumulação de ácido lático. A desidratação também é de grande importância na diarreia, independentemente da causa. Um fator adicional importante na produção de choque, quando há distensão dos segmentos alimentares, é uma depressão reflexa acentuada da função vasomotora, cardio-vascular e respiratória. Na diarreia do vitelo, em que não há septicemia nem toxemia causada por bactérias, o ponto final na fase de desidratação pode ser a insuficiência cardíaca devido a uma acidose metabólica grave. A isquémia renal que conduz à uremia pode resultar da diminuição do volume de sangue circulante e também contribuir para um desfecho fatal.

Em várias circunstâncias, a atividade da flora do estômago dos camelos pode ser alterada de modo a que a digestão seja anormal ou cesse. A falta de uma alimentação correcta, a inanição prolongada ou a inapetência, bem como a hiperacidez que ocorre no caso de ingestão de cereais, têm como resultado a deterioração da digestão microbiana. As bactérias, leveduras e protozoários podem também ser afectados negativamente pela administração oral de antibióticos e sulfonamidas, ou de medicamentos que alterem drasticamente o pH do conteúdo ruminal.

EXAME DO APARELHO DIGESTIVO

O exame radiológico é difícil nos camelos. A imagiologia por ultra-sons é uma técnica praticada principalmente para o diagnóstico da gravidez e a deteção de certas lesões reprodutivas.

A palpação externa do abdómen tem um valor limitado nos camelos e é substituída pela palpação e auscultação rectal. As tentativas de passagem de uma sonda gástrica podem detetar uma obstrução total ou parcial do esófago. A gastroendoscopia por fibra ótica pode ser útil no diagnóstico de lesões do estômago.

O exame das fezes pode fornecer informações valiosas sobre as funções digestivas e motoras do trato. Devem ser examinadas quanto ao volume, consistência, forma, cor, cobertura, odor e composição. Deve ser anotada a frequência e o tempo necessário para a passagem do material através do trato. Pode ser aconselhável um exame laboratorial para detetar a presença de ovos de helmintas, sangue oculto, pigmentos biliares, bactérias patogénicas ou protozoários. Normalmente, é suficiente dizer que o volume é escasso, normal ou abundante, mas, em circunstâncias especiais, pode ser aconselhável pesar o débito diário. Há um aumento de volume quando se dá muita fibra ou durante ataques de diarreia. As fezes do camelo dromedário são excretadas em pellets de forma irregular. Uma fêmea de tamanho médio pode defecar pellets que variam de 15 x 15 x 15 a 20 x 25 x 25 mm. Um macho grande pode defecar em pellets com dimensões de 25 x 30 x 35 mm (Fowler, 1991). Existe uma variação considerável na consistência das fezes, dependendo da natureza da alimentação, do clima e da ingestão de água. Os camelos do Velho Mundo têm a capacidade de excretar fezes totalmente dessecadas quando a ingestão de água é limitada. No deserto da Arábia, durante o verão, as fezes acabadas de expelir podem ser utilizadas como combustível. A variação da consistência não explicável por alterações nas características da alimentação pode indicar anomalias de qualquer uma das funções do trato. A consistência é mais fluida na diarreia e menos fluida do que o normal na obstipação. A consistência e a forma das fezes podem fornecer algumas indicações sobre a localização da disfunção do trato gastrointestinal. Em geral, grandes quantidades de fezes líquidas sugerem uma disfunção do intestino delgado, onde normalmente a maior parte do líquido é absorvida. Se as fezes contiverem grandes quantidades de alimentos não digeridos, tal sugere um excesso de alimentação, uma mastigação incompleta e uma deficiência de enzimas digestivas ou uma perturbação aguda do intestino delgado ou do estômago. Grandes quantidades de fezes moles que contêm ingesta bem digerida sugerem uma disfunção do intestino grosso. No entanto, estas são directrizes e estão sujeitas a erros.

A cor das fezes também varia muito com a cor dos alimentos, mas as fezes de uma cor mais clara do que o normal podem ser causadas por uma secreção insuficiente de bílis ou pela simples diluição dos pigmentos, como acontece na diarreia. A descoloração devida a medicamentos coloridos também deve ser tida em consideração quando o animal está a ser tratado. A hemorragia no estômago resulta na formação de hematina ácida que dá ao vómito uma cor castanha escura e às fezes um aspeto preto ou castanho muito escuro, ou alcatrão. A alteração do aspeto das fezes causada por uma hemorragia no intestino varia consoante o nível em que a hemorragia ocorre. Se o sangue tiver origem no intestino delgado, as fezes podem ter uma cor castanha-escura, mas se for no cólon ou no ceco, o sangue mantém-se inalterado e dá às fezes uma cor vermelha uniforme. A hemorragia no cólon inferior e no reto pode provocar a evacuação de fezes que contêm ou são constituídas inteiramente por coágulos de sangue total. As hemorragias na faringe são pouco frequentes, mas quando ocorrem o sangue pode ser engolido e aparecer nos vómitos ou nas fezes. Em caso de dúvida quanto à presença ou ausência de hemorragia, deve consultar-se o laboratório.

O odor também depende em grande medida da natureza dos alimentos consumidos pelo camelo, mas na enterite grave o odor é caraterístico de putrefação. Nas fezes dos camelos existe sempre uma proporção de fibra não digerida, mas uma quantidade excessiva sugere uma digestão incompleta devido, por exemplo, a dentes maus ou a uma mastigação deficiente. As fezes excessivamente pastosas estão normalmente associadas a uma permanência prolongada no trato, tal como acontece na indigestão vagal ou na deslocação do abomaso. O material forrageiro de importância diagnóstica inclui partículas de areia ou cascalho, madeira e fragmentos de mucosa. O muco é um constituinte normal das fezes, mas se estiver em quantidade excessiva, indica inflamação crónica (quando está associado a fezes líquidas e abundantes) ou obstipação (quando as fezes são de pequeno volume e duras). Os fragmentos ou moldes de mucosa indicam sempre inflamação.

A frequência da defecação e o tempo de permanência estão normalmente intimamente ligados. O aumento da frequência e a diminuição do tempo de permanência ocorrem na diarreia e invertem-se na obstipação.

A observação de outros actos associados à função do trato alimentar pode fornecer informações de valor diagnóstico. A

preensão, a mastigação, a deglutição, o vómito e a defecação devem ser observados e devem ser feitas tentativas para analisar o comportamento do camelo quando há evidência de dor abdominal.
A recolha de uma amostra de líquido peritoneal é a ajuda mais útil no diagnóstico de doenças do peritoneu e do segmento abdominal do trato alimentar.
O fluido peritoneal normal é um transudado e tem funções semelhantes às de outros fluidos tecidulares. Contém células mesoteliais, linfócitos, neutrófilos, alguns eritrócitos e, ocasionalmente, monócitos e eosinófilos. O líquido peritoneal deve ser examinado quanto às suas características físicas (especialmente cor, translucidez, gravidade específica e tempo de coagulação), composição bioquímica e constituintes celulares.
O exame do líquido pode ajudar a determinar: peritonite (química ou infecciosa), enfarte de um segmento da parede intestinal, perfuração da parede do trato alimentar, rutura da bexiga urinária, fuga do sistema biliar, hemorragia intraperitoneal e neoplasia peritoneal.
A reação inflamatória do peritoneu varia com o tempo e um único exame pode induzir perigosamente em erro. Pode ser necessária uma série de exames, em casos agudos, com intervalos tão curtos como uma hora. Uma reação significativa numa cavidade peritoneal pode ser bastante localizada e uma amostra de líquido colhida num ponto da cavidade pode não ser representativa de toda a cavidade.
O líquido peritoneal normal é cristalino e de cor amarela. A turvação indica a presença de um aumento de leucócitos e proteínas, que podem incluir finos filamentos de fibrina. A cor verde do líquido peritoneal sugere fuga de material alimentar, a cor laranja-verde intensa indica rutura do sistema biliar. A cor rosa a vermelha indica a presença de hemoglobina, eritrócitos degenerados ou intactos, sistema vascular inteiro e danificado por enfarte, perfuração ou aumento da pressão hidrostática. A cor castanha avermelhada indica as fases tardias da necrose da parede intestinal e a presença de sangue degenerado e de danos na parede intestinal. É provável que o sangue esteja concentrado se tiver havido tempo suficiente para a reabsorção de líquido do peritoneu. O sangue esplénico tem também um volume de glóbulos brancos mais elevado, mas não há eritrofagocitose. Um volume de glóbulos brancos inferior a 5% no líquido peritoneal sugere extravasamento de sangue de um intestino enfartado ou inflamado; um volume superior a 20% sugere uma hemorragia significativa.
Uma gravidade específica elevada e um aumento do teor proteico do líquido peritoneal são indicativos de danos vasculares e de fuga de proteínas plasmáticas, como se observa na peritonite ou no enfarte mural.
A presença de sangue total, de líquido peritoneal claro com estrias de sangue ou de líquido fortemente manchado de sangue indica que a amostra foi colhida do baço, de um vaso sanguíneo ou que existe hemoperitoneu devido a rutura do útero ou da bexiga ou a envenenamento por dicumarol.
Um aumento da contagem total de glóbulos brancos do líquido, incluindo um número desproporcionado de polimorfonucleares, indica a presença de inflamação aguda de origem infecciosa ou pode ser estéril. Um aumento dos fagócitos mononucleares no líquido peritoneal é uma indicação de peritonite crónica. As alterações degenerativas nos neutrófilos dão uma estimativa da probabilidade de infeção. Um aumento das células mesoteliais com a presença distintiva de figuras mitóticas em divisão ativa sugere neoplasia. As bactérias encontradas como inclusões fagocitadas nos leucócitos ou através de cultura do líquido indicam uma peritonite infecciosa que pode surgir por disseminação hematogénica, caso em que a infeção é provavelmente específica. Se tiver havido fuga de um abcesso peritoneal, aplica-se o mesmo comentário, mas se houver fuga através de um segmento de parede desvitalizada ou de uma parede perfurada, é provável que haja uma infeção mista.
Uma amostra verde escura, contendo protozoários móveis, com muito poucos leucócitos e sem células mesoteliais, indica que a amostra foi colhida do lúmen intestinal.

DOENÇAS DA CAVIDADE BUCAL E ÓRGÃOS ASSOCIADOS

DOENÇAS DOS LÁBIOS

As lesões de ectima contagioso e varíola, nos lábios, são comuns nos camelos (Ali et al. 1991). Acreditava-se que as vesículas de ectima não eram contagiosas e ocorriam devido a danos causados por plantas espinhosas (Borisovich e Orekhov, 1966). Mais tarde, percebeu-se que as plantas espinhosas danificavam os lábios, permitindo a transmissão do parapoxvírus (Buchnev et al., 1987). Também foram registados casos de papilomatose do focinho em camelos dromedários (Wernery, 1995). Moussa et al. (1987), no Egipto, demonstraram que os dromedários são susceptíveis à febre aftosa e os autores descreveram a ulceração de vesículas rompidas nos lábios superiores. Não existe nenhum relatório sobre a presença de lesões de língua azul, peste bovina, febre catarral maligna e doenças das mucosas em camelos dromedários.
Nos animais mais velhos, o lábio inferior afasta-se frequentemente da mandíbula quando não está envolvido na preensão. Ele se agita ritmicamente quando o animal corre. Por vezes, pode dobrar-se para trás sob o queixo (Manefield e Tinson, 1996). Não deve ser confundida com a paralisia do lábio inferior observada na raiva e com uma paralisia de etiologia desconhecida, reconhecida como síndroma de doença na Índia (Purohit et al., 1988). Um traumatismo na parte lateral da cabeça pode provocar uma paralisia unilateral do lábio. A tranquilização também resulta na queda do lábio inferior. É frequente a perda de pelo no focinho dos camelos que têm acesso contínuo a lambeduras minerais. Os lábios dos machos em luta são frequentemente feridos.

ESTOMATITE

A estomatite é a inflamação da mucosa oral e inclui a glossite (inflamação da mucosa lingual), a palatite (lampas) e a gengivite (inflamação da mucosa das gengivas). Clinicamente, manifesta-se por perda parcial ou total de apetite, estalido dos lábios e salivação abundante. É geralmente acompanhada de uma doença sistémica. A estomatite pode ser causada por factores físicos (traumatismos durante a administração de doses, lesões no corpo do animal, má oclusão dos dentes, espinhos ou pontas afiadas nas plantas), químicos (medicamentos irritantes administrados em concentrações excessivamente fortes, por exemplo, hidrato de cloral, contra-irritantes aplicados na pele, deixados sem proteção e lambidos pelo camelo, substâncias irritantes administradas por engano, incluindo ácidos, álcalis, compostos fenólicos, manifestação de envenenamento sistémico, por exemplo mercúrio crónico, furazolidona e alguns fungos causam uma combinação de hemorragias focais e úlceras necróticas e erosões), ou agentes infecciosos (actinobacilose, actinomicose, infeção bacteriana secundária, varíola do camelo e micose), sendo este último o maior grupo de causas. Por vezes, em condições extremas, as deficiências nutricionais podem também causar estomatite.

Achados clínicos

Os sinais clínicos da estomatite são causados pela inflamação ou erosão da mucosa e variam em gravidade consoante o grau de inflamação. Verifica-se uma anorexia parcial ou total e uma mastigação lenta e dolorosa. Os movimentos de mastigação e o bater dos lábios são acompanhados de salivação, quer espumosa e em pequenas quantidades, quer profusa e babosa, se o camelo não engolir normalmente. A saliva pode conter pus ou fragmentos de epitélio necrosado. O hálito apresenta um odor fétido apenas se a invasão bacteriana tiver ocorrido. Esta última pode também resultar num aumento dos gânglios linfáticos locais. O inchaço da face também pode ocorrer se os tecidos mais profundos também forem invadidos por microorganismos. É visível um aumento do desejo de beber água e o camelo ressente-se da manipulação e do exame da boca.

As lesões locais variam muito consoante o agente causador. As lesões vesiculares são geralmente de paredes finas, com 1-2 cm de diâmetro e cheias de líquido seroso claro. As vesículas rompem-se rapidamente, deixando úlceras rasas e com bordas afiadas. Normalmente, as áreas discretas de necrose, que não são facilmente visíveis nas fases iniciais, tendem a ocorrer mais frequentemente na mucosa lingual e nas comissuras da boca. Os tecidos necróticos podem permanecer no local, mas geralmente são eliminados, deixando uma descontinuidade muito superficial da mucosa com uma base vermelho-escura que é mais facilmente observada. Se houver recuperação, estas lesões curam-se muito rapidamente. As lesões ulcerativas penetram mais profundamente na lâmina própria.

A estomatite catarral manifesta-se por uma inflamação difusa da mucosa bucal e resulta normalmente de lesões directas provocadas por agentes químicos ou físicos. A estomatite micótica apresenta-se geralmente sob a forma de depósitos pesados, brancos e aveludados, com uma inflamação ou lesão pouco evidente da mucosa. A lesão da varíola do camelo consiste na formação de pústulas na mucosa bucal com a presença simultânea de pústulas noutras partes do corpo

As lesões da estomatite são produzidas ou pelos agentes causadores que são aplicados diretamente na mucosa, ou que entram nela através de uma pequena abrasão, ou pela localização na mucosa de uma virémia. Nos dois primeiros casos, a estomatite é designada como primária. No terceiro caso, é geralmente descrita como secundária devido à ocorrência comum de lesões semelhantes noutros órgãos ou noutras partes do corpo e à presença de doença sistémica.

O diagnóstico diferencial da estomatite é importante devido à ocorrência de lesões orais numa série de doenças virais altamente infecciosas.

O material colhido (zaragatoas ou raspagens) das lesões de estomatite deve ser enviado para o laboratório para detetar a presença de vírus, bactérias e fungos patogénicos. Deve ser efectuado um exame necrópsico completo em todos os camelos afectados fatalmente para determinar se as lesões orais são primárias ou uma manifestação local de uma doença sistémica.

Tratamento

Os camelos afectados devem ser isolados e alimentados e abeberados em utensílios separados, caso se suspeite de um agente infecioso. Os tratamentos específicos são efectuados em função de cada doença específica. O tratamento não específico deve consistir na aplicação frequente de um anti-sético suave, como uma solução a 2% de sulfato de cobre, uma suspensão a 2% de bórax ou uma suspensão a 1% de sulfonamida em glicerina. As úlceras não moles requerem um tratamento mais vigoroso e respondem bem à curetagem ou cauterização com um bastão de nitrato de prata ou tintura de iodo. Em todos os casos, devem ser oferecidos alimentos macios e apetitosos. A glucose salina intravenosa deve ser administrada em casos graves e prolongados.

DOENÇAS DOS DENTES

Todos os problemas dentários observados nos ruminantes foram observados ou são problemas potenciais nos camelos. As condições incluem a placa dentária, a pigmentação dos dentes, a periostite alveolar, a pulpite, a fratura dos incisivos e dos caninos, a fratura da mandíbula, as pontas de esmalte afiadas causadas por má oclusão, o desgaste excessivo, os dentes alongados associados ao bradignatismo superior, a fístula dentária e outros defeitos de desenvolvimento que causam má oclusão (Kumar et al., 1977; Shabaan et al., 1981; Fowler, 1991).

Achados clínicos

Os sinais de problemas dentários incluem inapetência, perda de peso, mastigação anormal, perda de ruminação, inchaço sobre as raízes dentárias, fístulas mandibulares e sinusite (as raízes dos molares são contíguas ao seio maxilar).

Tratamento

A placa bacteriana raramente interfere com a função oral e não necessita de ser removida, exceto se estiver a causar gengivite. A pulpite e a periostite alveolar requerem a extração ou a repulsão do dente. Se a fratura dentária abrir a cavidade pulpar, pode ser feita uma pulpotomia. Se a polpa estiver infetada, o dente deve ser removido. Os dentes alongados podem ser cortados com uma serra circular ou com um fio obstrutivo.

IMPACTAÇÃO DA BOCHECHA

Um bolo de feno pode ocasionalmente embater entre a bochecha e os últimos molares posteriores, resultando num inchaço local unilateral circunscrito. Recomenda-se a utilização de uma mordaça adequada e a tentativa de deslocação através de um instrumento comprido. Pode também ser necessária sedação.

EPULIS

Um epúlide fibroso (um crescimento pedunculado com cerca de 12 mm de diâmetro), com origem na membrana mucosa da almofada dentária perto do dente incisivo do canto. Este tumor, de ocorrência rara nos camelos, pode ser removido cirurgicamente (Manefield e Tinson, 1996).

PAROTITE

A parotidite é a inflamação de qualquer uma das glândulas salivares.

Etiologia

A parotidite pode ser paranquimatosa, quando o tecido glandular está difusamente inflamado, ou pode ser um processo supurativo local. Não existem causas específicas nos camelos, os casos ocorrem apenas esporadicamente e devem-se à localização de uma infeção transmitida pelo sangue, à invasão dos canais salivares associada à estomatite ou à irritação por ervas no canal.

Achados clínicos

Nas fases iniciais, verifica-se um aumento difuso da glândula afetada, acompanhado de calor e dor à palpação. A dor pode interferir com a mastigação e a deglutição. Em casos graves, pode ocorrer um edema local acentuado. A parotidite paranquimatosa difusa geralmente desaparece com tratamento sistémico e local em poucos dias, mas as lesões supurativas podem ter corrimento externo e formar fístulas salivares permanentes.

É necessária uma palpação cuidadosa para diferenciar a condição de linfadenite, abcessos da região da garganta e metástases para o gânglio linfático parotídeo de uma neoplasia maligna. Pode ser introduzida uma agulha na tumefação flutuante para determinar a presença de exsudado, soro ou sangue.

Tratamento

Nos casos agudos, é necessário um tratamento sistémico com sulfonamidas ou antibióticos, especialmente se houver uma reação sistémica. Os abcessos podem necessitar de drenagem e, se a descarga persistir, pode ser necessária a administração de enzimas por via parentérica ou local. Uma fístula salivar é uma sequela comum.

DOENÇAS DA DULLA, DA FARINGE E DO ESÓFAGO

TRAUMATIZAÇÃO DE DULLA

A Dulla é frequentemente ferida pelos dentes caninos do próprio camelo, por outros camelos enquanto lutam, ou por espinhos e arames, etc. Os sinais podem incluir edema, perfuração e hematoma, consoante o agente causal e o grau de traumatismo (Gahlot e Chouhan, 1992). A maior parte das vezes sobrevém uma infeção, a Dulla pode não ser retirada e, devido à compressão dos vasos sanguíneos, pode ocorrer necrose e gangrena (Gahlot et al., 1988; Bhargava, 1973). Se a Dulla inflamada estiver retraída na boca, impede a respiração normal.

A Dulla ferida deve ser limpa e pintada com um antissético adequado, por exemplo, glicerina, logo que possível após a lesão. Deve tentar-se mantê-la dentro da boca, aplicando uma rede no focinho. Podem ser administrados antibióticos e medicamentos anti-inflamatórios por injeção durante 5 dias. Em caso de necrose e de doenças crónicas, recomenda-se a amputação da Dulla. Nos camelos de competição, o Dulla é por vezes removido cirurgicamente, uma vez que se crê que impede o aumento da procura de respiração e prejudica o desempenho nas corridas.

IMPACTAÇÃO DA DULLA

Por vezes, os alimentos ficam impactuados na Dulla. O tamanho da impactação pode por vezes atingir o tamanho de uma bola de futebol. A massa é muito difícil de tocar. Se a massa não for muito grande, deve ser deslocada para trás e depois para a frente. No caso de uma massa maior, é necessária a ressecção do órgão. A cirurgia deve ser efectuada sob anestesia geral. A traqueotomia também deve ser efectuada antes da ressecção.

A formação de abcessos e o desenvolvimento de fibromas também foram registados em camelos (Barvalia et al., 1998; Gahlot, 1986; Vashishtha et al., 1980).

FARINGITE

A faringite é uma inflamação da faringe e caracteriza-se por tosse, dor ao engolir e falta de apetite. Em casos graves, pode ocorrer regurgitação pelas narinas e saliva.

Etiologia

A parte distensível do palato mole dos camelos machos é mais suscetível de sofrer lesões do que a de outros animais de criação. A faringite nos camelos é geralmente de origem traumática. A faringite infecciosa faz parte do síndroma com outros sinais mais óbvios. Os traumatismos são provocados por balas ou por uma pistola de encharcamento, por corpos estranhos, incluindo ervas e rebentos de cereais, arame, etc., e pela administração ou ingestão acidental de substâncias irritantes, quentes ou frias. A faringite infecciosa pode ser causada por infecções bacterianas agudas ou crónicas, especialmente as do sistema respiratório.

Fixação do dispositivo bucal após sedação do camelo antes
da amputação da dulla

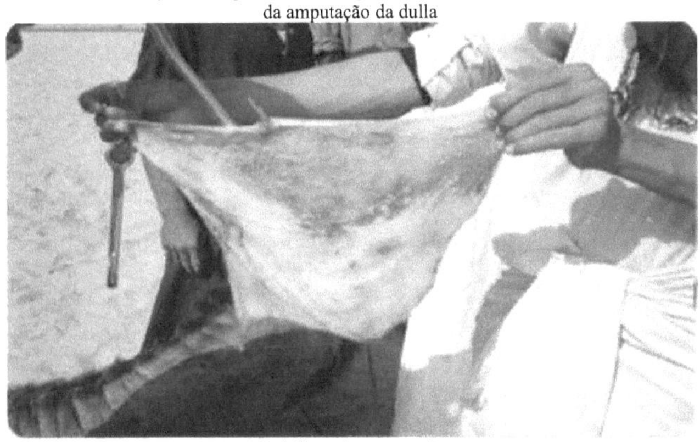

O dulla após amputação

Achados clínicos

Os sinais de faringite incluem anorexia, perda de peso, corrimento nasal, tosse, inchaço flutuante atrás do ramo da mandíbula, cabeça estendida, resposta dolorosa à palpação da região da garganta e hiperemia da membrana mucosa quando examinada com um laringoscópio ou endoscópio. A faringite pode levar à necrose da "DULLA" nos camelos (Aggarwal e Nanda, 1930).

Tratamento

Devem ser dados ao animal alimentos macios e palatáveis. Se o camelo não for capaz de beber água, devem ser administradas quantidades adequadas de glucose salina por via intravenosa. Quando indicado, podem também ser administrados antibióticos parenterais.

OBSTRUÇÃO DA FARINGE

Os corpos estranhos, incluindo ossos, bolos de milho e pedaços de arame, e os inchaços dos tecidos (linfadenopatia, abcessos, actinobacilose, neoplasias) são as causas habituais de obstrução da faringe (Bhargava, 1973). A impactação da parte distensível do palato mole (Dulla) pela ração, em machos excitados, também foi relatada como causa de obstrução (Ramadan e Abdin Bey, 1987). Foi observado um síndroma em camelos em que há febre ligeira, salivação, movimentos repetidos de deglutição e inchaço das glândulas linfáticas mandibulares e parótidas. Nesta situação, a faringite/tonsilite não foi confirmada por endoscopia. A doença responde bem aos antibióticos e ao tratamento com cortisona (Manefield e Tinson, 1996).

Achados clínicos

Há dificuldade em engolir e os camelos podem ter fome suficiente para comer mas, quando tentam comer e engolir, não o conseguem fazer e a comida é expelida pela boca. O ato de beber é geralmente bem sucedido. Não há dilatação do esófago e, normalmente, não há regurgitação. Há dificuldade em respirar. O exame manual da faringe pode revelar a natureza da lesão, mas é provável que um exame com um endoscópio de fibra ótica seja muito mais informativo.

Tratamento

A remoção do corpo estranho pode ser efectuada através da boca. O tratamento da linfadenite actinobacilar com iodetos é geralmente bem sucedido. O tratamento parentérico dos abcessos com antibióticos pode levar à cura. O tratamento cirúrgico tem sido muito bem sucedido em casos causados por abcessos retrofaríngeos mediais.

PARALISIA FARÍNGEA

A paralisia faríngea manifesta-se por incapacidade de engolir, ausência de sinais de dor e obstrução respiratória.

Etiologia

A paralisia faríngea ocorre esporadicamente em lesões de nervos periféricos devidas a traumatismos da região da garganta e em algumas encefalites com lesões do sistema nervoso central (raiva, botulismo, etc.).

Achados clínicos

A incapacidade de engolir e a regurgitação são as principais manifestações da doença. O animal está normalmente com fome, mas, aquando da preensão do alimento ou da água, as tentativas de deglutição são seguidas de queda do alimento da boca, tosse e expulsão do alimento ou da sua regurgitação através das narinas. A salivação ocorre constantemente e a deglutição não pode ser estimulada por compressão externa da faringe. Os sinais dependem dos nervos envolvidos e do grau de envolvimento. Verifica-se uma rápida perda de condição e desidratação. Os sinais clínicos da doença primária podem ser evidentes mas, no caso da paralisia primária da faringe, não há reação sistémica. Pode haver uma paralisia laríngea associada, acompanhada de rugidos. A pneumonia pode seguir-se à aspiração de material alimentar para os pulmões e produz sons gorgolejantes altos à auscultação. A paralisia completa da faringe é geralmente permanente e fatal.

Tratamento

É pouco provável que o tratamento tenha algum efeito. Pode ser tentada a fomentação. Podem ser tentadas infusões intravenosas de glucose salina se o desaparecimento da paralisia parecer provável.

ESOFAGITE

É rara nos camelos.

Etiologia

A esofagite primária pode ser causada pela ingestão de irritantes químicos ou físicos. É geralmente acompanhada de estomatite e faringite. Laceração da mucosa por um corpo estranho. A passagem de uma sonda de endoscópio ou de uma sonda pode causar esofagite não acompanhada de lesões noutros locais. A inflamação do esófago é frequente em muitas doenças específicas, em particular nas que causam estomatite, mas os outros sinais clínicos destas doenças sobrepõem-se aos da esofagite.

Achados clínicos

Nas fases agudas, há salivação e as tentativas de deglutição causam dor intensa. Em alguns casos, a deglutição é impossível e as tentativas de o fazer são seguidas de regurgitação, tosse, movimentos de vómito e contracções vigorosas dos músculos cervicais e abdominais. No caso de envolvimento da região cervical, a palpação do sulco jugular provoca dor e o esófago inchado é palpável. Os camelos que recuperam da esofagite são geralmente afectados por estenose esofágica crónica com distensão acima da estenose. Se tiver ocorrido uma perfuração, há dor e inchaço locais e, frequentemente, crepitação. A celulite cervical local pode causar rutura para o exterior e desenvolvimento de uma fístula esofágica, ou infiltração ao longo dos planos fasciais com consequente obstrução por compressão do esófago e toxemia. A perfuração do esófago torácico pode levar a uma pleurite fatal.

Tratamento

A alimentação deve ser suspensa durante 2-3 dias e o camelo pode ter de ser alimentado por via intravenosa durante este período. Devem também ser administrados antibióticos parenterais. A realimentação do animal deve ser iniciada gradualmente através de alimentos moles húmidos e o animal deve ser cuidadosamente monitorizado.

OBSTRUÇÃO DO ESÓFAGO

A obstrução do esófago é menos comum nos camelos do que nos equídeos e bovinos devido à capacidade dos camelos para regurgitarem livremente. Os camelos têm um maior controlo voluntário do esófago do que os equídeos. No entanto, observou-se a ocorrência de engasgamento nos camelos. A obstrução pode ser parcial ou total. Qualquer corpo estranho que fique alojado no esófago inicia contracções musculares com o objetivo de mover o objeto para um lado ou para o outro. Se nem a ação peristáltica nem a antiperistáltica forem ineficazes, o resultado final pode ser um espasmo de cada lado da obstrução, levando a uma obstrução parcial ou completa.

Etiologia

Nos camelos, vários alimentos, como nabos, cenouras, batatas, bolas de borracha, tecidos, plásticos, alimentos secos grosseiros, etc., ficam alojados no esófago. O problema surge normalmente quando um animal ganancioso toma um bocado de alimento e tenta engoli-lo sem mastigar. A obstrução também pode resultar de uma pressão externa sobre o esófago exercida por um órgão ou tecido circundante, como um nódulo linfático neoplásico no mediastino ou na base do pulmão.

Achados clínicos

No estrangulamento, o comportamento do camelo é alterado. O animal sente desconforto. Os sinais podem ser confundidos com cólicas. Há vómitos, tosse, disfagia, abanar da cabeça, salivação e corrimento nasal. Se o animal continuar a comer, os alimentos podem ficar acumulados na zona faringolaríngea e o vómito subsequente pode conduzir as partículas de alimentos para a nasofaringe e para fora pelo nariz. Pode ocorrer pneumonia por aspiração.

A obstrução pode alojar-se em qualquer ponto, desde a origem do esófago até à extremidade cardíaca do rúmen. A zona mais comum de obstrução é a região cervical caudal, onde o primeiro par de costelas e a traqueia restringem o espaço de passagem (Manifield e Tinson, 1996). A obstrução na região cervical pode ser vista como um inchaço. A radiografia ou a fluoroscopia podem fazer o diagnóstico da obstrução.

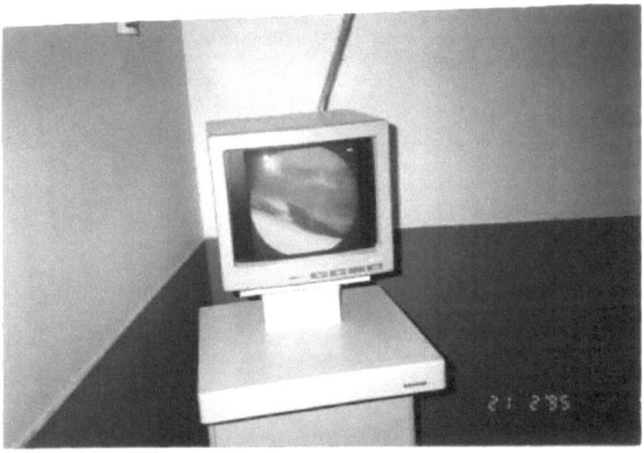

Obstrução de saco de plástico no esófago de um vitelo
camelo de quatro meses
confirmada por fluoroscopia

Os sinais agudos, com exceção do inchaço, desaparecem normalmente em poucas horas. Isto acontece devido ao relaxamento do espasmo esofágico inicial e pode ou não ser acompanhado pela passagem da obstrução. Muitas obstruções passam espontaneamente, mas outras podem persistir durante vários dias. Nestes casos, há incapacidade de engolir, salivação e inchaço contínuo. A obstrução persistente provoca necrose por pressão da mucosa e pode causar perfuração ou estenose subsequente do esófago.

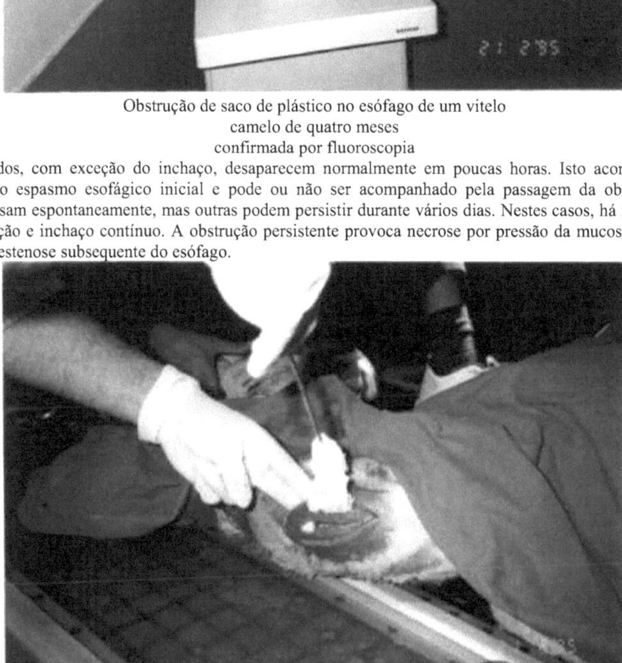

Remoção do saco de plástico do esófago

Tratamento

Devem ser administrados espasmolíticos (sulfato de atropina 16-32 mg, composto de hiosina) para relaxar a musculatura esofágica e, espera-se, permitir a retoma da atividade peristáltica. Podem ser administrados analgésicos. A passagem de uma sonda é normalmente necessária para localizar a obstrução na parte inferior do esófago. Podem ser feitas tentativas suaves para empurrar a obstrução para a frente com a sonda gástrica, mas é preciso ter cuidado para evitar danos na mucosa esofágica. O tubo deve ser bem lubrificado com parafina líquida.

A obstrução sólida na parte superior do esófago pode ser alcançada através de um longo pedaço de arame dobrado em forma de laço, que pode ser passado sobre o objeto e tentar puxá-lo para a faringe.

A acumulação de material particulado na parte inferior do esófago é mais difícil de remover. Devem ser introduzidas pequenas quantidades de soro fisiológico morno com um pouco de extrato de baladona através de uma sonda gástrica passada até à obstrução e depois extraída por sifão. Este procedimento deve ser repetido várias vezes. Em caso de insucesso, deve tentar-se a remoção cirúrgica do objeto obstrutivo.

O animal não deve receber comida e água até que a obstrução seja removida.

ECTASIA

Foi relatado um caso de ectasia num camelo de 6 anos de idade (Bolbol, 1992). O animal apresentava uma tumefação fusiforme no terço superior do pescoço (ao nível das 4--5th vértebras cervicais) observada na radiografia. Pensou-se que um episódio anterior de asfixia tinha danificado o fornecimento de nervos à secção dilatada e paralisada do esófago. Foi tentada a correção cirúrgica da situação, que falhou devido a danos excessivos nos tecidos.

SÍNDROME DE DISFAGIA

A dificuldade em engolir pode ocorrer em afecções da garganta e do esófago. Foi observado um síndroma em camelos em que há febre ligeira, salivação, movimentos repetidos de deglutição e gânglios linfáticos mandibulares e parotídeos inchados. Não são observados sinais de farangite e amigdalite. A doença responde bem a antibióticos e corticosteróides (Manefield e Tinson, 1996).

DOENÇAS DOS ESTÔMAGOS ANTERIORES

INDIGESTÃO SIMPLES

A indigestão simples ocorre frequentemente em camelos de corrida e é caracterizada por inapetência, anorexia, diminuição dos movimentos ruminais e fezes anormais. As fezes podem ser escassas ou volumosas e diarreicas.

Etiologia

A doença é comum nos camelos de corrida, devido à variabilidade da qualidade e da quantidade de alimentos consumidos. Não é comum em camelos de pastoreio. A doença é causada por anomalias alimentares menores, incluindo tâmaras, leite, alimentos grosseiros suculentos como a alfa alfa, alimentos bolorentos e um excesso moderado de ingestão de cereais e concentrados. Os casos ocorrem em regimes alimentares excelentes e são geralmente atribuídos a uma sobrealimentação com cereais.

A falta de apetite pode também contribuir para a ingestão de alimentos pouco habituais, o que pode provocar indigestão. Observou-se igualmente que a limitação da água potável disponível obriga os camelos do deserto a deslocarem-se para as zonas rurais/industriais, onde podem ter acesso a água da cozinha e a água não higiénica. A alimentação forçada dos camelos de corrida também pode ser considerada uma causa de indigestão.

A administração oral prolongada e intensa de sulfonamidas e antibióticos pode causar indigestão devido à inibição da flora ruminal normal e à alimentação invulgar de uma dieta especial para fazer o camelo correr rapidamente. As alterações do pH do seu conteúdo afectam de forma acentuada a motilidade do rúmen e, na maioria dos casos, um aumento da acidez é provavelmente importante. A atonia que ocorre após a alimentação com alimentos estragados pode ter a mesma base ou ser devida a outros agentes não identificados nos alimentos. A simples acumulação de alimentos indigestos pode impedir fisicamente a atividade ruminal. A putrefação das proteínas pode também desempenhar um papel na produção de atonia. As amidas e aminas tóxicas produzidas podem incluir a histamina, que é conhecida por causar atonia ruminal.

Achados clínicos

A redução do apetite é o primeiro sinal e é seguida de depressão e de embotamento. A ruminação cessa e os movimentos ruminais são reduzidos em frequência e amplitude e, por vezes, estão ausentes. Pode haver timpanismo moderado. As fezes são geralmente reduzidas em quantidade e são mais secas do que o normal no primeiro dia. No entanto, 24-48 horas mais tarde, o camelo está geralmente diarreico. As fezes são mais moles do que o normal, volumosas e têm geralmente um cheiro muito desagradável. O animal pode apresentar sinais de cólicas. Também pode haver vómitos. Quando vomita, o camelo baixa a cabeça e o pescoço e, através do aumento da pressão intra-abdominal, com ou sem a ajuda da contração ruminal, ejecta o conteúdo ruminal através do esófago. Quando o material chega à boca, a cabeça e o pescoço são abanados e sacudidos para cima, o que faz com que a ingesta se espalhe em todas as direcções (Manefield e Tinson, 1996).

Na indigestão de curta duração não há reação sistémica. No entanto, se a situação persistir, o camelo apresenta fraqueza muscular, tremores, incoordenação, quedas frequentes, cegueira e incapacidade de se levantar.

Patologia clínica

A análise da urina para deteção de corpos cetónicos é normalmente necessária para diferenciar a indigestão da acetonemia.

Foram introduzidos dois testes laboratoriais simples para avaliar a atividade da flora ruminal. (a) Teste de atividade sedimentar. É efectuado com fluido ruminal aspirado, coado para remover partículas grosseiras. O fluido filtrado é deixado em repouso num recipiente de vidro à temperatura corporal e o tempo necessário para a flutuação do material particulado é registado. O tempo em animais normais varia entre 3 minutos, se o animal tiver acabado de ser alimentado, e 9 minutos se a última alimentação tiver ocorrido há algum tempo. A sedimentação do material particulado indica uma inatividade grosseira, sendo o grau menos grave manifestado pelo prolongamento do tempo necessário para a flutuação. (b) O ensaio de digestão da celulose depende do tempo necessário para digerir um fio de algodão. É atada uma pérola à extremidade do fio para indicar quando ocorre a separação. Um tempo de digestão superior a 30 horas indica uma anomalia.

A indigestão simples deve ser diferenciada de todas as doenças do estômago e do abomaso em que a atonia ruminal é um achado clínico comum e de doenças de outros sistemas corporais que causam atonia ruminal secundária (septicemia, toxemia e acetonemia).

Tratamento

A maior parte do tratamento é sintomático, consistindo principalmente na utilização de medicamentos ruminantes. Os estimulantes parassimpáticos são amplamente utilizados como ruminantes, mas têm muitos efeitos secundários, a sua ação é transitória e as grandes doses deprimem a atividade ruminal. O cloreto de carbamilcolina, a fisostigmina e a neostigmina são os fármacos ruminantes mais utilizados. Este último é o mais eficaz e deve ser administrado numa dose de 2,5 mg/45 kg de peso corporal. O sal de Epsom (0,5-1,0 kg por camelo adulto) também é útil. Os alcalinizantes, como o hidróxido de magnésio, numa dose de 400 g por camelo adulto, quando o conteúdo do rúmen é ácido, são úteis. Os antiácidos patenteados, administrados de acordo com as instruções do fabricante, dão geralmente bons resultados. Deve ter-se cuidado para que o animal não regurgite o medicamento. Isto pode ser evitado mantendo a cabeça levantada numa posição agachada após a medicação.

Em caso de anorexia prolongada, a reconstituição da flora através da utilização de transferências de ruminação é altamente eficaz. Se os camelos apresentarem sinais nervosos, a injeção de tiamina é muito eficaz.

INGURGITAMENTO AGUDO DE HIDRATOS DE CARBONO (ACIDOSE)

A ingestão de grandes quantidades de alimentos ricos em hidratos de carbono altamente fermentáveis provoca uma doença aguda devido à produção excessiva de ácido lático no rúmen. Clinicamente, a doença é caracterizada por desidratação grave, estase ruminal, fraqueza, decúbito e elevada taxa de mortalidade.

Etiologia

A ingestão súbita de grandes quantidades de alimentos ricos em hidratos de carbono, tais como cereais, tâmaras, geleia (Gur), pão, massa, beterraba sacarina, etc., é a principal causa desta doença. O tipo e o nível de ração consumida por um ruminante afectam o número e as espécies de bactérias e protozoários no rúmen. Quando se muda de uma ração para outra, é necessário um período de adaptação microbiana que é variável. Assim, os animais que consomem uma ração com baixo teor de hidratos de carbono são considerados os mais susceptíveis a uma mudança rápida, uma vez que a adaptação satisfatória não pode ocorrer com a rapidez suficiente, mas sim com o rápido início de uma fermentação anormal.

Verifica-se um aumento acentuado do número de Streptococcus bovis, que utilizam os hidratos de carbono para produzir grandes quantidades de ácido lático. Na presença de uma quantidade suficiente de hidratos de carbono (uma dose tóxica ou letal), os Streptococcus bovis continuarão a produzir ácido lático que diminui o pH do rúmen para 5 ou menos, altura em que as bactérias celulolíticas e os protozoários são destruídos. Considerou-se que o ácido lático no rúmen é um passo intermédio na formação de açúcares solúveis (Balch e Rowland, 1957; Baldwin et al., 1963; Hungate, 1966; Walker, 1968) e de amido (Schulam e Valentino, 1976), que são convertidos predominantemente em ácido propiónico ou ácido acético. Uma maior taxa de absorção de ácido lático no sangue conduz à acidemia (Heuter et al., 1956). A concentração de ácido lático de 0,7 - 11,37 mg/100 ml no licor ruminal antes da alimentação é considerada normal (Bhatia, 1983).

A concentração de ácidos gordos voláteis (AGV) aumenta também inicialmente e contribui para a diminuição do pH ruminal. O pH baixo permite que os lactobacilos utilizem as grandes quantidades de hidratos de carbono no rúmen para produzir quantidades excessivas de ácido lático, o que aumenta acentuadamente a osmolaridade ruminal e a água é retirada da circulação sistémica, causando hemoconcentração e desidratação.

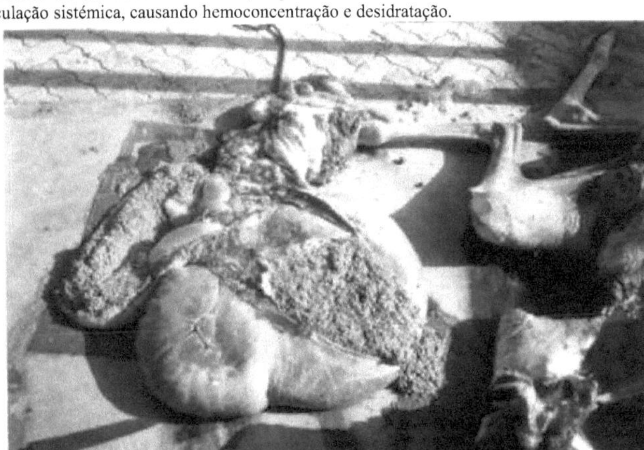

Acidose ruminal grave após ingestão de grande quantidade de cevada

À medida que o pH ruminal é reduzido, a amplitude e a frequência dos movimentos ruminais diminuem e, por volta de um pH de 5, há uma estase ruminal completa. Há provas de que o aumento da concentração molar de butirato provoca a estase ruminal e não o ácido lático. A estase ruminal pode também dever-se ao facto de o ácido lático entrar no duodeno e exercer uma ação inibitória reflexa no rúmen (Blood e Radostits, 1989). Considera-se que a diarreia se deve à redução da absorção líquida de água do cólon.

A elevada concentração de ácido lático no rúmen é considerada a causa da rumenite química, que mais tarde é seguida de rumenite micótica nos animais que sobrevivem, cerca de 4-6 dias mais tarde. O baixo pH do rúmen favorece o crescimento de Mucor, Rhizopus e Absidia spp. que se multiplicam e invadem os vasos do rúmen, causando trombose e enfarte. A necrose generalizada e a gangrena podem afetar toda a metade ventral das paredes ruminais e levar ao desenvolvimento de uma peritonite aguda. Os danos nas vísceras provocam uma atonia completa, o que, juntamente com a toxemia resultante da gangrena, é geralmente suficiente para matar o animal.

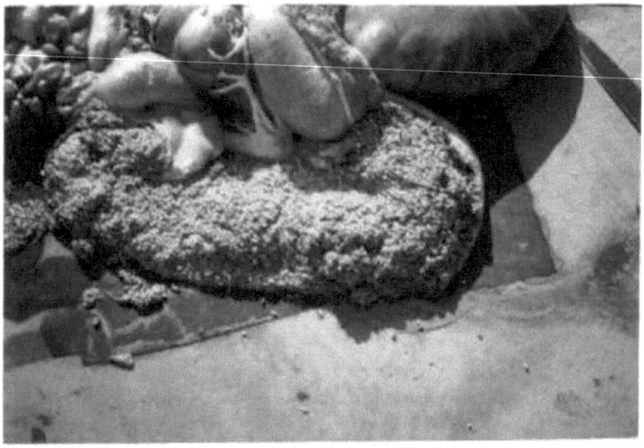

Acidose ruminal grave após ingestão de grande quantidade de cevada

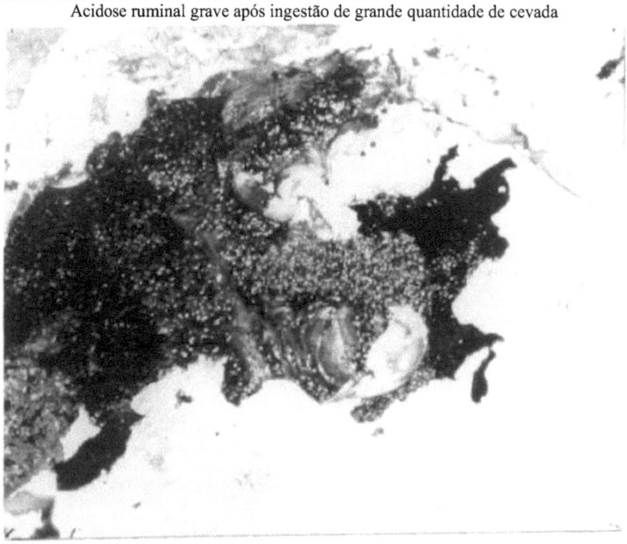

Abomaso cheio de cevada misturada com sangue

Na rumenite química não complicada, a mucosa ruminal descama e cicatriza com tecido cicatricial e alguma degeneração da mucosa. Neste contexto, considera-se que a patogénese dos abcessos hepáticos resulta de uma combinação de factores. A rumenite causada pela acidose láctica permite que o Fusobacterium necrophorum, o Actinobacillus e o Corynebacterium pyogenes entrem diretamente nos vasos ruminais e se espalhem para o fígado, que pode ter sofrido lesões devido à acidose láctica. A necrose coagulativa difusa grave e a hiperplasia do epitélio do ducto biliar e a degeneração dos túbulos renais podem também estar presentes histologicamente (Nauriyal et al., 1978).

Várias substâncias tóxicas, para além do ácido lático, foram propostas como contribuintes para a doença. Foi encontrada uma concentração elevada de histamina no rúmen de bovinos ingurgitados experimentalmente. A histamina não é absorvida pelo rúmen, exceto em valores de pH anormalmente elevados, mas é absorvida pelos intestinos. A laminite ocorre nalguns casos de sobrecarga ruminal. Outras substâncias, que foram recuperadas do rúmen em casos de sobrecarga de cereais, incluem uma endotoxina suspeita, etanol e metanol (Blood e Radostits, 1989). O Clostridium perfringens e as bactérias coliformes também foram encontrados em maior número, mas a sua importância não é conhecida. As alterações electrolíticas que ocorrem incluem uma hipocalcemia ligeira devido a má absorção temporária, perda de cloreto sérico devido a sequestro no rúmen e um aumento do fosfato sérico devido a insuficiência renal.

A doença experimental foi produzida em camelos através da alimentação com jaggery (um subproduto da cana-de-açúcar) e foram observadas alterações semelhantes às da doença natural (Lal, et al., 1994). As alterações na composição celular e bioquímica do fluido cerebrospinal sugerem que a barreira hemato-encefálica pode ser afetada.

Achados clínicos

Os sintomas clínicos observados nos camelos são quase semelhantes aos de outros ruminantes, exceto a temperatura corporal nocturna que é elevada (Lal et al., 1994). As outras manifestações observadas no camelo são o embotamento, a falta de ruminação, a anorexia e a redução da ingestão de água. A passagem de fezes semi-sólidas soltas de cor castanha escura pode ser seguida de diarreia abundante e desidratação. Podem ver-se grãos de cereais nas fezes. A regurgitação (vómitos), a salivação abundante e o lacrimejo, as cólicas, o ranger de dentes e a estase ruminal são sinais de doença aguda. Também se observa uma depressão extrema e um aumento da respiração (10-12 por minuto) e da frequência de pulso (70-90/min). Pode ocorrer oligúria, incoordenação, tremores musculares, ataxia com reflexos palpebrais reduzidos, opistótono, recumbência, convulsões, coma e morte. O início e a gravidade dos sintomas dependem do tipo e da quantidade de alimentos consumidos. O pH do fluido ruminal obtido através de uma sonda gástrica passada através da boca pode ser medido no terreno utilizando um papel indicador de pH de largo espetro. O teste deve ser efectuado imediatamente porque o pH aumenta com a exposição ao ar. O exame microscópico de algumas gotas de líquido ruminal numa lâmina de vidro (com uma lamela) a uma potência baixa revelará a ausência de protozoários ruminais, o que constitui uma indicação fiável de um estado anormal do rúmen, geralmente acidose. As bactérias predominantemente gram-negativas do rúmen são substituídas por grampositivas.

Tratamento

Deve tentar-se corrigir a acidose ruminal e evitar uma maior produção de ácido lático, restabelecer os fluidos e electrólitos e restaurar a motilidade intestinal e do estômago. O camelo deve ser impedido de continuar a ter acesso aos alimentos responsáveis pela acidose e não deve receber água durante 12-24 horas. Deve ser oferecido ao animal feno de boa qualidade, correspondente a metade das necessidades diárias. O animal deve ser exercitado de hora a hora durante 12-24 horas. Após 18-24 horas, os camelos que continuaram a comer feno podem ter livre acesso à água. O rúmen é esvaziado, lavado com um sifão, examinado para verificar se há indícios e a extensão da ruminite química e uma transferência de rúmen (cerca de 10 litros de suco ruminal) é colocada no rúmen juntamente com alguns punhados de feno. A acidose sistémica pode ser tratada com uma solução intravenosa de bicarbonato de sódio a 5% (à razão de 5 litros para um animal de 450 kg, administrada inicialmente durante um período de cerca de 30 minutos). A isto deve seguir-se bicarbonato de sódio isotónico (1,3%) a 150 ml/kg de peso corporal, administrado durante as 6-12 horas seguintes. Um longo tubo de borracha com um diâmetro interior de cerca de 20 mm é introduzido no rúmen através da boca e é bombeada água quente, deixando-se depois o rúmen esvaziar por gravidade. Nos casos moderadamente afectados, são administrados por via oral 500 g de hidróxido de magnésio ou óxido de magnésio por 450 kg de corpo em 10 litros de água quente. Simultaneamente, a acidose sistémica deve ser tratada através da injeção intravenosa de uma solução de bicarbonato de sódio.

O tratamento auxiliar inclui a utilização de anti-histamínicos, corticosteróides, tiamina e parassimpaticomiméticos. O borogluconato de cálcio também é útil.

OBSTRUÇÃO DO RÚMEN

É muito frequente ver corpos estranhos no rúmen dos camelos em matadouros e em necropsias (Fahmy et al., 1995). Os camelos de corrida estão sempre açaimados para evitar que comam areia, fezes, etc., mas os camelos necrófagos comem muitas coisas estranhas como areia, gravilha, lixo, borracha, cordas, plástico, bolas de fibra vegetal (Phytobezoar), bolas de pelo (Trichobezoars), tecido, etc. Dependendo do tamanho e da natureza física do objeto, estes afectam a função ruminal. Estes objectos podem causar uma obstrução intermitente ou permanente do lúmen do rúmen. Nos camelos, os movimentos ruminais são tais que quase todos os corpos estranhos permanecem no rúmen e geralmente não migram para o retículo, como se observa nos bovinos.

Achados clínicos

Os achados clínicos incluem falta de apetite persistente, pica e atividade ruminal deprimida (normalmente são ouvidos 3-4 sons de intensidade variável por minuto). Observam-se episódios intermitentes de obstipação. Por vezes, também se observam cólicas. O clínico deve excluir a possibilidade de outras doenças crónicas através de investigação laboratorial. Muitas doenças do trato digestivo, por exemplo, impactação da C-3, ulceração da C-3, impactação dos intestinos, torção dos intestinos e torção uterina (Ramadan et al., 1986) produzem sinais semelhantes.

Tratamento

Lubrificantes como a parafina líquida e purgativos como o sulfato de magnésio podem ajudar. A remoção cirúrgica por rumenotomia é o tratamento ideal.

TIMPANISMO RUMINAL

A timpania ruminal é a distensão excessiva do rúmen e do retículo com os gases da fermentação, quer sob a forma de espuma persistente misturada com o conteúdo do rúmen (timpania primária ou inchaço espumoso), quer sob a forma de gás livre separado da ingesta (timpania ruminal secundária).

Timpanismo ruminal primário ou espumoso

Na timpania ruminal primária ou inchaço espumoso há produção de espuma estável na qual os gases de fermentação estão presos. As pequenas bolhas de gás não conseguem coalescer e, por conseguinte, o animal não é capaz de eructar. O inchaço resulta das qualidades de formação de espuma das proteínas solúveis das folhas das leguminosas e de algumas culturas forrageiras. A alimentação com leguminosas muito suculentas e de crescimento rápido é a causa mais comum de inchaço. A doença pode também ocorrer através da alimentação de jovens culturas de cereais, couves e leguminosas vegetais, incluindo ervilhas, feijões e grãos com elevado teor de proteínas. A alimentação com cereais finamente moídos também promove a formação de espuma no conteúdo ruminal.

As leguminosas que provocam o inchaço são mais rapidamente digeridas pelos microrganismos ruminais do que as forragens que não provocam o inchaço e a rutura das células do mesofilo foliar leva à libertação de partículas de cloroplasto. Os microrganismos ruminais utilizam estas partículas e as bolhas de gás ficam presas entre as partículas, o que impede a coalescência das bolhas, impedindo a drenagem do líquido ruminal das lamelas líquidas entre as bolhas. Os grãos finamente moídos actuam como meio para certas bactérias, que produzem limo insolúvel. O lodo resultante aprisiona os gases de fermentação, provocando o inchaço. Foram observadas variações na suscetibilidade ao inchaço em camelos individuais.

Tímpano Ruminal Secundário

A timpania ruminal secundária ou inchaço por gás livre ocorre devido a uma obstrução física à eructação de gases de fermentação através do esófago. A obstrução pode dever-se a um corpo estranho, a uma estenose ou a uma pressão exercida do exterior sobre o esófago por gânglios linfáticos aumentados ou por qualquer outra lesão. A lesão do nervo vago pode deprimir o centro de eructação dos gases, interrompendo assim o reflexo responsável pela remoção dos gases do rúmen. O tónus e a motilidade normais da musculatura do rúmen e do retículo são também necessários para a eructação. Na anafilaxia, o inchaço ocorre devido à atonia dos músculos do estômago, que pode ser corrigida com anti-histamínicos e adrenalina. Uma alteração súbita e acentuada do pH (alcalinidade ou acidez) também pode provocar atonia.

Descobertas cínicas

O animal começa normalmente a inchar no espaço de uma hora após a ingestão de alimentos que produzem inchaço. Os animais podem inchar no primeiro dia de alimentação, mas é mais frequente inchar no segundo e terceiro dias de alimentação. No inchaço, a distensão óbvia do abdómen ocorre subitamente, por vezes logo 15 minutos após a ingestão de forragens que produzem inchaço. Todo o abdómen fica dilatado. O animal sente desconforto, deita-se e levanta-se frequentemente, dá pontapés na barriga ou até rola. Observa-se também dispneia, acompanhada de respiração bucal, salivação e protrusão da língua. Também se observam frequentemente vómitos e passagem de fezes líquidas.

Tratamento

A fonte de forragem que produz o inchaço deve ser abandonada. Em casos muito graves, recomenda-se a rumenotomia. Em casos menos graves, é aconselhável atar um pau à boca do camelo para que este produza uma quantidade excessiva de saliva, que é alcalina e pode ajudar a eliminar a espuma. A aplicação de um óleo não tóxico, especialmente um óleo mineral, não biodegradável, com cerca de 250 ml, também ajuda. A passagem de uma sonda gástrica através da boca pode também ajudar a libertar gases livres no rúmen. É preferível um óleo que contenha um detergente como o sulfosuccinato de dioctilo e sódio. O tensioativo sintético "poloxaleno" é muito eficaz numa dose de 25,5 g (inchaço das leguminosas). Os etoxilatos são também muito eficazes.

ABOMASITIS

A abomasite é sempre observada na doença hemorrágica dos camelos. Também se observa na enterotoxemia, endotoxemia e infestação parasitária pesada. O tratamento ideal é a utilização de antibióticos.

OBSTRUÇÃO DO ABOMASO

A alimentação com grandes quantidades de tâmaras não semeadas é a causa mais comum de impactação na zona pilórica. Também pode ser causada pela ingestão de cascalho, pedaços de panos, plásticos, etc., e lesão granulomatosa. A obstrução do abomaso é geralmente de natureza aguda. Os sinais clínicos são anorexia, distensão abdominal, especialmente no flanco direito, desconforto, inapetência, diminuição do débito com redução do tamanho dos alimentos. Podem ocorrer vómitos após a ingestão de água. Observa-se também leucocitose com neutrofilia e hipocalemia. Por vezes, a rutura do abomaso leva à perfuração e consequente peritonite.

Alguns casos podem responder ao tratamento com laxantes. A remoção cirúrgica da obstrução pode ser tentada através de uma incisão paracostal direita sob anestesia geral (Manefield e Tinson, 1996)

ÚLCERAS DO ABOMASO

Qualquer um dos compartimentos do estômago pode ser afetado, mas são relativamente comuns no abomaso.

Etiologia

As úlceras são observadas em muitas doenças específicas (tais como infecções clostridiais e doença hemorrágica dos camelos) e também são observadas em muitas infecções locais do trato gastrointestinal. Também podem ocorrer como úlceras primárias. Neste caso, a etiologia da úlcera não é conhecida nos camelos como acontece nos cavalos. Desconhece-se o papel do stress na causação das úlceras. A condição é observada em camelos com uma boa dieta, bem como com uma dieta pobre. Alguns tinham sido infestados com parasitas, enquanto outros não.

Achados clínicos

As úlceras gástricas primárias não são normalmente diagnosticadas no camelo vivo. Uma vez que a doença raramente é diagnosticada no camelo vivo, não foram registados quaisquer sinais clínicos; no entanto, podem prever-se dores abdominais e anemia. As úlceras perfurantes resultam em peritonites.

Cólicas - rolar no chão, fenómeno comum em camelos jovens e velhos

Tratamento

Não foram efectuados estudos sobre a resposta dos camelos a medicamentos utilizados no tratamento de úlceras. O camelo pode responder à terapia com cimetidina (2,2 mg/kg) administrada duas vezes por dia por via subcutânea. O medicamento não deve ser administrado por via oral, uma vez que é degradado no rúmen.

Alongamento da pata traseira em caso de cólica

DOENÇAS DOS INTESTINOS

OBSTRUÇÕES INTESTINAIS

A obstrução parcial ou total do lúmen intestinal é uma situação clínica frequentemente observada (Manefield e Tinson, 1996). Embora não tenham sido observadas nos camelos todas as causas possíveis de obstrução, seria razoável supor que qualquer dos tipos observados nos ruminantes pode aparecer nos camelos. De acordo com Tanwar (1985), Tayal et al. (1985) e Singh et al. (1993), as causas específicas incluem impactação (areia, enterólitos, fecólitos), torção, intussuscepções, compressão pelo útero grávido, estrangulamento por hérnias, neoplasia, abcesso, enfarte e defeitos congénitos (atresia coli e atresia ani).

Achados clínicos

Os sinais de obstrução variam consoante a localização e a totalidade da obstrução, a rapidez com que a obstrução se desenvolveu, o grau de enterotoxemia produzido, a extensão da oclusão vascular e a produção de gás. O principal sinal é a cólica, com pouca ou nenhuma passagem de fezes. Quando uma obstrução interfere com a circulação, os eventos que se seguem alteram a integridade do intestino. Na compressão vascular parcial, a drenagem venosa é afetada negativamente. O fluxo arterial contínuo resulta em edema. Se a compressão for completa, ocorrerá anóxia tecidular e aumento da permeabilidade capilar, seguida de hemorragia intramural e da mucosa, com edema e quebra da continuidade do epitélio, o que permite a invasão bacteriana, que acaba por conduzir a peritonite e bacteriemia (Jones e Hunt, 1983). Pode ocorrer gangrena e choque.

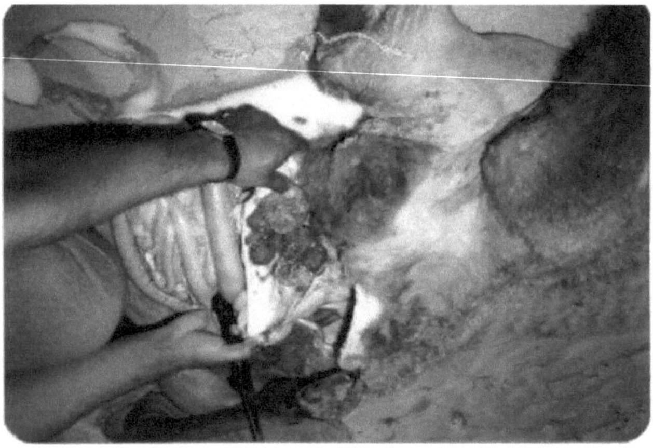

Pelo e areia sob a forma de bolas semi-sólidas de fecaletes. Causa comum de morte em crias de camelo

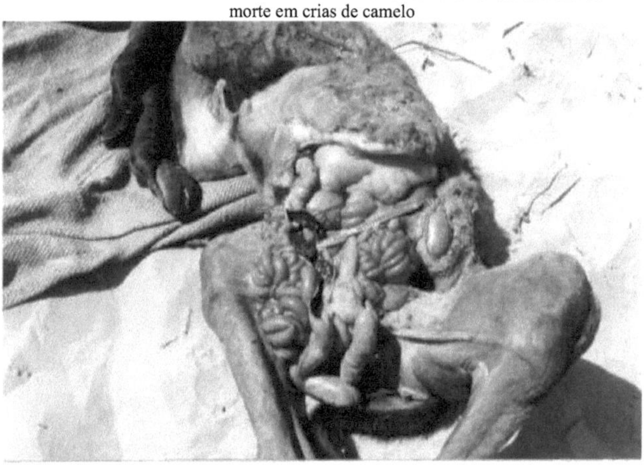

Bloqueio dos intestinos devido a fezes misturadas com areia

Tratamento

Devem ser tentados laxantes e purgantes para desalojar o corpo afetado. Em caso de insucesso, é necessário recorrer à remoção cirúrgica da obstrução.

ENTERITIS

É a inflamação dos intestinos.

Etiologia

Existem muitas causas de enterite nos camelos e a doença varia consideravelmente consoante o agente causador. Existem muitas causas predisponentes e excitantes relacionadas com o animal e o ambiente que influenciam o agente causador primário da enterite. Os vitelos de camelo recém-nascidos, que são deficientes em imunoglobulinas, são muito mais susceptíveis à enterite e têm uma elevada taxa de mortalidade devido à diarreia do que os animais com níveis adequados de imunoglobulinas. A salmonelose entérica é geralmente precipitada pelo stress do transporte ou pela privação de alimentos e permite o desenvolvimento de uma super-infeção por organismos que normalmente causariam a doença.

Os factores causadores de enterite em camelos incluem bactérias (E. coli enterotoxigénica, Salmonella spp., Clostridium perfringens tipo B e C. e Mycobacterium), fungos (Candida spp.), vírus, helmintas, protozoários (Eimeria spp, Blantidium coli, Cryptosporidium), agentes químicos (arsénico, flúor, cobre, cloreto de sódio, mercúrio, molibdénio, nitratos), plantas venenosas, micotoxicoses, agentes físicos (areia ou solo; silagem ou alimentos contendo ácido lático), deficiências nutricionais (deficiência de cobre), sobrealimentação alimentar (simples indigestão) e doenças diversas (insuficiência cardíaca congestiva, toxemia).

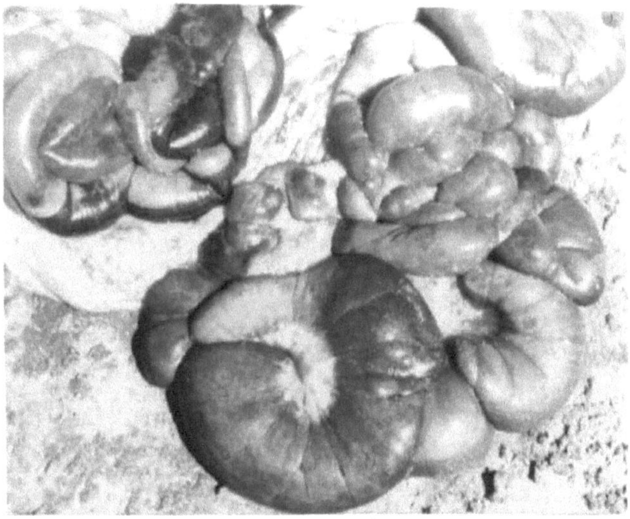

Enterite hemorrágica

Achados clínicos

Os principais achados clínicos da enterite são a má absorção e a diarreia.

Dependendo do agente causador, da fase da doença e da idade do animal, observam-se vários graus de sinais clínicos. Estes incluem desidratação, dor abdominal, septicemia ou toxemia com febre. Na enterite aguda, as fezes são moles ou fluidas. Pode haver sangue, fibrina, muco ou material estranho nas fezes. As fezes podem ter mau cheiro. A cor das fezes varia de amarelo pálido a castanho escuro ou preto. Outros sinais de enterite são o tenesmo, a anorexia, as cólicas, a depressão e o borborigmo intestinal. Os sinais clínicos devem determinar o diagnóstico. Um diagnóstico etiológico requer culturas, exame citológico e de óvulos parasitas, e avaliação hematológica e química do sangue. As biopsias do cólon podem ser úteis para o diagnóstico. O desequilíbrio eletrolítico é uma sequela comum da diarreia.

Tratamento

No tratamento da enterite, é importante monitorizar e corrigir qualquer desequilíbrio de fluidos e/ou electrólitos. É particularmente importante fornecer glucose, sódio e cloreto. A acidose desenvolve-se normalmente na enterite, pelo que é necessário bicarbonato de sódio. Podem ser utilizados protectores intestinais como o caulino, a pectina e o subsilicato de bismuto. Nas enterites bacterianas e virais, deve ser sempre administrada uma terapia antibiótica de largo espetro. Se a enterite for parasitária, a terapia deve ser planeada em conformidade.

ULCERAÇÃO INTESTINAL

A ulceração da mucosa intestinal pode seguir-se a qualquer enterite grave e desenvolver-se em qualquer parte do trato gastrointestinal. O local mais comum é o cólon pequeno no interior do cólon em espiral. Em muitos casos, não é possível determinar a causa, mesmo aquando da necropsia.

Após um espasmo intestinal em torno de uma impactação de material seco, desenvolve-se isquémia na parede intestinal. Em muitos casos, isto leva à formação de úlceras. Podem desenvolver-se várias úlceras desta forma. As úlceras podem provocar a perfuração da parede intestinal. É muito difícil diagnosticar uma úlcera. A eliminação de outras doenças intestinais deve preceder a tentativa de diagnóstico.

PROLAPSO RECTAL

Não é invulgar nos camelos, mas já foi registada. A causa mais comum é o tenesmo, associado a diarreia grave prolongada. Pode observar-se uma ligeira protrusão, que dura alguns minutos, após a defecação. Foi observada uma ligeira protrusão do reto, juntamente com a mucosa vaginal/vulvar, em camelos fêmeas prenhes, perto do termo, especialmente quando sentadas. As mucosas salientes podem ficar traumatizadas. É provável que se desenvolva edema seguido de necrose.

A causa primária deve ser corrigida. A massa saliente deve ser limpa e substituída por uma ligeira pressão. O edema pode ser reduzido através da aplicação local de glucose ou sacarose. A anestesia epidural pode ser necessária para permitir a substituição em animais com esforço. Um tubo rectal inserido no reto e fixado com suturas pode ajudar. Se o segmento saliente for necrótico, pode ser amputado.

DIARREIA NERVOSA

As fezes dos camelos são evacuadas sob a forma de pellets secos. Qualquer ato que provoque stress no animal resultará na passagem de fezes moles no espaço de cinco minutos. A primeira vez que se carrega um camelo para um camião, que se coloca o animal em reservas para exame ou tratamento, tudo isto pode causar diarreia nervosa. Muitos camelos, quando se habituam aos procedimentos, perdem esta reação.

As tentativas de tirar partido desta reação são feitas nos círculos das corridas de camelos. Num procedimento conhecido como "Taffiz", os camelos são levados para a pista de corridas e deliberadamente stressados pelo ruído e pela ameaça de um comportamento humano agressivo. O resultado é uma diarreia que provoca uma redução considerável da carga intestinal durante os 30 minutos que se seguem. Pensa-se que isto reduz o peso do camelo e produz uma melhor relação potência/peso (Manefield e Tinson, 1996).

PERITONITE

A peritonite, inflamação do peritoneu, é normalmente acompanhada de dor, sensibilidade à palpação, rigidez da parede abdominal, incapacidade de defecar e febre, seguida de toxemia. Pode ser difusa ou focal. As aderências são uma sequela natural de uma serosa inflamada.

Etiologia

A peritonite pode ocorrer como doença primária ou secundária a outras doenças. Como doença primária, resulta da rutura do útero, da bexiga, do trato gastrointestinal, da perfuração da parede abdominal a partir do exterior e da rutura de abcessos. A peritonite é vista como uma sequela da perfuração do abomaso, necrose intestinal subsequente a impactação grave e também pode ser sequela de procedimentos cirúrgicos (Manefield e Tnson, 1996). A peritonite séptica causada por Streptococcus zooepidermicus foi registada em camelos por Heller et al. (1998). Patel e Suthar (1992) registaram uma reticuloperitonite traumática devido a perfuração por corpos estranhos presentes no retículo.

Achados clínicos

Os sinais clínicos variam consoante a peritonite seja local ou difusa e a gravidade da doença. Na peritonite difusa aguda, os sinais de toxemia e choque são evidentes. Na peritonite crónica, a formação de aderências é mais importante do que a toxemia e o choque. Se o processo de cicatrização estiver a evoluir satisfatoriamente e os sinais de peritonite estiverem a diminuir, é comum verificar que o exercício vigoroso pode provocar a rutura das aderências, a propagação da peritonite e o regresso dos sinais clínicos de peritonite aguda.

A acumulação de grandes quantidades de exsudado inflamatório na cavidade peritoneal pode causar distensão abdominal visível e interferência na respiração devido à pressão sobre o diafragma. A peritonite aguda local e crónica geralmente não é fatal.

Tratamento

Devem ser administrados antibióticos e sulfonamidas para as infecções bacterianas (orais, parenterais ou intraperitoneais). São aconselhados analgésicos para aliviar a dor do animal.

ESTENOSE ANAL

Ocasionalmente, tem sido observada como uma condição congénita. Muitas vezes, é causada por lesões repetidas e cicatrização. O ânus é frequentemente lesionado durante a correção de um prolapso, o exame do reto, o abcesso perianal e a infestação de carraças perianais. Para o tratamento, é necessário recorrer à correção cirúrgica.

INSUFICIÊNCIA HEPÁTICA

O fígado tem uma reserva de função muito grande e cerca de três quartos do seu parênquima têm de ser tornados inactivos antes de aparecerem sinais clínicos de disfunção hepática. As doenças difusas do fígado são mais frequentemente acompanhadas de sinais de insuficiência do que as doenças focais, que produzem o seu efeito quer pelas toxinas formadas nas lesões quer pela pressão sobre outros órgãos. As doenças difusas do fígado podem ser classificadas como hepatite e hepatose de acordo com as alterações patológicas que ocorrem e a classificação também corresponde aproximadamente ao tipo de agente causador. Clinicamente, a diferença entre as duas doenças não é acentuada.

Não existem modos específicos de disfunção hepática. O fígado tem muitas funções e qualquer doença difusa do órgão interfere com a maioria ou com todas as funções no mesmo grau. As principais funções hepáticas que, quando desordenadas, são responsáveis por sinais clínicos. Estas incluem: A manutenção de níveis normais de açúcar no sangue, fornecendo a fonte como glicogénio; a formação de algumas das proteínas plasmáticas; a formação e excreção de sais biliares; a excreção de pigmentos biliares; a formação de protrombina; e a desintoxicação e excreção de muitas substâncias tóxicas, incluindo agentes fotodinâmicos.

Achados clínicos

Os sinais desta doença incluem anorexia, cólicas (que se agravam com a palpação ou percussão), abdómen tenso, atonia do trato gastrointestinal, fraqueza, pode haver febre, diarreia, movimentos dolorosos, falta de vontade de se sentar seguida de reclinação e morte em 4-48 horas. Os sinais observados são:

Icterícia, sinais nervosos (hiperexcitabilidade, convulsões, coma, tremores musculares e fraqueza, distúrbios psíquicos, incluindo torpor, andar compulsivo, pressão na cabeça e incapacidade de responder a sinais e, por vezes, mania), edema e emaciação (devido a deficiência proteica), fotossensibilização (a filoeritrina, o produto de degradação normal da clorofila no intestino, é excretada na bílis. Na insuficiência hepática, a excreção destas substâncias é retardada), diátese hemorrágica (ocorre deficiência de protrombina) e dor abdominal (distensão da cápsula e lesões da cápsula. Alteração do tamanho do fígado). Por vezes, há deslocação do fígado ou rutura do fígado.

Os sinais clínicos distintivos, bem como a avaliação de parâmetros de patologia clínica como a sorbital desidrogenase, a aspartato aminotransferase, a alanina aminotransferase, a gama glutamil transferase e a glutamato desidrogenase ajudam no diagnóstico da insuficiência hepática.

Tratamento

O prognóstico da necrose hepática aguda é desfavorável. Nos casos ligeiros, está indicada a administração de glucose e de substâncias lipotrópicas, como a colina e a metionina, bem como de antibióticos de largo espetro para controlar a infeção bacteriana secundária.

REFERÊNCIAS

Aggarwal, A.C. e P.N. Nanda. 1930. Necrose da aba palatina no camelo. Vet. J., 86:67-68.

Ali, O.A., S.A.M. Kheir, H. Abu Damir, e M.E.S. Barri. 1991. Ectima contagioso do camelo (Camelus dromedarius) no Sudão. Um relato de caso. Revue. Elev. Med. Pays trop., 44:143-145.

Arnautovic, I.A. e A.M. Magid. 1974. Anatomia e mecanismo de distensão de Dulla do camelo de uma só corcova. Ata Anat., 88:115-124.
Balch, D.A. e S.J. Rowland. 1957. Volatile fatty acids in the rumen of dairy cows receiving variety of diets. Br. J. Nutr., 11:288-298.
Baldwin, R.J., W.A. Wood, e R.S. Emery. 1963. Conversão de glicose[14] C em propionato pelos micróbios do rúmen. J. Bact., 85:1346-1349.
Barvalia, D.R., S.C. Coudhary, V. Singh, e S.C. Ojha. 1998. Fibroma do palato mole num camelo. J. Camel Pract. Res., 5:313.
Bhargava, A. K. 1973. Infeção do palato mole em camelos. Ind. Vet. J., 50:1213-1214.
Bhatia, J.S. 1983. Alguns estudos fisiológicos sobre o rúmen do camelo. Tese de doutoramento, Universidade de Sukhadia, Udaipur, Rajasthan, Índia.
Blood, D.C. e O.M. Radostits. 1989. Veterinary Medicine. Baillere Tindall, Londres.
Bolbol, A.E. 1992. Ectasia esofágica numa fêmea de camelo. Proc. 1st Int. Camel Conf. p. 419.
Borisovich, Y.F. e M.D. Orekhov. 1966. Camel Pox. Veterinariya, 3:50-52.
Buchnev, K.N., S.Z. Tulepbaev, e A.R. Sansyzbaev. 1987. Doenças infecciosas dos camelos na URSS. Revue Sci. Tech. Off. Int. Epizoot., 6:487-495.
Cummings, J.F., J.F. Munnell, e A. Vallenas. 1972. The mucigenous glandular mucosa in the complex stomach of world camelids, the llama and guanaco. J. morphol., 137:71-110.
Dycker, Ch., M. Lechner-Doll, P. Hoffrogge, e W.V. Engelhardt. 1994. Absorção de ácidos gordos de cadeia curta dos estômagos em camelos. J. camel Pract. Res., 1:108-110.
El-Khouly, A.B.A., F.A. Gadir, D.D. Cluer, e G.W. Manefield. 1992. Aspergilose em camelos afectados por uma síndrome respiratória e entérica específica. Aust. Vet. J., 69(8):182-186.
Engelhardt, W.V., S. Hinderer, e E. Wipper. 1978. Factores que afectam a secreção e utilização endógena de ureia-N no trato gastro intestinal. In: Ruminant Digestion and Food Evaluation. Eds: D.F.
Engelhardt, W.V., M. Lechner-Doll, R. Heller, T. Rutagwenda, H.J. Schwartz, e W. Schultka. 1988. Physiology of the forestomachs in camels with particular reference to adaptation to extreme dietary conditions- A comparative approach. Anim. Res. Develop, 28:56-70
Engelhardt, W.V., A.M. Abbas, H.M. Mousa, e M. Lechner-Doll. 1992. Fisiologia digestiva comparativa do forestomach em camelídeos. Proc. Ist. Int. Camel. Conf., pp. 263-270.
Engelhardt, W.V. 1994. Diferença de características na anatomia e fisiologia do estômago entre camelídeos e ruminantes. J. Camel Pract. and Res., 1:105-106.
Etzion, Z., N. Meyerstein, e R. Yagil. 1984. Tritiated water metabolism during dehydration and rehydration in the camel. J. Appl. Physiol. Resp. Envir. Exercise Physiol, 56:217-220
Fahmy, L.S., S. El Zomor, M.B. Mostafa, e A.A. Hagazy. 1995. Um estudo num matadouro sobre a presença de corpos estranhos no estômago dos camelos. J. Camel Pract. Res., 2:139-140.
Farid, M.F.A., S.M. Shawket, e M.H.A. Abdul Rahman. 1979. Observações sobre a nutrição de camelos e ovelhas sob stress. In: IFS Int. Symp. Camelos, Sudão, pp. 126-170.
Fowler, M.E. 1991. Medicine and Surgery of South American Camelids. Iowa State University Press, Ames.
Gahlot, T.K. 1986. Abcesso do palato mole em camelos. Xth Conv. Ind. Soc. Vet. Surg., Hisar, Índia.
Gahlot T.K., D.S. Chouhan, e R.J. Choudhary. 1988. Gangrena do palato mole em camelos. Ind. Vet. J. 65:527-528.
Gahlot, T.K. e D.S. Couhan. 1992. Afecções cirúrgicas da cabeça e do pescoço. Em Camel Surgery. 1st edition, Gyan Prakashan Mandir, Bikaner, India.
Gauthier-Pilters, H. e A.I. Dagg. 1981. The camel. Its evolution, ecology, behavior and relationship to man (The University of Chicago Press, Chicago 1981).
Hecker, J.F., E.O. Budtz-Olsen, e M. Ostwald. 1964. The rumen as a water store in sheep. Aust. J. Agric. Res., 15:961-970
Heller, M., D. Anderson, e F. Silveira. 1998. Peritonite estreptocócica em um camelo dromedário jovem. Aust. Vet. J., 76:253-254.
Heller, R., M. Lechner, e W.V. Engelhardt. 1986. Motilidade do estômago anterior no camelo. Comp. Biochem. Physiol., 84a:285-288.
Heuter, F.G., J.C. Shaw, e R.N. Doetsch. 1956. Absorção e disseminação de lactatos adicionados ao rúmen de bovinos e o efeito resultante sobre a glicose no sangue. J. Dairy Sci., 39:1430.
Hoffrogge, P., M. Lechner-Doll, Dycker Ch, e W.V. Engelhardt. 1994. Actividades motoras no estômago de camelos. J. Camel Pract. Res., 1:119-120.
Holler, H., G. Breves, M. Lechner-Doll, e E. Schulze. 1989. Concentrações de ácidos gordos voláteis e taxas de produção de acetato no estômago de camelos em pastoreio. Comp. Biochem. Physiol., 93B:413-416.
Hungate, R.E. 1966. The Rumen and its Microbes. Academic Press, Nova Iorque.
Jones, T.C. e R.D. Hunt. 1983. Veterinary Pathology. 5th edition. Lea and Febiger, Philadelphia.
Kaske, M., T. Osman, M. Lechner-Doll, M. Larson, e W.V. Engelhardt. 1989. Circadian changes of forestomach motility and of rumination in camels. Aust. J. Anim. Sci., 2:301-302.
Kumar, R, G. Singh, M. Manohar, e J.M. Nigam. 1977. Fratura bilateral da mandíbula em camelo. Ind. Vet. J., 54:477-478.
Lal,S., J.S. Yadav, e A.P. Singh. 1994. Estudos experimentais sobre acidose ruminal em camelos. J. Camel Pract. Res., 1:21-25.
Lechner-Doll, M. e W.V. Engelhardt. 1989. Tamanho das partículas e passagem do estômago de camelos em comparação

com bovinos e ovinos alimentados com uma dieta semelhante. J. Anim. Physiol. Nutr., 61:120-128.
Lechner-Doll, M., G. Becker, e W.V. Engelhardt. 1991. Ácidos gordos de cadeia curta no estômago de camelos e gado indígena, ovelhas e cabras, e no ceco de burros que pastam em savanas de arbustos espinhosos. In: Nuclear and Related Techniques in Animal Production and Health. AIEA, Viena.
Lechner-Doll, M. e P. Hoffrogge. 1994. Esophagus manometry in camel. J. Camel Pract Res., 1:114-115.
Leese, A.S. 1927. A Treatise on the One-humped Camel in Health and Disease, Haynes & Sons, Stanford Lines. p. 382.
Luciano, L. e W.V. Engelhardt. 1980. A estrutura fina da mucosa do estômago da lhama. Cell Tissue Res., 28:207-228.
Macfarlane, W.V., R.J.H. Moris, e B. Howard. 1963. Turnover and distribution of water in desert camels, sheep, cattle and kangroos. Nature, 197:270-271.
Macfarlane, W.V. 1977. Survival in an arid land (Sobrevivência numa terra árida). Aust. Nat. His., 29:18-23
Maloiy, G.M.O. 1972. Estudos comparativos sobre a digestão e a taxa de fermentação no estômago do camelo e do boi zebu. Res. Vet. Sci., 13:476481.
Maloiy, G.M.O e E.T. Clemens. 1980. Absorção colónica e secreção de electrólitos em cinco espécies de mamíferos herbívoros da África Oriental. Comp. Biochem. Physiol. 67A: 21-25.
Manefield, G.W. e A.H. Tinson. 1996. Camels A Compendium. University of Sydney Post Graduate Foundation in Veterinary Science, Sydney.
Mousa, H.M., K.E. Ali, e I.D. Hume. 1983. Efeitos da privação de água no metabolismo da ureia em camelos, ovelhas e cabras do deserto alimentados com erva seca do deserto. Comp. Biochem. Physiol., 74a:715-720.
Moussa, A. A., A. Daoud, A. Omar, N. Metwally, M. El Nimr, e J.W. McVicar. 1987. Isolamento do vírus da febre aftosa de camelos com síndromes de doença ulcerativa. J. Egypt. Vet. Med. Assoc., 47: 219-229.
Nauriyal, D.C., P.P. Gupta, e K.K. Baxi. 1978. Pathological changes due to ruminal lactic acidosis in buffaloes and cattle. Zbl. Vet. Med., 25a:283.
Patel, P.R. e B.H. Suthar. 1992. Reticuloperitonite traumática no camelo. Proc. 1st Int. Camel Conf., p. 418.
Purohit, N.R., D.S. Chouhan, e R.J. Choudhary. 1988. Paralisia do lábio inferior - relato de cinco casos. Ind. J. Vet. Surg., 9(2):135-139.
Radmanesh, H. 1974. Junção cóleo-duodenal no dromedário. Ata. Anat., 90:507-513.
Ramadan, R.O., R.A. Koock, e A.J. Higgins. 1986. Observações sobre o diagnóstico e tratamento de condições cirúrgicas no camelo. In: The Camel in Health and Disease. Ed. Higgins, A. Bailliere Tindall, Londres. p. 133.
Ramadan, R.O. e M. A. Abdin Bey. 1987. Impactação da parte distensível do palato mole (dulla) no camelo árabe. Vet. Med. Rev., 1:72-74.
Schmidt-Nielsen, B., K. Schmidt-Nielsen, T.R. Houpt, e S.A. Jarnum. 1956. Water balance of the camel (Balanço hídrico do camelo). Am. J. Physiol., 185:185-194
Schulam, N.D. e D. Valentino. 1976. Factores que influenciam a fermentação ruminal, efeito do hidrogénio na formação de propionato. J. Dairy Sci., 59:1444.
Shabaan,I.A., G.M. Othman, A. Kamal, e N.E. Amin. 1981. Fístula dentária no camelo. J. Egypt. Vet. Med. Ass., 41:69-75.
Singh, J., A.P. Singh, e D.B. Patil. 1993. O sistema digestivo. In: Ruminant Surgery. Eds. Tyagi R.P.S. e Singh, J. CBS Publishers, Delhi.
Smuts, M.W. e A.Y. Bezuidenhout. 1987. Anatomia do Dromedário. Claredon Press, Oxford.
Stepankina, M.K. e K.T. Tashenov. 1958. Water metabolism in the camel. Fiziel. Zh. SSSR. 44:942-947.
Tanwar, R.K. 1985. Obstrução intestinal devido a fitobenzoares num camelo. Relato de um caso. J. Vet. Med., 5: 31.
Tayal, R., S.K. Sharma, A.P. Singh, e J. Singh. 1985. Obstruction of colon due to fecoliths in camel (Obstrução do cólon devido a fecólitos em camelo). Haryana Veterinarian, 24:64.
Thornton , R.F. e N.G. Yates. 1968. Some effect of water restriction on apparent digestibility and water excretion of cattle. Aust. J. Agric. Res., 19:665-671.
Vashishtha, M.S., R.P. Singh, e C. Kala. 1980. Um abcesso raro na superfície faríngea do palato mole num camelo. Livestock Advisor, 5:68.
Walker, D.L. 1968. The position of lactic acid and its derivatives in the nutrition and metabolism of ruminants. Nutr. Abst. Rev., 38:1-11.
Wernery, U. 1995. Viral infections in camels-A Rview. J Camel Pract. Res., 2:112.

Capítulo 3
SISTEMA RESPIRATÓRIO

O camelo é um respirador nasal obrigatório, tal como os equídeos. Pode dilatar e contrair as narinas. O camelo em repouso fecha as narinas durante uma tempestade de areia, mas normalmente não o faz. A tentativa de inspirar pela boca durante o exercício é um sinal de obstrução nasal ou nasofaríngea. A taxa de respiração do camelo varia de 5-12 / minuto (Higgins e Kock, 1984). As conchas nasais do camelo são mais complexas do que as dos equídeos, porque o camelo tem de humidificar o ar durante a inspiração e conservar a água durante a expiração (Schmidt-Neilsen et al., 1981). O meato ventral é suficientemente grande num camelo adulto para permitir a endoscopia por um instrumento com um diâmetro externo de 13 mm.

A faringe do camelo é extraordinariamente longa e relativamente estreita. O camelo tem uma prega transversal proeminente ou divertículo palatino (DULLA) na superfície oral do seu palato mole. No camelo macho, este divertículo está muito desenvolvido como órgão sexual acessório. Esta estrutura pode ser insuflada a partir do interior e é vista projectada a partir da cavidade bucal dos camelos machos durante a época de reprodução. Mesmo quando o camelo macho não está em cio, o seu palato mole é muito carnudo e pode impedir a respiração em exercícios rápidos. A ressecção cirúrgica da DULLA poderia permitir aos camelos machos competir mais eficazmente. A estrutura é constituída por "tecido conjuntivo frouxo e glândulas mucosas cobertas por mucosa, por vezes pigmentada. A "DULLA" é insuflada porque o gás eructado do estômago é forçado para os pulmões, de onde o ar é forçado para a faringe oral, enquanto o palato mole é levantado e a entrada da nasofaringe é fechada.

Tal como a orofaringe, a nasofaringe também está dividida em compartimentos cranianos e caudais em forma de cúpula, através de uma prega transversal. A abertura da tuba auditiva situa-se no compartimento craniano. A nasofaringe situa-se dorsalmente à ortofaringe e estende-se desde as coanas até à abertura intrafaríngea. A posição respiratória do palato mole no camelo é ventral à epiglote (Cook, 1965), permitindo que o óstio intrafaríngeo crie uma vedação estanque à laringe (Cook, 1981). Durante o exercício, é importante que não entre ar na ortofaringe. A deslocação dorsal do palato mole acima da epiglote é uma causa de obstrução das vias aéreas. Os factores mais susceptíveis de desencadear esta deslocação são o faringoespasmo causado por miíase nasal, a hiperplasia do palato mole e a regurgitação do conteúdo ruminal. Caudoventralmente, a nasofaringe comunica com a oro e a laringofaringe através da abertura intrafaríngea. A Pars laryngea pharyngis é a continuação caudal da ortofaringe e estende-se desde o recesso piriforme na base da epiglote até ao nível da cartilagem cricoide. Contém a parte rostral da laringe e o vestíbulo do esófago, que é separado do esófago propriamente dito por uma prega mucosa em forma de V, que representa a fixação dos arcos palatofaríngeos. A prontidão com que qualquer camelo excitado regurgita o conteúdo ruminal sugere que a excitação da corrida pode precipitar a regurgitação no camelo durante o exercício. O aparecimento súbito de material alimentar na nasofaringe durante um exercício rápido seria certamente uma causa potente de faringoespasmo, de deslocação dorsal do palato mole e de dispneia induzida pelo exercício. Os treinadores podem dar especial atenção à redução do volume do conteúdo ruminal nos dias anteriores à corrida. Uma redução da quantidade de líquido e de material sólido no rúmen reduziria o peso corporal, facilitaria o movimento do diafragma, diminuiria o trabalho de inspiração e tornaria a respiração mais eficiente.

A laringe longa do camelo está situada mais caudalmente do que a do cavalo e, embora ligada ao corno da tiroide do aparelho tiroide, é muito mais móvel. O camelo parece, tal como o cavalo, o cão e o homem, ter um reflexo toraco-laríngeo (Cook e Thalhammer, 1991). As cartilagens da laringe, nomeadamente a epiglote rostralmente, a cartilagem tiroide ventral e lateralmente, as cartilagens aritenóides emparelhadas dorsalmente e a cartilagem cricoide caudalmente.

A cartilagem tiroide assemelha-se à do cavalo e possui cornos rostral e caudal bem desenvolvidos. O cornu rostral articula-se com a extremidade livre do osso tiroide, enquanto o cornu caudal se articula com a cartilagem cricoide. Em alguns espécimes, a cartilagem apresenta um forame tiroideu, enquanto noutros existe um entalhe profundo, ligado por tecido conjuntivo fibroso, para a passagem do nervo laríngeo craniano. A cartilagem aritenoide assemelha-se a uma âncora. Existe uma ligação semelhante a uma haste entre o ápice, com o seu extenso processo corniculado, e a base, que contém os processos musculares e vocais. Existe uma demarcação clara onde a cartilagem elástica amarela da parte rostral muda abruptamente para cartilagem hialina rostralmente à base. A cartilagem cricoide é robusta e relativamente longa. A epiglote tem aproximadamente 85 mm de comprimento no adulto. Não apresenta características especiais.

Os processos transversos proeminentes das vértebras cervicais formam uma calha que, em certa medida, protege a traqueia cervical de traumatismos externos, por exemplo, das mordeduras asfixiantes dos predadores naturais. O pescoço comprido do camelo significa que a traqueia cervical e toda a via aérea superior também são compridas. No mediastino craniano, a traqueia situa-se ventralmente ao esófago. Nesta região, a extremidade esquerda dos anéis traqueais sobrepõe-se à extremidade direita. Diretamente, cranialmente à bifurcação da traqueia, surge o traqueobrônquio para o lobo cranial do pulmão direito.

Os pulmões do camelo assemelham-se mais aos dos equídeos do que aos dos ruminantes. As fissuras não estão presentes nos pulmões dos camelos. Cada pulmão possui um lobo cranial e um lobo caudal, e o pulmão direito possui ainda um lobo acessório. Ao examinar mais de perto a superfície dos pulmões, são visíveis pequenos lóbulos separados por tecido conjuntivo. Abdurahman (1987) abordou a patologia dos pulmões dos camelos.

RHINITIS

Trata-se de uma inflamação da mucosa nasal e tem pouca importância como processo patológico, exceto em casos graves, quando provoca a obstrução da passagem do ar através das cavidades nasais, especialmente em camelos de corrida. A sua maior importância é como indicador da presença de uma doença específica.

Etiologia

É causada por bactérias, vírus, larvas de Oestrus ovis, alergias e fungos. Foram encontrados anticorpos contra adenovírus, parainfluenza, vírus sincicial bovino e rinotraqueíte infecciosa bovina em camelos (Manefield e Tinson, 1996). Nwasu e Wachy (1998) registaram uma prevalência de 97,4 % de miíase nasal (Cephalopina titillator), a mosca do nariz do camelo, na Nigéria. A rinite alérgica também foi registada em camelos (Pal, 1976).

Achados clínicos

Na rinite, o corrimento nasal é inicialmente seroso e depois torna-se mucoso e, na infeção bacteriana, torna-se purulento. Podem estar presentes vermelhidão, erosões ou úlceras na membrana mucosa. Podem estar presentes espirros ou roncos. Um corrimento purulento crónico unilateral das narinas que se prolonga por várias semanas é indicativo de micose.

Tratamento

O tratamento deve ter como objetivo controlar o agente causador. As narinas devem ser irrigadas com soro fisiológico. Pode ser pulverizado um descongestionante nasal nas narinas. A rinite alérgica deve ser tratada com medicamentos anti-alérgicos e o agente causador deve ser identificado e eliminado. No caso da rinite bacteriana, recomenda-se o tratamento com antibióticos e medicamentos sulfa.

ESTREITAMENTO DAS VIAS NASAIS

As lesões na nasofaringe, como pólipos, hiperplasia linfoide ou afecções granulomatosas, podem provocar uma restrição do fluxo de ar. Esta situação pode afetar negativamente o desempenho dos camelos de corrida. Rathore (1986) relatou uma doença conhecida localmente como Paladi, na Índia. Nesta doença, a cartilagem septal do nariz aumenta de tamanho e o camelo sente dificuldade em respirar. Normalmente, é necessária uma intervenção cirúrgica para corrigir a doença (Fowler, 1991).

LARINGITE, TRAQUEÍTE, BRONQUITE

Todos os agentes responsáveis por causar pneumonia e rinite podem causar estas três condições (Vitovec e Vladik, 1983).

A tosse e a dispneia inspiratória são os sinais clínicos mais comuns. Nas fases iniciais, a tosse é seca e dolorosa e é facilmente induzida pela preensão da traqueia ou da laringe, ou pela exposição ao frio, ao pó, ao fumo, etc. Mais tarde, a tosse torna-se menos dolorosa e produtiva, podendo ser expelido muco espesso com sangue e fibrina. A tosse pode ser acompanhada de febre e toxemia e o animal afetado não pode comer ou beber. A dispneia varia consoante o grau de obstrução. A fase de inspiração é geralmente prolongada e forçada. O inchaço da laringe pode causar mortes por asfixia.

Tratamento

Deve ser tentado um tratamento com antibióticos e sulfonamidas. Os animais que apresentem sinais de dispneia devem ser operados para serem submetidos a uma traqueotomia. Podem ser utilizados corticosteróides para reduzir o edema traqueal. Está indicada a excisão cirúrgica da lesão granulomatosa crónica ou dos abcessos, seguida de uma terapia antibacteriana a longo prazo.

CONGESTÃO E EDEMA PULMONAR

A congestão pulmonar (ingurgitamento do leito vascular pulmonar), por vezes seguida de edema pulmonar, é caracterizada por constrangimento respiratório. O grau de constrangimento respiratório depende da quantidade de espaço aéreo alveolar perdido.

Etiologia

A congestão primária ocorre nas fases iniciais de todos os tipos de pneumonias por inalação de fumo e fumos irritantes, reação anafilática e em animais reclinados devido a hipóstases.

A congestão secundária é observada na insuficiência cardíaca congestiva e após um esforço intenso nos camelos, tal como acontece nos cavalos.

O edema pulmonar ocorre como sequela de congestão pulmonar em caso de anafilaxia aguda, pneumonia intersticial aguda, insuficiência cardíaca congestiva, inalação de fumo e gases irritantes, envenenamento com organofosforados e doenças virais dos pulmões.

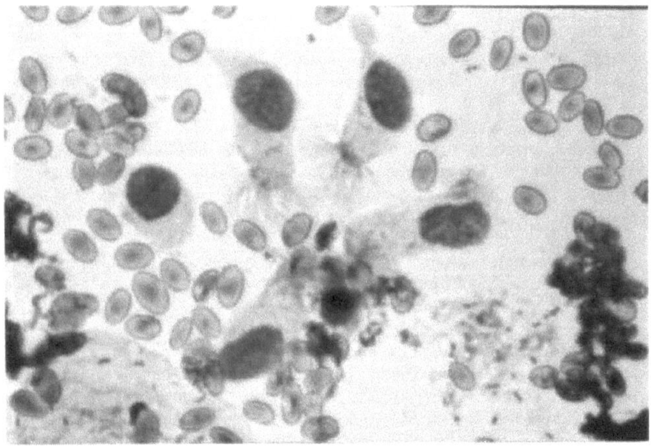

Células epiteliais ciliadas - lavado traqueal de um dos casos positivos de EIPH

Achados clínicos

Há dispneia com a cabeça estendida, narinas dilatadas e respiração bucal. Na respiração, observam-se movimentos abdominais acentuados. A frequência respiratória está aumentada, especialmente em caso de hipertermia, anafilaxia aguda e fases iniciais de pneumonia. A frequência do pulso também está elevada (até 100/min). A mucosa nasal é vermelha brilhante ou cianótica. Na congestão aguda, podem ouvir-se sons pulmonares ásperos à auscultação. Com o desenvolvimento do edema, ouvem-se sons pulmonares mais agudos e crepitações, particularmente nas partes ventrais dos pulmões. Nos casos de longa duração, desenvolve-se enfisema nas partes dorsais e ouvem-se crepitações e sibilos nas partes dorsais, especialmente nos casos desenvolvidos por alergia. À percussão, ouvem-se sons normais na congestão e sons baços no edema.

Há tosse, que é suave e húmida. Na congestão, surge um corrimento nasal seroso ligeiro a moderado, que muda para espumoso e volumoso no edema.

O diagnóstico de edema e congestão pulmonar é sempre difícil, a não ser que haja antecedentes de uma causa precipitante, como a inalação de fumo ou esforço excessivo. A pneumonia pode ser um diagnóstico alternativo, que é normalmente acompanhado de hipertermia.

Tratamento

A correção da causa primária deve ser tentada em primeiro lugar. O animal afetado deve repousar. Recomenda-se a administração de adrenalina no edema pulmonar devido a anafilaxia, que pode ser seguida de corticosteróides. Os anti-histamínicos também são bons e podem ser administrados juntamente com a adrenalina. A terapia com oxigénio pode reduzir eficazmente a anoxia. A aminofilina intravenosa lenta ajudará a dilatar os bronquíolos. A remoção do líquido dos pulmões pode ser assistida por tratamento intravenoso com furosemida ou outro diurético de ação rápida. A redução da formação de espuma nas vias respiratórias pode ser conseguida com etanol a 20% nebulizado. A morfina também é recomendada.

Em caso de edema devido a organofosforados, deve ser imediatamente administrada atropina (são aconselhadas injecções repetidas).

HEMORRAGIA PULMONAR

Os camelos não são apenas criados para leite ou carne, mas também desempenham um papel importante no desporto tradicional das corridas. As distâncias normais das corridas são de 8 a 10 km. Alguns camelos apresentam sangue a sair das narinas após a corrida ou o galope e, consequentemente, não têm bom desempenho nas corridas. Um estudo efectuado por Akber et al. (1994) revelou que estes camelos apresentavam hemorragias de vários tamanhos nos pulmões. Os estudos foram efectuados por endoscópio de fibra ótica (2 m de comprimento; 11 mm de diâmetro externo) passado através da narina. A doença era mais comum em camelos de 8-10 anos do que em camelos de 3-4 anos. A incidência da doença é de 30 por cento, semelhante à registada em cavalos de corrida (Pascoe et. al., 1981). O mecanismo da hemorragia não é conhecido. A presença de doença pulmonar pré-existente pode ser um fator predisponente. Normalmente, a hemorragia não é suficientemente grande para causar quaisquer sinais clínicos aparentes, exceto epistaxis em alguns casos, mas estes camelos não têm um bom desempenho nas corridas subsequentes. Foram utilizados vários medicamentos para o tratamento, mas nenhum tem um efeito significativo. A utilização de furosemida pode ajudar a reduzir a gravidade da doença.

PNEUMONIA

A pneumonia pode ser causada por vírus, bactérias, fungos, protozoários, parasitas metazoários e agentes físicos e químicos. Por vezes, uma combinação de dois ou mais factores é responsável pela doença. Na maior parte dos casos, a pneumonia do camelo é broncogénica, mas, em alguns casos, pode ser hematogénica.

Os microrganismos oportunistas são responsáveis pela pneumonia na maioria dos casos quando a resistência do animal é reduzida (Farrag et al., 1953). Estes incluem E.coli, estreptococos, estafilococos, Pasteurella spps, Corynebacterium spps. (Shah e Khan, 1935; Rana et al., 1993), Pseudomonas (Wernery et al., 1997), Kiebsiella pneumoniae (Arora e Kalra, 1973), Mycobacterium (Farrag e Zaki, 1953) e aspergilose (Bhatia et al., 1983).

Achados clínicos

Nas fases iniciais, a respiração é rápida e superficial, seguida de dispneia nas fases posteriores. A tosse é um sinal importante. Na broncopneumonia, a tosse é mais dolorosa. Na pneumonia intersticial, que se apresenta em paroxismos, é frequente observar-se uma tosse seca e seca. Na auscultação, pode ser detectado exsudado. A percussão e a auscultação podem detetar a consolidação.

Na pneumonia aguda, observa-se toxemia, anorexia, febre, depressão, taquicardia e falta de vontade de se sentar.

Tratamento

Devem ser injectados agentes antimicrobianos, de preferência em base de ação prolongada. Os broncodilatadores, como o clenbuterol e os anti-inflamatórios não esteróides, devem ser administrados como terapia adjuvante.

PNEUMONIA POR ASPIRAÇÃO

A pneumonia por aspiração ou pneumonia por encharcamento é uma doença comum dos animais de criação, no entanto, nos camelos não é tão comum. Esta doença ocorre devido à ingestão descuidada ou forçada de medicamentos para o tratamento de alguma doença. Por vezes, os vómitos são também inalados. A rutura de um abcesso faríngeo e a aspiração de pus é também uma causa potencial de pneumonia por aspiração. O animal que sofre de paralisia ou obstrução da laringe, da faringe ou do esófago pode aspirar alimentos ou água ao tentar engolir. Um efeito pouco frequente, mas importante, do alojamento de alimentos na glote é a produção de asfixia ou morte súbita devido à inibição vagal e à paragem da respiração e da circulação.

Se forem aspiradas grandes quantidades de líquido, a morte pode, neste caso, ser instantânea, mas com pequenas quantidades o resultado pode depender da natureza do material aspirado. A absorção pelos pulmões é muito rápida, pelo que as substâncias solúveis, como o sulfato de magnésio, exercem o seu efeito farmacológico muito rapidamente, ao passo que as substâncias insolúveis se alojam nos pulmões, resultando em pneumonia, com toxemia profunda, que é fatal em 48-72 horas. A gravidade da pneumonia depende das bactérias aspiradas. A pneumonia termina geralmente em gangrena. Ocasionalmente, o animal pode sobreviver à fase aguda, mas, mais tarde, a condição geralmente recai.

Os antibióticos e as sulfonamidas administrados logo após a aspiração podem evitar o desenvolvimento de uma infeção secundária.

ABCESSOS PULMONARES

Os abcessos pulmonares podem surgir por si só como doença primária ou secundariamente devido a doenças noutras partes do corpo (Gautam et al., 1970). Os abcessos primários podem ser devidos a tuberculose, actinomicose, pseudomoníase (Bergin e Torenbeek, 1991), infecções por aspergilose, histoplasmose, monilíase, corinebactérias e toxoplasmose.

Os abcessos pulmonares secundários podem desenvolver-se como sequela de pneumonia por aspiração ou de êmbolos/trombos portadores de infeção por endocardite, metrite, mastite e onfaloflebite que podem alojar-se nos pulmões dando origem a abcessos.

Achados clínicos

Nos casos típicos, há embotamento, anorexia e emaciação. A temperatura é geralmente moderadamente elevada e flutuante. A tosse é pronunciada e acompanhada de dor. Os sinais respiratórios variam consoante o tamanho e o número de abcessos.

Tratamento

O tratamento geralmente não é bem sucedido. Os antibióticos administrados diariamente durante vários dias podem ajudar.

DERRAME PLEURAL (PLEURISIA)

Trata-se de uma inflamação da pleura e faz quase parte da inflamação dos pulmões. A pleurisia primária é geralmente traumática e causada pela penetração de objectos sólidos no tórax. A pleurisia secundária desenvolve-se no âmbito de doenças infecciosas específicas, incluindo a pasteurelose, a actinomicose e a tuberculose. Também pode ocorrer como infeção esporádica, por exemplo, septicemia devida a pseudomonas, estreptococos, estafilococos e E.coli.

Nas fases iniciais, a respiração é rápida, superficial e abdominal e o animal mostra dor. O animal mantém-se de pé com os cotovelos abduzidos e não tem vontade de se mexer. O animal sente dor por pressão na parede torácica e por palpação digital profunda. Geralmente, há febre e a frequência do pulso está elevada. Nalguns casos, observa-se toxemia, anorexia e depressão. Na auscultação, nas fases iniciais, ouvem-se sons de fricção que, nas fases posteriores, diminuem à medida que o exsudado se acumula. Nesta fase, é evidente o embotamento à percussão. A tosse está normalmente presente. O prognóstico geralmente não é favorável. Deve tentar-se o tratamento com antibióticos e sulfonamidas. As infecções anaeróbicas podem ser controladas através da administração de cloranfenicol e metronidazol. A drenagem também é muito eficaz. Devem ser administrados analgésicos para reduzir a dor.

REFERÊNCIAS

Abdurahman, O.A.S. 1987. Pulmonary lesions among slaughtered camels in Mogadishu (Lesões pulmonares em

camelos abatidos em Mogadíscio). Camel Forum, 20: 1-10.
Akbar, S.J., G.L. Derkisen, A.M. Billah, e U. Wernery. 1994. Hemorragia pulmonar induzida pelo exercício em camelos de corrida jovens. Vet. Rec., 135:624-625.
Arora, R.G. e D.S. Kalra.1973. A note on the isolation of Kliebsiella pneumoniae and diplococci from cases of broncho-pneumonia in camels. Ind. J. Anim. Sci., 43:1095-96.
Bhatia, K.C., R.C. Kulshreshtha, e R.K. Pau Gupta. 1983. Pulmonary Aspergillosis in camel. Haryana Vet., 22:118-119.
Bergin, T.J. e L.R. Torenbeek. 1991. Melioidose em camelos. Aust. Vet. J., 68:309.
Cook, W.R. 1965. O diagnóstico da insalubridade respiratória no cavalo. Vet. Rec., 77:516-528.
Cook, W.R. 1981. Some observations on form and function of the equine upper airways in health and disease. Parte 1: A faringe. Proc. Amer. Ass. Equine Pract., 27:355-392.
Cook, W.R. e J.G. Thalhammer. 1991. Um teste de electro-diagnóstico para a classificação objetiva da neuropatia laríngea recorrente no cavalo. Proc. Am. Ass. Equine Pract., 37:275-296.
El-Khouly, A.B.A., F.A. Gadir, D.D. Cluer, e G.W. Manefield. 1992. Aspergilose em camelos afectados por síndrome respiratório e entérico específico. Aust. Vet. J., 69:182-186.
Farrage, H. e R. Zaki. 1953. Incidência e tipificação da tuberculose em camelos. Egipto Vet. Med. J., 1:110-115.
Farrag, H, R. Zaki, e M.R. El Hindawi. 1953. Pnuemonia em camelos. Brit. Vet. J., 109:119-122.
Fowler, M.E. 1991. Medicine and Surgery of South American Camelids. Iowa State University Press, Iowa.
Gautam, O.P., R.L. Gulati, e K.L. Gera. 1970. Abcessos pulmonares (Mali) num camelo. Ind. Vet. J., 47: 364-365.
Higgins, A.J. e R.A. Kock. 1984. Um guia para o exame clínico, controlo químico e medicação de camelos. In: The Camel in Health and Disease (O camelo na saúde e na doença). Ed. A. J.
Higgins. Bailliere Tindall, Londres, pp. 485-504.
Manefield, G.W. e A.H. Tinson. 1996. Camels A Compendium. Fundação de Pós-graduação em Ciências Veterinárias da Universidade de Sydney, Sydney.
Nwosu, C.O. e C.S. Wachy. 1998. Prevalência de miíase nasal em camelos abatidos nas regiões áridas e semi-áridas da Nigéria. J. Camel Pract. Res., 5:170-172.
Pascoe, J.R., G.L. Ferraro, J.H. Canon, R.M. Arthur, e J.D. Wheat. 1981. Amer. J. Vet. Res. 42:703.
Pal, M. 1976. Rinite alérgica num camelo. Uttar Pradesh Vet. J., 4 (3-4): 161-163.
Rana, M.Z., A. Ahmed, S.T.A.K. Sidhu, e G. Mohammed. 1993. Bacteriology of camel lung (Bacteriologia do pulmão do camelo). Camel News Letter, 10:30-32.
Rathore, G.S. 1986. Camels and their management. Conselho Indiano de Investigação Agrícola. Índia.
Schmidt-Nielsen, K., R.C. Schroter, e A. Shkolnik. 1981. Dessaturação do ar exalado em camelos. Proc. Roy. Soc. London, B211:305-319.
Shah, S.M.A. e G.S. Khan. 1935. Pneumonia em camelos. Ind. Vet. J., 12:206-220.
Vitovec, J. e P. Vladik, 1983. Doença brônquica dos camelos na Somália. Bull.
Anim. Hlth. Prod. Afr., 31(3): 291-294.
Wernery, R., J. Kinne, Hayn-Evans, e A-Ul-Haq. 1997. Melioidose num camelo de sete anos de idade. Uma nova doença nos Emirados Árabes Unidos. J. Camel Pract. Res., 4:141143.

Capítulo 4
SISTEMA MÚSCULO-ESQUELÉTICO

As doenças que envolvem ossos, articulações e músculos estão a ser tratadas aqui em conjunto. A razão é que a sua manifestação é comum, ou seja, claudicação, incapacidade de suporte, insuficiência de movimento e deformidade.

O exame clínico e laboratorial do sistema músculo-esquelético e dos pés dos camelos é essencial para identificar a claudicação e os factores que contribuem para a mesma. É necessário um exame físico pormenorizado da zona afetada para localizar a lesão. Este exame inclui movimentos passivos dos membros para identificar fracturas, luxações e dor durante o movimento. Os músculos podem ser palpados para detetar sinais de aumento, dor ou atrofia. A utilização da radiografia é um instrumento útil para diagnosticar as doenças dos ossos, das articulações e dos tecidos moles que afectam os membros. A biopsia muscular também pode ajudar no diagnóstico das distrofias musculares. O exame microscópico do líquido sinovial é de grande ajuda no diagnóstico de lesões articulares. Os níveis séricos de cálcio, fósforo, fosfatase alcalina e enzimas musculares, a determinação da creatinina fosfoquinase (CK) e da aspartato amino transferase (AST) sérica podem ajudar no diagnóstico de lesões das células musculares e osteodistrofias (Meyer e Harvey, 1998). A história nutricional deve ser obtida quando se suspeita de doenças do sistema músculo-esquelético, uma vez que a maioria das doenças está associada a perturbações nutricionais. Esta deve incluir a análise dos alimentos e a quantidade total de alimentos ingeridos.

O sistema muscular dos camelos está mais adaptado à economia de esforço do que à potência. Alguns dos músculos estão ausentes ou são de tamanho reduzido em comparação com os outros animais. Os músculos dos membros posteriores são pequenos em comparação com os músculos dos membros anteriores. Os músculos do pescoço também são relativamente menos desenvolvidos, o que torna o pescoço mais móvel.

Os tipos de músculo predominantes no camelo são os tipos I e II A. Não foi encontrada qualquer relação entre os tipos de fibras, a composição e a atividade enzimática glicolítica ou oxidativa no músculo. As actividades enzimáticas e os níveis de substrato são elevados nos músculos dos camelos em comparação com os de outros ruminantes (Saltin e Rose, 1994).

DOENÇAS DOS MÚSCULOS

MIOPATIA

Trata-se de uma degeneração não inflamatória do músculo esquelético, que se caracteriza por fraqueza e degeneração hialina das fibras musculares.

Etiologia

A causa mais comum de miopatia é a deficiência de vitamina E e/ou selénio em vitelos jovens. As causas precipitantes incluem o crescimento rápido, ácidos gordos altamente insaturados na dieta e falta de habituação ao exercício (miopatia de esforço). Também é observada na acidose.

Alguns agentes químicos presentes em plantas venenosas podem causar miopatias. Estes incluem Cassia accidentalis, Karwinskia humboldtiana, Ixiolena spp, Geigeria spp, tremoços, Solanum e Tricetum spp. Também foram observadas miopatias no envenenamento por coccidostato monensina em camelos (Chaudhary et al., 1998). Foram observadas mionecroses isquémicas em animais que permaneceram em repouso durante 48 horas ou mais. A atrofia muscular neurogénica ocorre esporadicamente devido a uma lesão traumática e subsequente degeneração ou corte completo do fornecimento de nervos ao músculo esquelético.

Achados clínicos

Na maioria dos animais, incluindo o camelo, o músculo esquelético é composto por uma mistura de fibras com diferentes características metabólicas e de contração. As fibras que têm um tempo de contração lento são designadas fibras de tipo I e as que têm um tempo de contração rápido são designadas fibras de tipo II. As fibras do tipo II podem ser subgrupadas em tipo IIA e IIB com base na pré-incubação ácida da ATPase (Snow et al, 1981). Existem variações na percentagem e na composição das fibras musculares em camelos individuais, entre vários músculos e dentro dos músculos em diferentes locais. A fibra do tipo I é a fibra mais dominante em todos os músculos estudados do camelo, enquanto as fibras do tipo II são relativamente escassas (Saltin e Rose, 1994). As fibras do tipo I são caracterizadas por uma forte capacidade aeróbica, em comparação com as fibras do tipo IIA, que são mais glicolíticas e têm uma forte capacidade aeróbica e uma capacidade anaeróbica moderada a forte. As fibras do tipo IIB caracterizam-se por uma capacidade aeróbia relativamente baixa e uma capacidade anaeróbia relativamente elevada e são glicolíticas (Kaneko et al., 1997).

Na distrofia muscular nutricional primária associada a uma deficiência de vitamina E e/ou selénio, ocorre uma lipoperoxidação das membranas celulares das fibras musculares, resultando em degeneração e necrose. As lesões desenvolvem-se apenas nos músculos e são semelhantes, independentemente da causa. Na maioria dos casos, as lesões são de degeneração hialina a necrose coagulativa do miocárdio e dos músculos esqueléticos. Devido à necrose, a mioglobina é libertada e excretada na urina. Também se desenvolve nefrose mioglobinúrica.

Uma manifestação bioquímica importante da miopatia é o aumento da libertação de enzimas musculares das células musculares danificadas. A creatinina fosfoquinase (CK) e a alanina amino transferase (AST) séricas estão ambas elevadas na miopatia e são indicativas de lesão muscular aguda. A isquemia também causa necrose muscular focal e aumento da libertação de enzimas musculares. Na atrofia neurogénica, há paralisia flácida, uma diminuição acentuada da massa muscular e degeneração das miofibras com incapacidade de regeneração.
As miopatias nutricionais associadas à deficiência de vitamina E e/ou selénio ocorrem mais frequentemente em animais jovens em crescimento. Na miopatia primária aguda, observa-se um início súbito de fraqueza e pseudoparalisia dos músculos afectados. Normalmente, existe insuficiência circulatória e respiratória. O animal em sofrimento permanece alerta e parece estar em espasmo. A temperatura é geralmente normal. O músculo afetado pode estar inchado, duro e emborrachado. Os casos agudos de miopatia primária podem morrer no prazo de 24 horas.

Tratamento

A vitamina E e o selénio são indicados para o tratamento da distrofia muscular nutricional. O tratamento da miopatia de esforço consiste no repouso forçado e no alívio da dor. Nos camelos reclinados, recomenda-se a utilização de roupa de cama macia e a rotação frequente. Pode também ser administrada uma terapia com fluidos para evitar a nefrose mioglobinúrica. Nas miopatias associadas a acidose, recomenda-se a administração de bicarbonato de sódio. Deve ser administrado a 2% da ingestão total de matéria seca. O Dantrolene sódico na dose de 4 mg / kg de peso corporal, administrado por via oral, imediatamente após o reconhecimento dos sinais clínicos, é eficaz.

MYOSITIS

A miosite pode resultar de um traumatismo direto ou indireto do músculo e ocorre como parte de um síndroma numa série de doenças específicas, incluindo a pata negra, a sarcosporidiose, a triquinose e a toxoplasmose. A miosite aguda dos músculos dos membros é acompanhada de claudicação grave, inchaço, calor e dor à palpação. Pode também ocorrer toxemia e febre. Na miosite crónica, os músculos afectados podem estar muito debilitados e é difícil diferenciá-los clinicamente da atrofia devida a outras causas. A miosite traumática crónica pode resultar em aderências fibróticas dos músculos e pode sobrevir calcificação do tecido fibroso. A infestação por traças e, por vezes, por moscas varejeiras provoca danos extensos nos músculos. A miosite pode também desenvolver-se nos camelos através da injeção intramuscular de medicamentos irritantes.

DOENÇAS DOS OSSOS

FRACTURAS EM CAMELOS

O camelo, para além de ser utilizado como animal de tração, também é mantido para fins de equitação e de corrida, pelo que é mais propenso a lesões e fracturas. A incidência de várias fracturas registada por Gahlot e Chouhan (1994) foi de 57 % na cabeça e no pescoço (principalmente na mandíbula), 22 % nos membros anteriores e 21 % nos membros posteriores. A maior incidência de fracturas da mandíbula deve-se à fraqueza anatómica deste osso no ramo horizontal, devido à presença de alvéolos das presas e também à presença do canal dentário na região. As forças de tensão exercidas pelos poderosos músculos da mandíbula durante o "cio" após a excitação conduzem frequentemente a fracturas da mandíbula. Os bordos afiados dos fragmentos fracturados rasgam a mucosa oral, o que geralmente leva à infeção e à formação de abcessos submandibulares (Kumar et al., 1977).

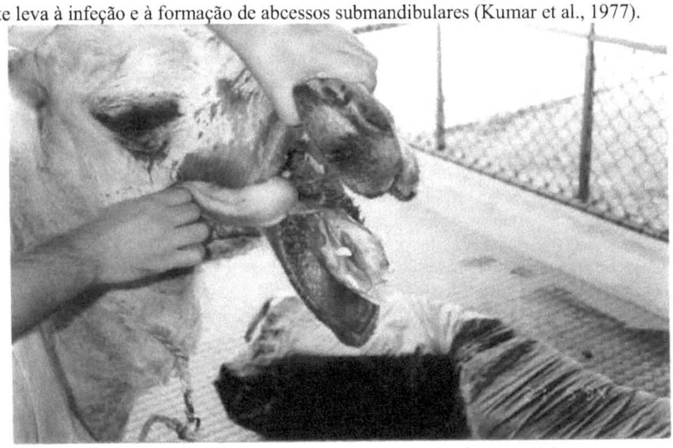

Fracturas do maxilar inferior após uma queda na corrida

OSTEODIOTROFIA

Inclui as doenças ósseas que ocorrem devido a uma falha no desenvolvimento do osso (raquitismo) ou devido a um metabolismo anormal do osso que já se desenvolveu (osteomalácia). As manifestações clínicas são a distorção e o alargamento dos ossos e o aumento da suscetibilidade a fracturas. Esta condição não é frequentemente observada nos camelos, no entanto, foi relatada por Caligiuri et al., (1989)

Etiologia

Estas condições podem resultar de deficiências de cálcio, fósforo e vitamina D, bem como de um desequilíbrio na relação cálcio-fósforo. As osteodistrofias também podem ser causadas por deficiência de cobre, proteínas inadequadas na dieta, parasitismo crónico, hipovitaminose A, envenenamento crónico por chumbo, envenenamento crónico por flúor e pastoreio de algumas plantas venenosas.

Achados clínicos

No **raquitismo**, que ocorre nos animais jovens em crescimento, há uma falha na calcificação provisória do osteoide e uma falha na mineralização da matriz cartilaginosa do osso em desenvolvimento. Também se verifica uma falha na degeneração da cartilagem em crescimento, formação de osteoide na cartilagem persistente com irregularidade das junções osteocondrais e crescimento excessivo de tecido fibroso na zona osteocondral. A falha da calcificação provisória da cartilagem resulta num aumento da profundidade e da largura das placas epifisárias, especialmente dos ossos longos (úmero, rádio, ulna e tíbia) e da cartilagem costal das costelas. Os tecidos não calcificados e, por conseguinte, moles das metáfises e das epífises ficam deformados sob a pressão da carga, o que também provoca um desvio medial ou lateral das hastes dos ossos. Verifica-se uma diminuição da taxa de crescimento longitudinal dos ossos longos e um alargamento das extremidades dos ossos longos devido aos efeitos do peso que provoca o alargamento da diáfise adjacente à placa epifisária.

Na **osteomalácia,** o amolecimento dos ossos maduros ocorre devido à reabsorção do osso mineralizado e à incapacidade de mineralização do osso recém-formado. O alargamento das epífises dos ossos não ocorre nesta doença. Os ossos longos também não se deformam. No entanto, os ossos são frágeis e propensos a fracturas frequentes.

A osteodistrofia fibrosa pode ser sobreposta ao raquitismo ou à osteomalácia e ocorre normalmente no hiperparatiroidismo secundário em animais (Blood e Radostits, 1989). A osteodistrofia fibrosa dos ossos faciais e longos foi registada em camelos dromedários. Pensa-se que a causa desta doença se deve a uma deficiência de vitamina D secundária a uma má absorção gastrointestinal e a uma exposição inadequada à luz ultravioleta no inverno (Lynch et al., 1999).

O diagnóstico pode ser efectuado através da análise do cálcio, do fósforo e da fosfatase alcalina no soro. A histopatologia do osso e a determinação das cinzas totais do osso também podem ajudar. Os alimentos para animais também devem ser analisados quanto à presença de cálcio, fósforo, magnésio, vitamina D e minerais vestigiais, ou seja, cobre, flúor e molibdénio.

Tratamento

A doença pode ser tratada através da administração de cálcio, fósforo e vitamina D.

OSTEOMIELITE

Nos camelos, pode ocorrer uma inflamação focal do osso após fracturas abertas (Gahlot et al., 1982).

A osteomielite é acompanhada por uma dor intensa e persistente e, normalmente, há saída de pus do osso erodido. Está envolvido um grande número de bactérias aeróbias e anaeróbias. O tratamento consiste no desbridamento do tecido necrosado, na drenagem do pus e na utilização local e sistémica de antibióticos de largo espetro durante um longo período.

DOENÇAS DAS ARTICULAÇÕES

ARTRITE

Os camelos são frequentemente afectados por inflamação das superfícies articulares e das membranas sinoviais devido a traumatismos e infecções. Esta doença é relativamente mais comum nos camelos de corrida.

Etiologia

A localização da infeção na articulação é comum em vitelos de camelo recém-nascidos com septicemia ou bacteremia resultantes de infeção naval ou intra-uterina.

Também pode ocorrer como resultado de uma perfuração traumática da cápsula articular. A infeção pode propagar-se a partir do tecido circundante. Também pode ocorrer disseminação hematogénica a partir de lesões supurativas do úbere, do útero, do fígado, dos gânglios linfáticos, da almofada torácica ou da cauda infectadas e da ferida de castração. Al-Afaleq et al. (1992) isolaram Chlamydia das articulações de camelos dromedários na Arábia Saudita. Estes animais apresentavam inchaço das articulações carpo-metacarpo e/ou tarso-metatarso. Ramadan et al. (1998) diagnosticaram higromas do carpo em dois camelos associados a Brucella melitensis.

Nos camelos de competição, a entorse durante a corrida ou o treino é uma causa muito comum de artrite.

Achados clínicos

As articulações do boleto e do metacarpo são mais susceptíveis a lesões e inflamações (Higgins, 1986). Rabagliati (1923) registou lesões de poliartrite em camelos da Somália. A artrite provoca dor e claudicação no membro afetado. O calor e a dor podem ser detectados por palpação. A articulação pode estar inchada e o grau de inchaço depende do tipo de infeção. Na maioria das artrites neonatais, ocorre simultaneamente um certo grau de onfaloflebite e lesões noutros órgãos (fígado, endocárdio, meninges).

Na artrite infecciosa de origem hematogénica, há inicialmente sinovite, seguida de alterações nas cartilagens articulares e, por vezes, no osso. Nas fases crónicas, há uma extensa formação de tecido de granulação, sinovite crónica e doença articular degenerativa com formação de osteófitos e, por vezes, anquilose.

Dependendo do tipo de organismo envolvido, a artrite pode ser supurativa ou serofibrinosa. A artrite supurativa é particularmente destrutiva para a cartilagem e o osso e, normalmente, há rutura da cápsula articular.

O exame do líquido articular deve ser efectuado pelo laboratório. Inclui a cultura de bactérias, TLC, DLC, contagem de eritrócitos e exame microscópico para detetar a presença de células, cristais, etc. Os testes bioquímicos e imunológicos também são úteis.

Tratamento

Recomenda-se o tratamento precoce com antimicrobianos parenterais e locais durante vários dias. Os antibacterianos de eleição incluem as penicilinas sintéticas, as tetraciclinas, a estreptomicina, a neomicina, a gentamicina e a quenamicina.

Nos casos crónicos, recomenda-se a aplicação local de calor e de linimentos. Os analgésicos são recomendados se o camelo sentir muita dor.

A ausência de resposta à medicação parentérica e intra-articular pode exigir a abertura cirúrgica da cápsula articular, um desbridamento cuidadoso, a excisão da sinóvia e da cartilagem e osso infectados, seguida de irrigação diária da cavidade articular com antibióticos. Recomenda-se também a imobilização da articulação durante várias semanas. Os glicosaminoglicanos administrados por via oral e injectados na articulação afetada também podem ajudar. A artrite crónica também pode ser tratada submetendo a articulação afetada a um campo meganético.

FIXAÇÃO DORSAL DA RÓTULA

Esta doença é frequentemente observada em camelos idosos e debilitados (Rathore e Chouhan, 1971). O seu aparecimento é insidioso. Pode afetar uma ou ambas as patas. Verifica-se uma extensão rígida das articulações do joelho e do jarrete e uma flexão do boleto. O pé está normalmente abduzido. Por vezes, quando o estado de saúde do camelo melhora, pode ocorrer uma remissão espontânea (Higgins, 1986). A desmotomia do ligamento patelar medial é considerada bem sucedida nalguns casos (Dhablania et al., 1971). Rathore e Chouhan (1971) recomendam a injeção de um contra-irritante à volta dos ligamentos patelares mediais.

REFERÊNCIAS

Al-Afaleq, A.I., M.M. Hassanian, M.A. Snalaby, e E.M.E. Abu Elzein. 1992. Isolamento de Chlamydia de articulações inchadas de camelos dromedários na Arábia Saudita. Proc. 1st Int. Camel Conf. p. 403.

Blood, D.C. e O.M. Radostits. 1989. Veterinary Medicine. Baillere Tindall, Londres.

Caligiuri, R., G.V. Kollias, e C. Spencer. 1989. Doença óssea metabólica em camelos dromedários (Camelus dromedarius). J. Zoo wildlife Med., 20(4): 482-487.

Chauddhary, Z. I., J. Iqbal, M. Raza, e M. I. Qandil. 1998. Toxicidade aguda da monensina em camelos dromedários. J. Camel Pract. Res., 5:271-273.

Dhablania, D.C., R.P.S. Tyagi, e M.M. Vig. 1971. Stringhalt em camelos - um relato de caso. Ind. Vet. J., 48: 416-418.

Gahlot, T. K. e D. S. Couhan. 1994. Fracturas em dromedários. Um estudo retrospetivo. J. Camel Pract. Res., 1:9-16.

Gahlot, T.K., D.S. Chouhan, e R.J. Choudhary. 1982. Surgical management of exostosis and osteomyelitis of first phalanx in a camel (Camelus dromedarius). Indian J. Vet. Surg., 3(2): 100-102.

Gahlot, T. K., R.K. Purohit, C.K. Vashishtha, R.J. Choudhary e D.S. Chouhan. 1982. Reparação de fracturas do metatarso por técnica de transfixação percutânea em camelos (Camelus dromedarius). Ind. Vet. J., 59(6): 471-473.

Kaneko, J.J., J.W. Harvey, e M.L. Bruss. 1997. Clinical Biochemistry of Domestic Animals. Academic Press. San Diego.

Kumar, R., G. Singh, M. Manohar, e J.M. Nigam. 1977. Fratura bilateral da mandíbula em camelo. Ind. Vet. J., 54(6):477-478.

Higgins, A. 1986. The Camel in Health and Disease (O Camelo na Saúde e na Doença). Bailliare Tindall. London.

Lynch, M.J., R.F. Slocombe, K.E. Harrrigan, e C.J. Laing. 1999. Osteodistrofia fibrosa dos ossos faciais e longos em camelos dromedários. J. Zoo Wildl. Med., 30(4): 577-583.

Meyer, D. J. e J.W. Harvey. 1998. Veterinary Laboratory Medicine. W. B. Saunders. Philadelphia.

Rabagliati, R. S. 1923. Poliartrite em camelos. J. Comp. Path. Therapeu., 36:90.

Ramadan, R.O., M.E. Hatem, e M.R. Abdin Bey. 1998. Isolamento de Brucella melitensis de higroma do carpo em camelos. J. Camel Pract. Res., 5:239-241.

Rathor, S.S. e S.S. Chouhan. 1971. Fixação dorsal da rótula em camelo. Ind. Vet. J. 48 (5):531-532.

Saltin, B. e R.J. Rose. 1994. The Racing Camel: Physiology, Metabolic functions and Adaptations. Ata Physiol. Scand. Supp., 150:617.

Snow, D.H., R. Billeter, e E. Jenny. 1981. Res. Vet. Sci., 30:381.

Capítulo 5

A PELE E OS ANEXOS

A pele tem muitas funções. Em primeiro lugar, a pele serve de barreira protetora entre o corpo e o ambiente externo e é um órgão importante para a homeostasia. A flexibilidade e a elasticidade da pele permitem o movimento e dão-lhe forma. A pele também desempenha um papel vital na termorregulação e na perceção sensorial.

A pele do camelo é mais espessa e mais resistente do que a do gado bovino e do cavalo e oferece uma melhor proteção contra a penetração de arbustos e árvores espinhosas (Manefield e Tinson, 1996). As glândulas sudoríparas do camelo estão distribuídas por toda a superfície do corpo (Kamel et al., 1986). No entanto, estas glândulas estão ausentes nas zonas de pele não peluda, como a região perene, a almofada peitoral e a almofada do joelho (Goswami et al., 1994). A melanina fornece a variedade de cores encontrada nos camelos. Os precursores da síntese da vitamina D3 estão presentes na pele e sofrem a ação da luz solar ultravioleta para produzir a vitamina, que é posteriormente convertida em 1,25 dihidroxicolecalciferol, a hormona ativa, através do metabolismo no fígado e nos rins. Os apêndices especiais da pele incluem o cabelo e as unhas.

A pele do camelo está muito ligada ao tecido subjacente e é relativamente imóvel. Este facto constitui uma desvantagem para o camelo, na medida em que, se for atacado pelos insectos que picam e voam, especialmente tendo em conta a sua cauda curta e ineficaz, o animal fica reduzido a uma debandada, dando pontapés e atirando a cabeça para o lado, na tentativa de se manter confortável. O animal fica assim reduzido à debandada, dando pontapés e atirando a cabeça de um lado para o outro na tentativa de se manter confortável, aparentemente sem grande sucesso. A pele é mais espessa no dorso do que noutras partes do corpo e, sobretudo, na corcova, quando esta está em declínio. A epiderme é bem desenvolvida; a derme é compacta e dura e é rica em fibras elásticas, que apresentam longas papilas; o tecido sub-epidérmico é muito duro. As glândulas sudoríparas ocorrem esparsamente por todo o corpo, mas a transpiração restringe-se a períodos muito quentes e a alturas em que o animal está excessivamente cansado (Wilson, 1984).

As glândulas polares são mais activas em condições de calor e de fadiga do que em qualquer outro momento. Também estão activas quando o macho está em cio. Podem, portanto, ser glândulas sudoríparas modificadas. Encontram-se em ambos os sexos, embora sejam menos activas nos castrados e nas fêmeas do que nos machos inteiros e o líquido emitido tenha um odor muito menos percetível. As glândulas estão situadas na parte superior da nuca e cobrem uma área de cerca de 6x4 cm. Distinguem-se da pele circundante, sobretudo nos machos, pela sua ligeira elevação, pela sua cor e pela escassez de pêlos.

Sob as patas, onde a pele entra em contacto com o solo quando o animal está de pé ou a andar, a pele é modificada em almofadas. O maior coxim é geralmente designado por pedestal e situa-se no peito, abaixo do esterno; existem ainda coxins nos cotovelos e nos joelhos e coxins menos importantes nos joelhos e fora dos jarretes. Nos animais jovens, as almofadas estão menos desenvolvidas e cobertas de pelo curto, que se desgasta ao fim de alguns meses.

DOENÇAS DA PELE

As doenças da pele são muito comuns nos camelos. Incluem-se entre elas a varíola do camelo, o ectima contagioso, a papilomatose, os abcessos cutâneos, a necrose cutânea contagiosa, a dermatite estafilocócica, a dermatofilose (micose), a doença de Addison, a pata de elefante, os quistos dermoides, a oncocercariose, a sarna sarcóptica sarna psoróptica, hipodermatose, miíase, feridas de sela, feridas de chicote, bicadas de corvo, feridas de pedestal, lacerações, feridas de marca ou de fogo, dermatite alérgica, neurodermatite, escaldadura de urina, pitiríase, paraqueratose e hiperqueratose.

As doenças causadas por bactérias, fungos, vírus e parasitas foram discutidas noutro ponto deste livro.

PITIRÍASE

Caracteriza-se pela presença de escamas semelhantes a farelo (caspa) na superfície da pele.

Pode ser causada por uma produção excessiva de células epiteliais queretinizadas em consequência de deficiências de hipovitaminose A, riboflavina e ácido nicotínico. Pode também resultar de uma deficiência de ácidos gordos insaturados essenciais, especialmente de ácido linolénico (pitiríase primária).

A infestação por ectoparasitas (pulgas, piolhos e sarnas) e a infeção por vermes são também responsáveis pela pitiríase devido à descamação excessiva causada pelo coçar (pitiríase secundária).

Na pitiríase primária há uma acumulação de escamas sem comichão. A acumulação de escamas ocorre geralmente quando o pelo é comprido. As lesões da doença primária acompanham geralmente a pitiríase secundária.

Para o tratamento, deve tentar-se a remoção da causa primária. O tratamento não específico inclui uma lavagem completa seguida da aplicação alternada de pomada emoliente e loção alcoólica. É bom incorporar ácido salicílico tanto na pomada como na loção.

PARAQUERATOSE

Trata-se de uma queratinização incompleta das células epiteliais causada pela deficiência de zinco na dieta e é frequentemente observada na inflamação crónica inespecífica da epiderme celular com a consequente queratinização defeituosa das células córneas. Na paraqueratose nutricional, a deficiência deve ser corrigida. O tecido anormal é primeiro removido com uma pomada queratolítica (ácido salicílico), seguida da aplicação de uma preparação adstringente. A adição de zinco à dieta cura a paraqueratose por deficiência de zinco.

HIPERQUERATOSE

A acumulação de células epiteliais excessivamente queratinizadas na superfície da pele pode ocorrer localmente nas partes sujeitas a pressão contínua. A hiperqueratose generalizada é observada no envenenamento por naftaleno altamente clorado e no envenenamento crónico por arsénico. Nesta situação, a pele torna-se mais espessa do que o normal e é geralmente ondulada e sem pêlos. A superfície externa é seca e escamosa. A infeção secundária da área é comum. O tratamento consiste na remoção do fator causal e na utilização de agentes queratolíticos.

URTICÁRIA

Trata-se de uma doença alérgica em que aparecem pápulas na superfície da pele. As picadas de insectos, o contacto com plantas urticantes, a ingestão de alimentos pouco habituais, a administração de um determinado medicamento e a morte de parasitas ou das suas larvas nos tecidos podem provocar urticária.

As lesões da urticária desenvolvem-se subitamente e muitas vezes em grande número. São de topo plano, elevadas e tensas e variam muito em tamanho. Não ocorre exsudação. Outras manifestações de reação alérgica, por exemplo, diarreia e febre, podem acompanhar as erupções cutâneas. As lesões desaparecem rapidamente, mas podem durar 3-4 dias. A doença pode ser tratada com anti-histamínicos. A adrenalina sob a forma de injeção subcutânea também é boa. Podem surgir lesões se o encontro antigénico for repetido.

ECZEMA

Trata-se de uma reação inflamatória das células epidérmicas em resposta a alergénios. Os alergénios podem ser: endógenos; ingeridos como alimentos, formados no intestino (aminas formadas devido a excessos alimentares ou estase intestinal e refluxo), ou digestão de parasitas internos, ou exógenos, parasitas externos, produtos químicos, etc. O primeiro sinal observável é o eritema, seguido do aparecimento de pequenas vesículas, que se rompem e provocam a infiltração da superfície. Segue-se a formação de crostas. As lesões podem ser isoladas ou difusas. A comichão e a irritação são intensas. Nos casos crónicos, pode ocorrer alopécia e dermatite. O tratamento inclui a eliminação do agente causador, boas condições de higiene, dieta laxante, administração de anti-histamínicos e aplicação de loção adstringente.

DERMATITE

A inflamação da derme e da epiderme do camelo é muito frequente e é causada por bactérias (por exemplo, Staphylococcus aureus), fungos, ácaros da sarna, filárias, parasitas e vírus da varíola e do ectima vesicular. A doença também pode ser causada por agentes químicos (agentes corrosivos como ácidos fortes, álcalis, etc.) e físicos (traumatismos, queimaduras, etc.). Por vezes, observam-se nos camelos lesões alopécicas individuais na pata traseira ou no flanco, que estão associadas a lambidelas ou mordidelas compulsivas.

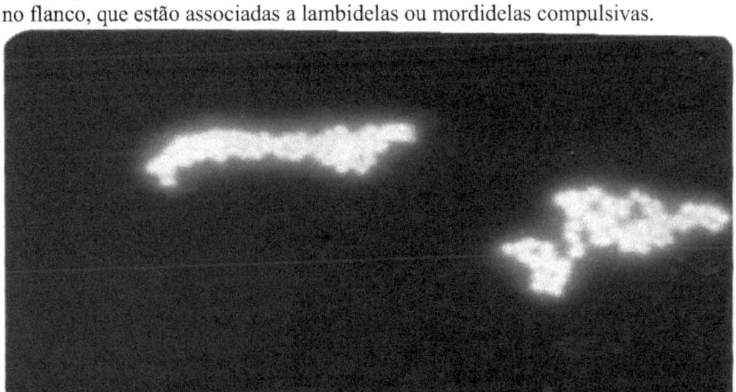

Staphylococcus aureus

A pele afetada fica inicialmente vermelha e quente. Mais tarde, as lesões progridem, dependendo do agente causal e do grau de exposição. Esta condição ocorre em machos e em camelos de corrida amarrados. Parece tratar-se de uma anomalia comportamental (Manefield e Tinson, 1996). É essencial examinar as raspagens ou esfregaços de pele para detetar a presença de parasitas e bactérias ou outros agentes. São necessários testes de cultura e de sensibilidade para as bactérias para prescrever o melhor tratamento. Recomenda-se a realização de uma biopsia da pele para conhecer a natureza da doença. Recomenda-se um tratamento específico consoante o agente causador.

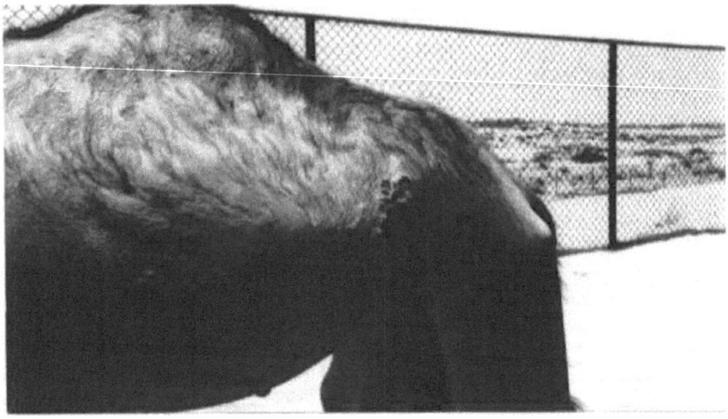

Epidemia de Staphylococcus aureus no rebanho

ANASARCA

É o edema do tecido subcutâneo e pode ser causado por insuficiência cardíaca congestiva, hipoproteinemia (lesões hepáticas, lesões renais, nematodíase intestinal, enteropatia, inanição proteica), hipovitaminose A, reação alérgica (edema angioneurótico, picadas de insectos), reação inflamatória (infeção clostridial, carbúnculo bacteriano, pasteurelose) e compressão dos linfáticos por tumores ou abcessos (edema local). Ibrahim et al. (1998) registaram uma doença de edema em camelos devido à proliferação de E. coli hemolítica.

Nos camelos afectados, há um inchaço visível, local ou difuso. A pele está inchada e faz buracos à pressão. Normalmente não há dor, exceto no edema inflamatório. Normalmente, a parte inferior do tronco é afetada.

Deve tentar-se eliminar a causa primária e administrar diuréticos e drenar o líquido. No caso de edema alérgico, devem ser administrados anti-histamínicos.

LMPADENITE

A inflamação dos gânglios linfáticos ocorre geralmente por propagação da infeção a partir da pele. As causas mais importantes no camelo incluem a linfadenite caseosa devida a Corynebacterium pseudotuberculosis, a dermatite estafilocócica, a tuberculose cutânea e o Histoplasma farciminosum (Spesivtseva e Noskov, 1959).

Normalmente, existe um abcesso ou uma ulceração no local original da infeção. Os vasos linfáticos que saem da lesão são dilatados, espessos e tortuosos e têm frequentemente abcessos ou úlceras secundárias ao longo do seu trajeto. Nos casos crónicos, pode haver a formação de tecido fibroso considerável no tecido subcutâneo.

Para o tratamento, é essencial remover o foco de infeção através de tratamento médico ou excisão cirúrgica.

LESÕES GRANULOMATOSAS

As lesões granulomatosas da pele apresentam-se sob a forma de nódulos, placas e úlceras. As lesões são duras, frias e progridem lentamente. Algumas das causas mais comuns nos camelos são a infeção por Mycobacterium sp., Actinobacillus sp. (Arora et al.,1973; Purohit et al., 1988), Corynebacterium sp. e a infestação por

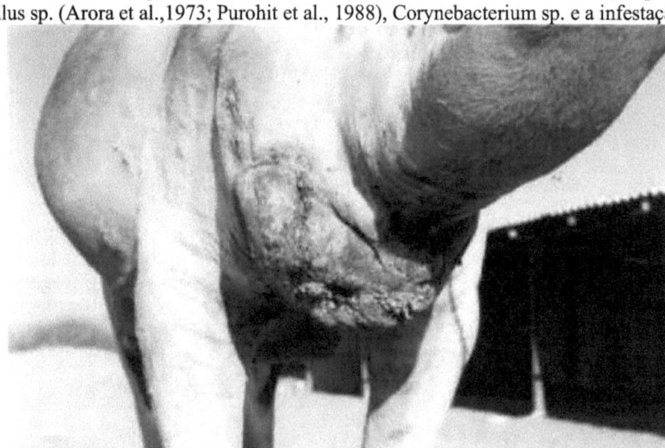

Fibroma, abcesso profundo

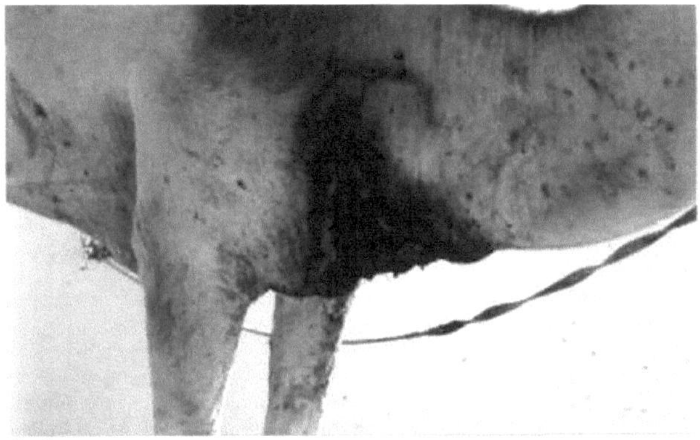

Após a remoção do abcesso

Onchocerca sp. e larvas de Hypoderma sp. Podem também ocorrer lesões granulomatosas em ambos os sexos durante os meses de verão, devido a salpicos de urina nas patas traseiras (Manefield e Tinson, 1996). O tratamento dependerá do fator causal.

DOENÇAS CONGÉNITAS DA PELE

Schwartz e Dioli (1992) relataram a alopecia idiopática, um defeito congénito raro.

LESÕES NO PEDESTAL

A almofada esternal ou pedestal é frequentemente ferida e é muito difícil de tratar porque tem de estar em contacto com o solo e suportar o peso do animal quando este está sentado. A zona fica ferida, perfurada e infetada, formando abcessos. A doença é muito dolorosa, o que torna o animal relutante em sentar-se. Pode também formar-se uma quantidade significativa de tecido fibroso (Purohit et al., 1986; Purohit e Chouhan, 1992).

A ocorrência de fibroma esternal e de linfossarcoma também é registada em camelos (Bolbol et al., 1992).

O tratamento consiste na abertura do abcesso, na drenagem do pus e no tratamento da ferida com uma preparação antibacteriana. O tecido fibroso deve ser removido cirurgicamente. Uma almofada em forma de rosca fixada na área ajuda a evitar que a área seja frequentemente ferida.

DOENÇAS DO PÉ

O camelo tem capacidade para atravessar terrenos arenosos e acidentados devido à morfologia especial do seu pé (Bligh et al., 1976). As solas dos pés dos camelos têm uma almofada por baixo do cório. Esta almofada é composta por muito tecido elástico ligado aos tendões flexores e à segunda e terceira falanges de cada dígito. A almofada de cada membro está fundida de modo a envolver os dois dígitos numa única almofada. As garras ou unhas não suportam peso, mas protegem a ponta do dedo do pé (Yagil, 1985).

Foram registados aglomerados de glândulas alveolares ramificadas no tecido conjuntivo subepitelial da almofada da pata do camelo (Karkoura, 1986). A evaporação da secreção da glândula desempenha um papel importante na manutenção da temperatura constante da almofada do pé quando a temperatura do ambiente é elevada (Saber et al., 1994). Além disso, a natureza altamente enrolada e ramificada das glândulas, bem como a sua localização profunda a partir da superfície solar da almofada do pé, parece corresponder à caraterística adaptativa da almofada do pé às condições climáticas adversas (Saber et al., 1994). Fornece uma quantidade abundante de secreção, que se conserva profundamente longe da sola, embora a possibilidade de evaporação rápida seja controlada.

A queratinização espessa da superfície da sola torna impermeável o calor e as partículas de corpos estranhos, permitindo que o camelo se desloque no deserto quente e em terrenos espinhosos. Apesar destas vantagens anatómicas, os camelos sofrem de riscos profissionais, nomeadamente queimaduras nas patas quando trabalham em fornos, feridas nas solas dos camelos que se deslocam nas estradas, fracturas de dedos nos camelos que trabalham em minas e perfurações nas patas dos camelos que são utilizados para a tração nas zonas urbanas (Singh e Gahlot, 1997).

As lesões da almofada do pé resultam geralmente em vários graus de claudicação, inchaço quente e doloroso e relutância em mover-se. O tratamento de uma pata lesionada representa um sério desafio. A posição e a função levam a uma sujidade contínua e à irritação da ferida. Uma boa enfermagem, cuidados e repouso têm produzido resultados bem sucedidos na cura da doença. O tratamento deve incluir a remoção do corpo estranho, a remoção do tecido morto e a aplicação de uma ligadura ou bota protetora. Nos casos negligenciados, é necessária a amputação cirúrgica da parte morta do pé.

As seguintes condições patológicas dos pés são frequentemente observadas nos camelos:

SOLA PERFURADA

A sola pode ser perfurada por espinhos, pregos, vidro, arame metálico, ossos, pedras afiadas, etc. A claudicação surge subitamente após a penetração. Pode desenvolver-se celulite no caso de a ferida ficar infetada. Se a profundidade da penetração for maior, pode desenvolver-se um prolapso da almofada digital. Pode também desenvolver-se osteomielite se a infeção se espalhar para os ossos do pé. Isto pode levar à necrose dos ossos (Singh e Gahlot, 1997).

Para o tratamento, o corpo estranho deve ser sondado ou localizado por raios X ou ultra-sons e deve ser removido. A ferida deve ser bem lavada e deve ser aplicado um antissético, um antibiótico ou um medicamento sulfa na ferida. A ferida deve ser coberta com uma ligadura. O tratamento local deve ser apoiado pela injeção de um antibiótico adequado e de soro antitetânico (Manefield e Tinson, 1996).

UNHAS DOS PÉS GASTAS

Os camelos de corrida sofrem desta doença com muita frequência, especialmente quando andam em terrenos acidentados em vez de areia. Alguns camelos têm mais tendência para desenvolver esta doença devido ao facto de terem os pés baixos durante a marcha. As patas traseiras são mais susceptíveis a esta doença. Por vezes, as lâminas ficam expostas e sangram devido ao desgaste (Manefield e Tinson, 1996).

Para o tratamento, os animais afectados devem ser mantidos na areia e deve ser aplicado um anti-sético ou antibiótico adequado. A pata deveria ser protegida com uma ligadura ou botas. Isto deve ser praticado até que cresça uma nova unha.

UNHAS GRETADAS OU RASGADAS

Se as unhas não forem aparadas regularmente e ficarem demasiado crescidas, têm tendência a rachar e podem partir-se no leito ungueal. Se a unha solta não for notada, uma nova unha começa a crescer por baixo dela. São necessárias 6 a 8 semanas para a regeneração da unha completamente perdida. Se as unhas forem aparadas regularmente, a doença pode ser evitada (Manefield e Tinson, 1996).

GANGRENO PARA OS PÉS

Foi observada no camelo. A causa exacta desta doença não é conhecida. Proteus vulgaris foi isolado num caso (Ramadan et al., 1984). A doença começa na superfície dorsal do pé e desce para baixo. O único tratamento sugerido é a amputação cirúrgica do pé (Soliman et al., 1983).

ALMOFADAS DESGASTADAS

Esta doença é muito frequente nos camelos de corrida. É causada pelo desgaste excessivo da sola quando os camelos são mantidos em superfícies ásperas ou devido ao excesso de treino e de corridas. A almofada torna-se muito fina e brilhante. Podem desenvolver-se úlceras devido ao desgaste excessivo. Os camelos afectados devem descansar na areia. A proteção das almofadas dos pés com botas, feitas de um material adequado, pode ser útil. Os preparados de biotina promovem o crescimento saudável do casco. Em caso de ulceração, deve aplicar-se um bom preparado antibacteriano e as lesões devem ser cobertas com uma ligadura.

À medida que o penso se desgasta, por vezes uma aba descola-se. A areia e/ou o cascalho podem ficar presos debaixo da aba, causando desconforto e dor ao animal. Recomenda-se cortar a aba, limpar bem a almofada e, se houver alguma lesão ou ulceração por baixo da aba, esta deve ser tratada em conformidade. Após uma doença aguda

Podem também formar-se fissuras na almofada da pata. Estas podem ser tratadas através da aplicação de uma pomada antibiótica e da melhoria da alimentação do camelo afetado.

HERNIAÇÃO DA ALMOFADA DIGITAL

Pode ocorrer devido a um traumatismo externo em que o tecido fibroso limitador da almofada digital desenvolve uma rutura e ocorre uma hérnia da almofada digital. Pode ser unilateral ou bilateral. A doença é frequentemente indolor. Apresenta-se como uma lesão mole redutível, de contorno circunscrito, que diminui de tamanho quando a perna é flectida. Torna-se tenso e não redutível, quando o animal está de pé. A herniorrafia com suturas de seda pode ser útil para corrigir a doença (Singh e Gahlot, 1997).

PÉ DE ELEFANTE

É uma doença granulomatosa crónica proliferativa do pé, até ao boleto. Pode envolver todos os tecidos moles do pé, exceto a almofada. Normalmente, apenas um pé é afetado. Devido à celulite e à fibrose, o pé fica muito inchado e surgem fissuras na pele e no cório coronário. A doença é referida como ocorrendo devido a picadas de moscas da areia (Higgins, 1986). Normalmente, é necessária a amputação do dígito para salvar a vida do animal.

DOENÇAS DOS OLHOS

As doenças oculares são bastante comuns nos camelos criados em rebanhos. A maior parte delas tem origem traumática, incluindo golpes, espinhos e outros corpos estranhos. Normalmente, só um olho é afetado. Nos camelos que pastam em arbustos e acácias, as probabilidades de ferimentos são maiores. A fricção excessiva devido à irritação das pálpebras causada por moscas, ácaros e carraças também pode provocar lesões oculares e infecções bacterianas secundárias. Os camelos também podem ser feridos pelo bastão do tratador. Ocasionalmente, as infecções oculares resultam em deficiência visual ou cegueira total devido a opacidade e cicatrizes. A opacidade é um fenómeno clínico comum nos camelos mais velhos. Também foram registados casos de cegueira temporária (Schwatz e Dioli, 1992).

CONJUNTIVITE

Pode ocorrer devido à fricção dos olhos devido a irritação, geralmente causada pelo incómodo de moscas, infestação parasitária ou entrada de areia nos olhos, ferimentos ocorridos durante a navegação e infestação por vermes oculares. Também pode ocorrer na infeção por varíola (Rathore, 1986).

As moscas e outras infestações parasitárias podem ser evitadas através da utilização de preparações insecticidas. As infecções bacterianas podem ser tratadas através da aplicação de uma pomada ou gotas antibióticas, de preferência duas vezes por dia.

QUERATITE

As causas desta doença são as mesmas que as da conjuntivite. Os sinais clínicos são lacrimejamento, fotofobia e edema da córnea. Também se podem desenvolver úlceras. Para o tratamento, recomenda-se a aplicação de uma pomada ou gotas que contenham antibióticos e corticosteróides. A cicatrização das úlceras pode ser conseguida através da fixação da terceira pálpebra à córnea por uma sutura. Isto pode ser feito passando cuidadosamente a agulha de sutura por trás da cartilagem em forma de T da terceira pálpebra, sendo a pálpebra puxada lateralmente através da córnea e suturada do outro lado. É preferível colocar uma pomada antibiótica atrás da membrana nictitans durante a operação. A pomada deve ser aplicada duas vezes por dia, até à recuperação (Manefield e Tinson, 1996).

CERATOCONJUNTIVITE

Esta doença, vulgarmente conhecida por olho cor-de-rosa, é frequentemente observada em camelos jovens. É causada por Moraxella spp. (Manefield e Tinson, 1996). Recomenda-se a aplicação de uma pomada antibiótica, duas vezes por dia, nos olhos.

PANOFTALMITE

Resulta da introdução de uma infeção no olho através de um objeto penetrante ou de úlceras profundas da córnea. O prognóstico não é bom nesta situação. Podem ser experimentados antibióticos de largo espetro administrados por via parentérica. Em alguns casos, o globo ocular afetado tem de ser removido.

VERME DO OLHO

A Thelazia leesi pode infestar o saco conjuntival do camelo. É transmitida por moscas (Dobrynin, 1972).

HIPEMIA

A presença de sangue na câmara anterior do olho é designada por hifemia. É geralmente causada por um golpe de bastão. Em golpes mais fortes, a hemorragia também pode ocorrer na câmara posterior do olho. São necessárias várias semanas até que todo o sangue seja reabsorvido. Pode ocorrer cegueira permanente devido à aderência do coágulo ao cristalino e a outros danos na câmara posterior. O tratamento recomendado é a administração parentérica de um antibiótico de largo espetro e de uma preparação de corticosteróides. Também deve ser aplicada localmente uma pomada ou gotas contendo um antibiótico de largo espetro e um corticosteroide.

ENTROPION

Pode ocorrer em camelos velhos. A doença é mais comum nos machos. Normalmente é afetada uma pálpebra superior. Muitas vezes, a pálpebra superior descai e as pestanas voltam-se para dentro. Os pastores tentam muitas vezes aliviar a doença cortando as pestanas, o que afecta negativamente os olhos, uma vez que as pestanas cortadas se tornam semelhantes a cerdas. Isto pode levar à ulceração da córnea. O problema pode ser corrigido cirurgicamente e o olho tratado com a aplicação local de um creme antibiótico.

DOENÇAS DOS OUVIDOS

O camelo tem orelhas relativamente pequenas e redondas, que são bem peludas para proteger a entrada contra a areia, etc. Também se observou que a produção de cera nas orelhas do camelo é relativamente menor.

OTITE EXTERNA

Esta condição é frequentemente observada em camelos de corrida. Pode dever-se ao facto de as orelhas serem molhadas repetidamente, uma vez que estes animais tomam banho várias vezes. Os ferimentos provocados por infestações parasitárias podem frequentemente infetar e provocar esta doença. A infeção pode alastrar às meninges, causando meningite. Para tratar esta doença, recomenda-se a limpeza diária da zona e a aplicação de pomadas antibióticas ou anti-sépticas de largo espetro.

GANGRENO ACRAL

A gangrena acral num vitelo de camelo de dois meses de idade, em que 30% das orelhas estavam secas, foi relatada por Nothelfer et al. (1994). A condição foi atribuída ao bloqueio do fornecimento de sangue devido a múltiplos trombos. Staphylococcus aureus foi isolado da lesão.

REFERÊNCIAS

Arora, R.G., D.S. Kalra, e R.K.P. Gupta. 1973. Granuloma e actinomicose em camelos. Arch. Vet., 10: 49-52.

Bligh, J., J.L.Cloudaley-Thompson, e A. Donald. 1976. Environmental physiology of animals. Blackwell, Oxford.

Bolbol, A. E., M.M. Bendary, e M.M. Abou-Elfotouh. 1992. Fibromatose esternal no camelo dromedário. Proc. 1st Int. Camel Conf. p. 419.

Dobrynin, M.I. 1972. Epizootologii telyazioza odnogorbogo verblyuda. Izv.
Akod. Nouk turkmen, SSR, Ser. Biol. Nauk, 5:55-59.

Goswami, S.K., L.D. Dhingra, e S.K. Nagpal. 1994. Histological and histochemical studies on sweat glands of camel. J. Camel Prac. Res., 1(2): 63-68

Higgins, A. 1986. The Camel in Health and Disease (O Camelo na Saúde e na Doença). Bailliere Tindall. London.

Ibrahim, A.M., A.A. Abdelghaffar, M.E. Fadlalla, M.N. Nayel, B.A. Ibrahim, e A.S. Adam. 1998. Doença do edema em camelos fêmeas no Bahrein. J. Camel Pract. Res., 5:167-169.

Kamel, G., R. Schwarz, e A.M.A. Ali. 1986. Estudos sobre os folículos pilosos e as glândulas tubulares apócrinas na pele do camelo de uma corcova. Assiut Vet. Med. J., 17:55-60.

Karkoura, A.A.E. 1986. Estudos anátomo-cirúrgicos sobre o pes no camelo. Tese de Mestrado, Universidade de Alexandria, Alexandria, Egipto.

Manefield, G.W. e A.H. Tinson. 1996. Camels a Compendium. University of Sydney Post Graduate Foundation in Veterinary Science, Sydney.

Nothelfer, H.B., U. Wernery, e J. Akbar. 1994. Gangrena acral num camelo. J. Camel Pract. Res., 1:83-84.

Purohit, N.R., R.K. Purohit, D.S. Chouhan, R.J. Choudhary, P.K. Mehrotra, e K.N. Sharma. 1988. Suspeita de actinobacilose cutânea em camelos. Aust. Vet. J., 65(1): 31-32.

Purohit, N.R., D.S. Chouhan, e U.K. Vyas. 1986. Fibroma da almofada torácica em camelo. Ind. J. Vet. Surg., 7 (2): 53-54.

Purohit, N.R. e D.S. Chouhan. 1992. Common surgical conditions in camels. Proc. 1st Int. Camel Conf. 417-418.

Purohit, R.K., D.S. Chouhan, e R.J. Choudhary. 1983. Fratura do os calcis em camelo (Camelus dromedarius). Ind. Vet. J., 60(9): 763-764.

Ramadan, R.O., F.M. Tayeb, e O.E. Ismail. 1984. Foot lesions in camel. Equine Pract., 6(5):31-37.

Rathore, G.S. 1986. Camels and their management. Conselho Indiano de Investigação Agrícola, Nova Deli, Índia.

Saber, A.S., B. Schenk-Saber, e A. Kelany. 1994. As glândulas podais do dromedário. J. Camel Pract. Res., 1:17-20.

Schwartz, H.J. e M. Dioli. 1992. O camelo de uma corcova na África Oriental.
Verlag Josef Margraf Scientific Books, Alemanha.

Singh, A.P., J.M. Nigam, e I.S. Chandna. 1980. A radiographic study of foot affections of camel. Haryana Vet., 19(1): 37-41.

Singh, G. e T.K. Gahlot. 1997. Afecções podais em camelos (camelus-dromedarius).
J. Camel Pract. Res., 4(2): 145-154.

Soliman, I.A, G.M. Othman, e A. Kamel. 1983. Amputação do dígito no camelo. J. Egypt. Vet. Med. Ass., 43:131-137.

Spesivtseva, N.A. e Noskov. 1959. Linfadenite epizoótica em camelos. Trudy
Vses. Inst. Vet. Sanit. Ektoparasit., 14:86.

Wilson, R.T. 1984. The Camel. Longman, Londres.

Yagil, R. 1985. Comparative Animal Nutrition. Karger, Basileia. p. 9

Capítulo 6
SISTEMA CARDIO-VASCULAR E HEMOPOIÉTICO

A morfologia do coração do camelo segue geralmente o modelo dos mamíferos. O coração representa 0,60-0,75 por cento do peso corporal total do camelo.

A frequência cardíaca do camelo pode ser determinada por auscultação com o estetoscópio. A cabeça do estetoscópio é empurrada para a axila, medialmente ao cotovelo. É difícil ouvir os sons cardíacos se o animal estiver a fazer ruídos. A frequência cardíaca em repouso é normalmente de 30-44 por minuto. O camelo tem a capacidade de a manter baixa em condições ambientais muito quentes, mantendo a sua taxa metabólica baixa. Durante o exercício, foi registada uma frequência cardíaca máxima de 150-160 por minuto. A frequência do pulso pode ser determinada, com o camelo de pé, a partir do ramo palmar mediano da artéria radial, à medida que passa sobre o aspeto medio-palmar do carpo.

A tensão arterial é normalmente de 130 / 100 mm de mercúrio. Foi descrito em camelos o registo do eletrocardiograma utilizando pinças de crocodilo para colocar os eléctrodos dos membros nos cotovelos e nos joelhos e o elétrodo explorador (V) sobre o processo espinhoso dorsal da vértebra T7. Manefield e Tinson (1996) descreveram outro método. Enquanto o camelo está agachado ou de pé, os eléctrodos RA e LA são fixados com pinças de crocodilo às pontas dos ombros. Os eléctrodos de RF e LF são fixados à pele, respetivamente, à esquerda e à direita, 5 cm lateralmente à extremidade posterior do pedestal. O elétrodo de exploração é fixado sobre o ápice do coração no lado esquerdo. Em geral, não é necessário prender o cabelo, desde que o gel do elétrodo seja aplicado abundantemente e a pinça de crocodilo possa entrar em contacto com a pele de forma satisfatória. Um ECG normal tem um ritmo ligeiramente irregular; existe um ligeiro grau de arritmia sinusal (Jayasinghe et al., 1963). Na derivação II, o QRS é o mais alto e está na vertical. A amplitude mais baixa é encontrada na derivação I. O intervalo P-R é de 0,24 s; o intervalo Q-T é de 0,5 s. Há uma inversão fisiológica das ondas T.

Ocorrem alterações na circulação do camelo para se adaptar ao calor. Os camelos têm comparativamente menos gordura subcutânea para uma melhor dissipação do calor, sendo a gordura subcutânea acumulada num único local, a corcunda (Schmidt-Nielsen, 1964). Os capilares cutâneos do camelo têm paredes extremamente espessas e lâminas estreitas, com espaço para a passagem de apenas um eritrócito de cada vez. Não existe fenestração nas paredes dos capilares. Isto indica que o movimento de fluido do lúmen para o espaço intersticial é efectuado por via transcelular. As paredes capilares evitam, assim, a perda de água dos vasos sanguíneos durante a desidratação grave devida à indisponibilidade de água. O calor é dissipado da pele por radiação, condução e convecção, em vez de transpiração (Yagil, 1985).

O camelo tem uma disposição especial das artérias cerebrais devido ao seu pescoço comprido (Kanan, 1970), o que garante que a pressão sanguínea cerebral não flutue quando o animal levanta a cabeça enquanto anda à procura de árvores e depois baixa subitamente a cabeça para comer do chão. Isto deve-se à presença de cúspides, que estão dispostas umas sobre as outras ao longo do eixo das veias. A sua função é impedir o refluxo do sangue quando há um aumento súbito da pressão nas artérias principais. Estas válvulas também estão presentes na veia femoral (Amonroso et al., 1947).

Valores hematológicos e bioquímicos séricos de camelos dromedários de corrida de diferentes idades (Wernery et al., 1999)

Parâmetros sanguíneos	Age			
	Até 6 meses	6 meses a 2 anos	2 a 12 anos	Unidade
ΓHemoglobina (Hb)	10.4-13.9	8.5-12.0	12-15	gm/dl
Volume de células compactadas (PCV)	24.0-31.0	20.0-28.0	26-38	%
Volume celular médio (MCV)	29.6-35.1	30.0-34.0	26-34	μm
Glóbulos vermelhos (RBC)	7.4-10.0	6.5-9.0	7.5-12.0	x 10^6/μl
Glóbulos brancos (WBC)	11.5-18.5	9.5-14.0	6.0-13.5	x 10^3/μl
PH	NA	NA	7.2-7.3	
Neutrófilos	53-68	50-60	50-60	%
Linfócitos	20-44	30-45	30-45	%
Monócitos	0.5-10	0.3-7	2-8	%
Eosinófilos	0.3-2.5	1-2.5	0-6	%
Basófilos	0.2-2.4	0-1	0-2	%
Plaquetas	375-820	350-450	200-700	x 10^3/μl
Aspartato aminotransferase (AST)	92-200	100-125	60-120	IU/l
Lactato-desidrogenase (LDH)	520-730	450-550	400-775	IU/l
Creatina-quinase (CK)	175-350	85-120	40-120	IU/l
Gama-glutamil transferase (GGT)	5-15	4-10	3-15	IU/l
Alcalina-fosfatase (ALP)	350-750	150-240	60-140	IU/l
Bilirrubina total (TBIL)	0.0-1.0	0.0-1.0	0.0-1.0	mg/dl
Alanina aminotransferase (ALT)	3-15	3-15	3-15	IU/l
Azoto ureico no sangue (BUN)	10.0-20.0	10.0-20.0	3-21	mg/dl
Creatinina (Crea)	1.1-1.5	0.8-1.3	0-2.2	mg/dl
Proteína total (TP)	4.9-6.0	4.0-5.5	5.7-7.5	gm/dl
Albumina (ALB)	2.8-3.5	1.8-3.5	3.0-4.5	gm/dl
Ferro (Fe)	37-135	40-120	87-135	μg/dl
Magnésio (Mg)	2.0-2.4	2.5-3.5	1.8-2.4	mg/dl
Cálcio (Ca)	10.6-12.0	9.0-11.0	9.5-11.5	mg/dl
Fósforo (P)	9.6-13.9	6.5-10.0	3.5-6.0	mg/dl
Sódio (Na)	150-160	148-156	150-160	mmol/l
Potássio (K)	6.5-7.7	5.2-7.8	3.5-5.5	mmol/l
Cloreto (Cl)	110-120	110-115	90-110	mmol/l
Glicose (Glu)	70-140	75-120	70-110	mg/dl
Fibrinogénio	350-450	250-380	250-400	mg/dl

NA = não disponível

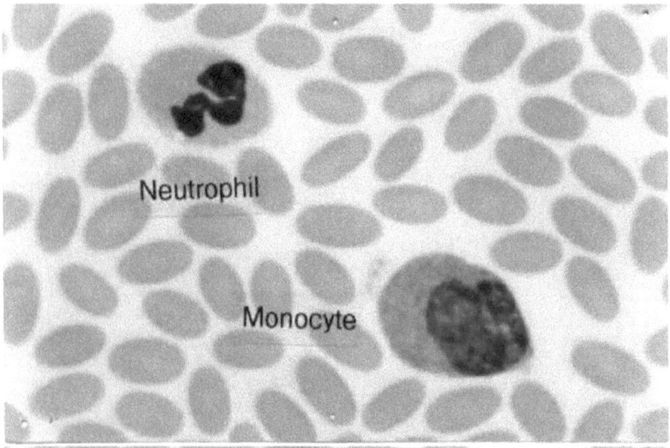
Neutrophil
Monocyte

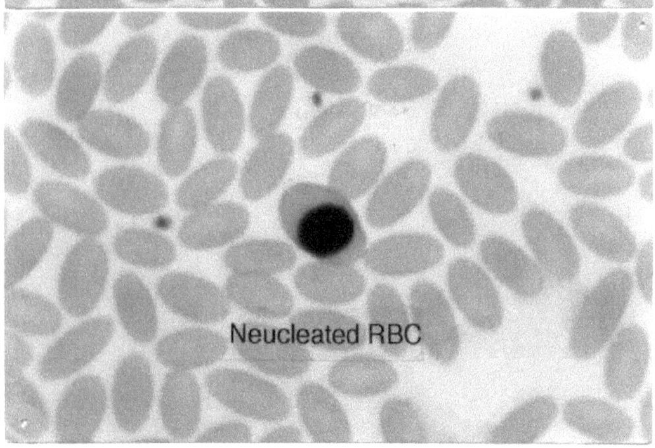
Neucleated RBC

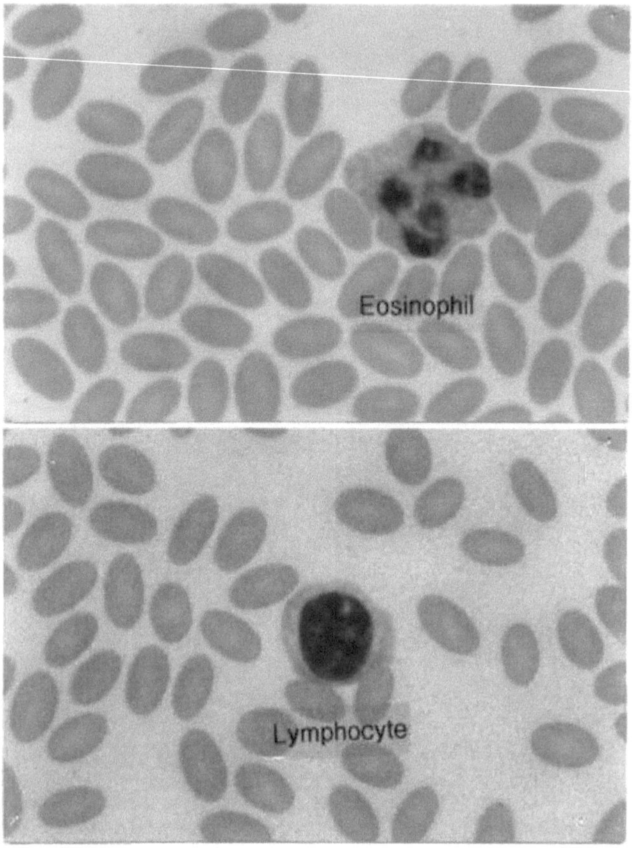

Em condições normais, a água no plasma constitui cerca de 16% da água corporal total. A albumina plasmática, que possui propriedades de atração de água, está presente em concentrações relativamente elevadas no camelo (Siebert e Mac Farlane, 1975).

Uma vez que o volume plasmático determina a capacidade de transporte de calor do sangue, o camelo desidratado perde cerca de 5% do seu volume plasmático em comparação com outros ruminantes. Os bovinos perdem 19% do seu volume plasmático quando desidratados durante 2 dias e os ovinos desidratados durante 3 dias perdem 8% do seu volume plasmático (Mac Farlane, 1968). O volume plasmático é mantido no camelo desidratado por uma absorção constante de água do seu canal alimentar. Outros factores que contribuem para o volume plasmático estão todos relacionados com as propriedades de atração de água:

Hiperglicemia que ocorre em camelos desidratados (Yagil e Berlyne, 1977a). Hipernatremia (Yagil e Berlyne, 1976).

Uremia (Yagil e Berlyne, 1979).

A reciclagem da ureia, não só como fonte de azoto para a produção de proteínas da flora ruminal, mas também para a retenção de água, reveste-se de uma importância fundamental para a retenção de água corporal no camelo desidratado. A ureia reabsorvida pelos rins permanece apenas parcialmente no plasma porque entra facilmente em todas as células. A passagem da ureia e da água para os estômagos é especialmente importante para o camelo (Vercoe, 1969). A água que entra nos estômagos com a ureia é reabsorvida no omaso e nos intestinos, mantendo os níveis de água no plasma.

Um camelo saudável tem uma temperatura média de 36-36,5° C, aumentando regularmente ao longo do dia para cerca de 39° C à noite (Higgins, 1986). O camelo desidratado só transpira quando a sua temperatura corporal aumenta acima dos 42° C (Schmidt-Nielsen, 1964), e transpira muito economicamente (Mac Farlane, 1977). A função renal está muito deprimida durante a desidratação (Yagil e Berlyne, 1978) e, com o declínio geral do metabolismo, há uma taxa de renovação de água extremamente baixa (Etzion et al., 1984). As menores perdas de

água são do plasma, enquanto as maiores são do trato alimentar. A integridade circulatória do camelo desidratado é assim preservada, incluindo a dissipação do calor para a periferia.
Os glóbulos brancos não apresentam qualquer diferença funcional na adaptação a um ambiente desértico. Os glóbulos brancos do camelo são responsáveis pelo combate a condições inflamatórias, tal como noutros mamíferos. Os neutrófilos são as células predominantes entre os leucócitos. Ao microscópio eletrónico de transmissão, os neutrófilos do camelo revelaram um contorno arredondado a esférico, com processos citoplasmáticos de vários tamanhos. O núcleo tem 3-4 lóbulos e um espaço perinuclear em algumas células (Singh et al., 1997). Nos estudos ultra-estruturais dos eosinófilos, revela-se que o núcleo é geralmente bilobado com cromatina densamente compactada na periferia em comparação com a parte central. A nível ultra-estrutural, os basófilos apresentam poucos processos citoplasmáticos. No interior do núcleo, o material cromatínico densamente empacotado encontra-se mais na periferia e ocupa mais espaço do que a cromatina solta colocada no centro. O núcleo dos linfócitos tem uma cromatina electron-densa e frouxamente disposta, em comparação com outros tipos de células. Possui também uma indentação superficial ou profunda e, em algumas células, a indentação estende-se de um pólo ao outro do núcleo. O citoplasma de alguns linfócitos tem grânulos muito densos espalhados por todo o lado. Os monócitos, no seu nível ultra-estrutural, parecem esféricos a irregulares e têm processos citoplasmáticos longos e largos. Dependendo do plano de secção, o núcleo aparece esférico ou recortado, ou mesmo lobulado. O material cromatínico no interior do núcleo está normalmente disposto de forma solta (Singh et al., 1997).
O tamanho das plaquetas é mais pequeno do que o dos seres humanos. O tempo de protrombina no plasma é mais lento nos camelos, 9,1-10,2 segundos em comparação com 11,5-13 segundos nos seres humanos (Yagil, 1985). Os estudos de electrões de varrimento das plaquetas revelaram que as plaquetas sanguíneas dos camelos têm uma forma irregular. Têm processos citoplasmáticos longos, delgados e maioritariamente ramificados (Singh et al., 1997).
Os glóbulos vermelhos (hemácias) do camelo são ovóides e não nucleados. São um pouco achatados e, após a desidratação, não há alteração na forma das hemácias. No entanto, após uma reidratação rápida, as células tornam-se redondas (Yagil et al., 1974c). As dimensões médias dos eritrócitos de camelo são: eixo maior 7,7-10,1 um; eixo menor 4,26,4 um (Yagil et al., 1974b). A espessura média da célula é de apenas 2,5 um (Adul-Gadir et al., 1979). O número de hemácias é de 7,5-12,0x10^6 /ul no camelo adulto (Wernery et al., 1999). O volume corpuscular médio (VCM) é de 26-34 um, o que é relativamente baixo em relação aos seres humanos. A hemoglobina corpuscular média é relativamente baixa, 15,5 pg, em comparação com a dos seres humanos, que é de 29 pg (Yagil et al., 1974b). A concentração média de hemoglobina corpuscular (MCHC) é muito mais elevada nos camelos (54,4 g /dl) do que nos seres humanos, que é de 34% (Yagil et al., 1974b).
Os estudos de microscopia eletrónica de varrimento revelaram que os eritrócitos de camelo são finos, planos, elípticos ou ovais (Singh et al., 1997). Jain e Keeton (1974) referiram que são finos como a água, o que confere a estas células uma capacidade única de resistir a uma diminuição abrupta da osmolaridade do sangue. Os eritrócitos finos são conhecidos por serem osmoticamente mais resistentes do que os eritrócitos espessos relativamente frágeis. Além disso, foi demonstrado que os eritrócitos de camelo podem duplicar o seu volume numa solução salina hipotónica antes de ocorrer a lise (Perk, 1963).
As células sanguíneas do camelo sedimentam-se lentamente. O tempo de sobrevivência dos glóbulos vermelhos é de 90 dias no inverno e de 120 dias no verão. Devido à privação de água no verão, o tempo de sobrevivência aumenta para 150 dias, o que é o oposto do que acontece noutras espécies (Manefield e Tinson, 1996).

FALHA CARDÍACA

A função do sistema cardiovascular consiste em manter a circulação do sangue, de modo a que possa haver uma troca normal de fluidos, electrólitos, oxigénio e outros nutrientes e substâncias excretoras entre o sistema vascular e os tecidos. A manutenção das necessidades de oxigénio é muito importante, especialmente para o sistema nervoso, uma vez que este é muito suscetível à privação de oxigénio. A falha do coração como bomba pode resultar de um defeito no enchimento do coração, de uma anomalia no miocárdio ou no sistema de condução, de uma carga de trabalho extensa ou de uma combinação dos três factores.
A insuficiência cardíaca pode ser aguda ou crónica/congestiva. O equilíbrio circulatório não é mantido quando o débito cardíaco é deficiente. Se esta situação se desenvolver lentamente, os mecanismos compensatórios, mais a falha do próprio coração como bomba, resultam num aumento da pressão venosa e numa insuficiência cardíaca congestiva. Se houver uma redução aguda do débito cardíaco, causada por uma paragem súbita do batimento cardíaco, os tecidos ficam privados de oxigénio e ocorre uma insuficiência cardíaca aguda.
A insuficiência cardíaca congestiva é causada por endocardite que resulta em estenose valvular ou insuficiência valvular, defeitos valvulares congénitos, rutura de válvulas, miocardite, degeneração do miocárdio (nutricional ou tóxica), produtos químicos que afectam a condução cardíaca e pericardite. Nas fases muito precoces, quando a reserva cardíaca está reduzida e ainda não ocorreu descompensação, há dificuldade respiratória aos esforços ligeiros. A insuficiência cardíaca congestiva do lado esquerdo manifesta-se por um aumento da frequência e da profundidade da respiração em repouso, tosse, presença de crepitações húmidas na base e aumento do embotamento à percussão dos bordos ventrais dos pulmões. Nas fases mais avançadas, há dispneia e cianose.
Na insuficiência cardíaca congestiva do lado direito, a frequência cardíaca está aumentada e há anasarca evidente na parte ventral do corpo, no pescoço e na mandíbula. O fluxo de urina é geralmente reduzido e a urina é concentrada e contém uma pequena quantidade de albumina. As veias superficiais estão dilatadas, particularmente

a veia jugular. O prognóstico da insuficiência cardíaca congestiva nos camelos é desfavorável.
Na insuficiência cardíaca congestiva, pode ser tentado um tratamento sintomático da doença.

INSUFICIÊNCIA CARDÍACA AGUDA

A insuficiência cardíaca aguda pode ocorrer quando há um defeito grave no enchimento e o coração deixa de funcionar como bomba, devido a taquicardia ou bradicardia graves, acompanhadas por um aumento súbito da carga de trabalho. Esta situação pode ocorrer em caso de temponada pericárdica (rutura auricular e ventricular), rutura da aorta ou da artéria pulmonar, miocardite, miopatia por deficiência nutricional (deficiência de cobre ou selénio), envenenamento por algumas plantas e eletrocussão. Pode ser laterogénica devido à injeção intravenosa de preparações de cálcio, xilazina, solução concentrada de cloreto de potássio. A rutura da válvula aórtica devido ao aumento da carga de trabalho e à anafilaxia aguda pode causar insuficiência cardíaca aguda. Também foi registada no envenenamento por monensina em camelos (Chaudhary et al., 1998).
Geralmente ocorre durante períodos de excitação. O animal geralmente apresenta dispneia, cambaleando e caindo, a morte geralmente ocorre em minutos após o aparecimento dos primeiros sinais.
Em casos menos graves, como os que ocorrem na distrofia muscular, o curso da doença pode ser de 12 a 24 horas, e a síndrome clínica é de insuficiência cardíaca aguda do lado esquerdo. A insuficiência cardíaca aguda é considerada a causa de morte numa proporção significativa de camelos que morrem subitamente durante treinos e corridas. Nos casos agudos típicos, o ingurgitamento das veias viscerais pode estar presente se o ataque tiver durado alguns minutos, mas pode não haver lesões grosseiras características da insuficiência cardíaca congestiva.
O único tratamento sugerido é a injeção intracardíaca de adrenalina.

INSUFICIÊNCIA CIRCULATÓRIA PERIFÉRICA

A insuficiência do retorno venoso para o coração ocorre quando há vasodilatação periférica e acumulação de sangue nos vasos (insuficiência vasogénica) e quando há uma redução do volume total de sangue (insuficiência hematogénica). Na insuficiência vasogénica, o sangue acumula-se nos vasos esplâncnicos dilatados. Nas fases iniciais, o volume total de sangue é normal, mas o volume de sangue circulante está muito reduzido. Nas fases posteriores, há uma redução do volume total de sangue e desenvolve-se um choque irreversível à medida que a insuficiência circulatória periférica progride para o tipo hematogénico.
As causas mais comuns são a hipocalcemia, choque sético, choque endotóxico, acidentes intestinais agudos, hemorragia grave e desidratação grave. Os sinais clínicos são depressão geral, fraqueza, queda da temperatura corporal, aumento da frequência cardíaca com anomalias do pulso e aumento da respiração superficial. Também se observam sinais nervosos, incluindo depressão, apatia e coma. O exame ao sangue revela geralmente eosinopénia, linfocitopenia, trombocitopenia e hipercalemia. A acidose metabólica e láctica também é evidente.
O tratamento consiste na restauração do volume de sangue circulante. Na insuficiência hematogénica, os fluidos perdidos devem ser repostos, o tipo de reposição depende da forma como ocorreu a perda; no choque, é necessário plasma; na desidratação, fluidos isotónicos e na hemorragia, sangue total. Podem ser necessárias grandes quantidades de fluidos para repor o volume de sangue circulante. As perturbações do estado ácido-base são normalmente corrigidas pelo restabelecimento de uma perfusão tecidular adequada; no entanto, em caso de acidose láctica acentuada, deve também ser instituída uma terapêutica específica com bicarbonato. Uma dose elevada de corticosteróides pode ser benéfica. O inibidor da ciclo-oxigenase flunixina megalamina e a fenilbutazona podem ser úteis no choque endotóxico.

CARDIOMIOPATIA

Um grande número de doenças bacterianas, virais, parasitárias e deficiências nutricionais podem causar cardiomiopatias. A cardiomiopatia calcificada foi descrita em camelos (Finlayson et al., 1971). É causada por bacteriemia (doença do umbigo), infecções clostridiais, sarcosporidiose, deficiência crónica de cobre e envenenamento por selénio, arsénio, mercúrio, fósforo, lítio, xilazina, monensina, gossipol do bolo de sementes de algodão e algumas plantas. Também pode ocorrer devido a enfarte embólico. Na maioria destas condições, o envolvimento do miocárdio faz parte do espetro total, embora a manifestação cardíaca possa ser clinicamente predominante.
Nos casos iniciais, a diminuição da tolerância ao exercício é o sinal inicial habitual. Este facto é normalmente acompanhado por um aumento da frequência cardíaca e do tamanho do coração. Podem existir anomalias clinicamente reconhecíveis da frequência e do ritmo, nomeadamente taquiarritmia associada a múltiplas extra-sístoles ventriculares. Nos casos com lesões mais graves do miocárdio, pode ocorrer morte súbita ou ataques de síncope cardíaca devido a insuficiência cardíaca aguda, ou dispneia grave e edema geral devido a insuficiência cardíaca congestiva.
A eletrocardiografia dá uma boa indicação do estado do miocárdio, embora não seja possível diagnosticar o tipo de lesão. A elevação da ALT, da AST e da desidrogenase láctica pode ter significado diagnóstico nas cardiomiopatias.
O tratamento consiste em tratar a causa primária.

PERICARDITE / PERICARDITE TRAUMÁTICA

A perfuração do saco pericárdico por um corpo estranho infetado ocorre frequentemente em bovinos, mas também foi registada em camelos (Hegazy et al., 1995). A localização de uma infeção do pericárdio de origem sanguínea ocorre esporadicamente em muitas doenças, como a pasteurelose, a colibacilose, a Pseudomonas aerogenosa e a infeção por estreptococos. Também pode ocorrer uma extensão direta da infeção a partir de pleurisia ou miocardite.

Said (1963) induziu experimentalmente uma pericardite traumática num camelo. A percentagem de ingestão de objectos metálicos estranhos cortantes é muito baixa nos camelos (Purohit et al., 1982). Vários factores podem afetar a baixa prevalência de pericardite traumática nos camelos. Pode ser a natureza do pastoreio e a anatomia da boca e dos lábios (Higgins, 1980) e a preensão selectiva pelos lábios (Gahlot e Chouhan, 1992). A localização relativa do retículo e do coração é também um fator que impede a ocorrência de pericardite traumática nos camelos (Smuts e Bezuidenhout, 1987).
Hegazy et al. (1995) relataram a ocorrência de pericardite traumática na autópsia de um camelo macho de 3 anos de idade. Observaram que o animal era incapaz de se levantar após repetidas tentativas de o pôr de pé, pelo que o camelo foi abatido. O exame post-mortem revelou emaciação grave, hidrotórax, hidroperitoneu, e o coração estava muito hipertrofiado com pericárdio espessado resultante de uma enorme deposição de fibrina. O saco pericárdico continha exsudado serofibrinoso. Observava-se hipertrofia ventricular e hemorragias subendocárdicas. Havia claras aderências entre o retículo, o diafragma e o coração. Foi observado um trato sinusal fibrinoso, semelhante a um cordão, com cerca de 2 cm de comprimento, ligando o retículo ao pericárdio perto do ápice do coração. Não foram detectados corpos estranhos pontiagudos. No entanto, havia cerca de 7 frutos do deserto duros não digeridos e um saco de plástico no retículo ou no conteúdo do rúmen.

ATEROSCLEROSE ESPONTÂNEA

A aterosclerose é um espessamento focal da túnica íntima das artérias devido à deposição de lípidos. Ezzi e Zakarian (1979) relataram esta doença em camelos do Irão. Verificaram que a prevalência da doença era de 1,5% em 200 camelos.

KAPALI

É um termo indiano para uma doença em que existe uma inflamação específica da veia facial (Rathore, 1986). Por vezes, a infeção alastra para a cavidade orbital e, consequentemente, resulta na formação de abcessos supra-orbitais e retrobulbulares. A doença é acompanhada de febre e anorexia. A veia afetada torna-se muito proeminente e há um inchaço difuso da face, exoftalmia, e o animal mantém a cabeça elevada para aliviar a dor. Se não for tratada, a infeção pode propagar-se ao cérebro, causando a morte do animal. Por vezes, a doença tem sido observada associada a gangrena negligenciada à volta do pavilhão nasal.
Para o tratamento, o olho afetado deve ser removido e deve ser administrado um antibiótico adequado por injeção, juntamente com um tratamento antissético local.

DOENÇA HEMORRÁGICA

Uma doença associada à acidose, observada sobretudo em camelos de corrida de ambos os sexos, conhecida como doença hemorrágica (DH), é predominante nos EAU (Wernary et al., 1992). Os camelos afectados têm geralmente entre 2 e 3 anos de idade. Esta doença prevalece durante os meses quentes e húmidos do verão. Vários animais de uma manada podem ser afectados.

Etiologia

A causa exacta da doença não é conhecida. Observa-se um grande crescimento bacteriano aeróbico nas amostras de tecido. As bactérias predominantes isoladas foram: E. coli, Pseudomonas aerogenosa, Proteus spp, Klebisiella pneumoniae,Staphylococcus aureus e outras espécies de Staphylococcus, e Diplococcus.Clostridium perfringens (tipo A) foi também isolado de vários órgãos e conteúdos do trato intestinal em camelos que tinham morrido de DH. Em dois casos foi isolado Aspergillus fumigatus de pulmões macerados e de conteúdos ruminais (Wernary et al., 1992). El- Khouly et al. (1992) observaram Aspergillus fumigatus nos esfregaços da traqueia, brônquios e bronquíolos de alguns animais necropsiados. Até à data, não foram isolados vírus dos camelos que sofrem de DH. De acordo com Wernary et al. (1992), o Bacillus cerreus e as suas toxinas, que já estão presentes nas plantas de luzerna frescas quando são dadas aos camelos, podem ser responsáveis pela DH.
É bastante difícil distinguir entre Clostridium perfringens e DH. Ambas as doenças começam normalmente com acidose. O stress do treino precoce, o calor e o treino severo podem ser uma causa excitante da doença.

Achados clínicos

Os animais afectados não se alimentam, estão deprimidos e têm febre até 41° C. Nas fases iniciais, alguns camelos têm tosse e um aumento acentuado dos gânglios linfáticos submandibulares, uni ou bilateral. Verifica-se uma estase ruminal completa com gurgitação e dor abdominal. Ao terceiro dia, os excrementos fecais inteiros revestidos de sangue podem ser removidos do reto. Não há diarreia aparente, embora nalguns animais se veja sangue não coagulado a pingar do ânus. Os animais ficam reclinados 2-3 dias antes da morte, altura em que a maioria dos animais desenvolve lacrimação e salivação. Alguns animais podem desenvolver sinais nervosos, como fasciculação muscular, abanar da cabeça e opistótono, antes da morte. Verifica-se uma leucopenia acentuada e um aumento maciço da AST, ALT, GGT, ALP, CK e LDH. O pH do fluido ruminal dos animais necropsiados varia entre 4-5.
Na necropsia, observam-se hemorragias de vários tamanhos e gravidade na membrana mucosa da faringe, traqueia, abomaso (por vezes há ulceração), intestinos (principalmente cólon ascendente) e pelve renal. Também se observam hemorragias no epicárdio e sob o endocárdio. Os gânglios linfáticos estão aumentados e contêm hemorragias de vários tamanhos. Em correspondência com as alterações macroscópicas, as alterações histopatológicas observadas no tecido linfoide incluem necrose dos centros foliculares e hemorragias de vários tamanhos. Verifica-se a perda de linfócitos. As hemorragias de tamanhos variados são observadas em muitos tecidos do corpo.

Tratamento

Se a doença for diagnosticada nas fases iniciais com base nos sinais clínicos e na patologia clínica, o prognóstico é favorável. O tratamento deve centrar-se na neutralização da acidez ruminal através da administração de antiácidos. Deve iniciar-se de imediato a administração de bicarbonato de sódio (500 g por via oral, duas vezes por dia). Alguns veterinários também consideram que os antibióticos são eficazes. A administração de electrólitos isotónicos intravenosos com vitaminas e glucose também é útil. Recomenda-se que a alfafa seja armazenada de modo a que o calor no seu interior não atinja um ponto de crescimento máximo de bactérias e fungos. Assim que os feixes são recebidos na exploração agrícola, devem ser espalhados em prateleiras (Manefield e Tinson, 1996).

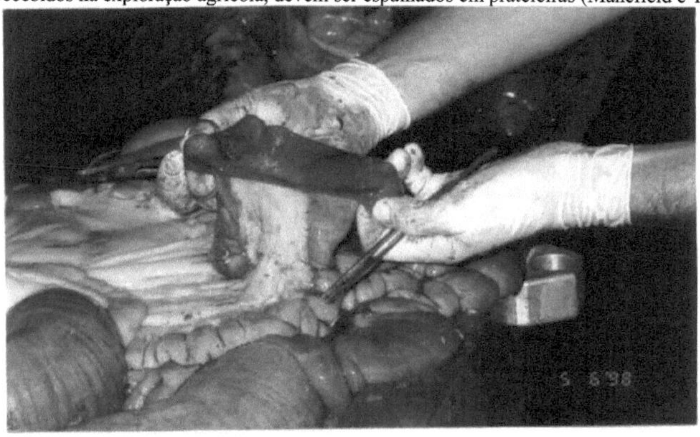

Intestino cheio de fezes misturadas com sangue

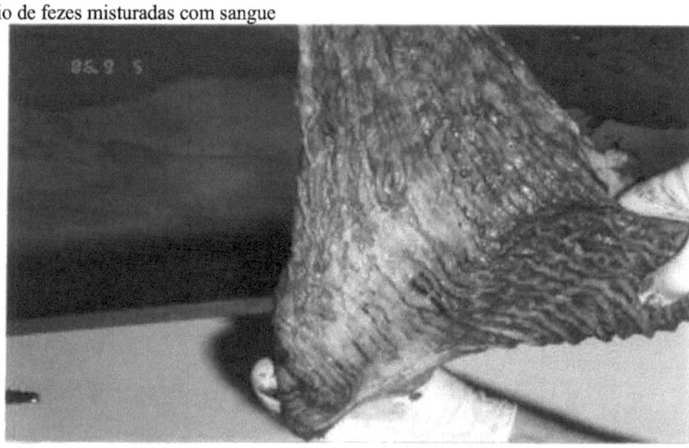

Estrias de sangue misturadas com ingesta no abomaso

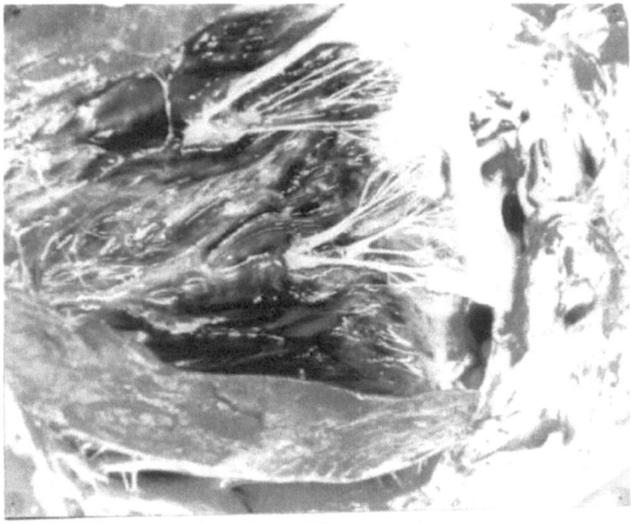
Lesões hemorrágicas no coração

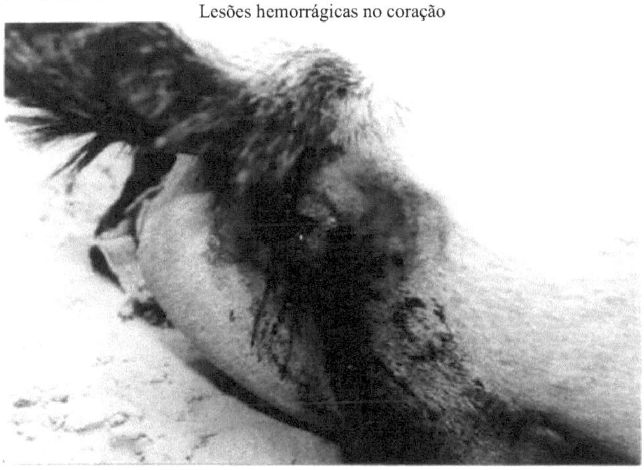
Fezes com alcatrão

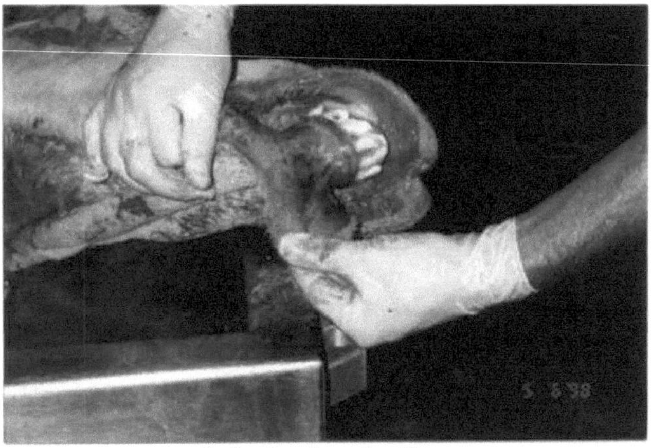

Lesões ulcerativas sob os lábios

Hemorragia não controlada após a remoção da cânula. O sangue não coagula.

EDEMA

O edema, acumulação excessiva de líquido nos tecidos, pode afetar os camelos como outros animais. Pode ser local ou geral.

Etiologia

Pode resultar de um aumento da pressão hidrostática nos capilares (insuficiência cardíaca congestiva, hipertensão portal devido a fibrose hepática que causa ascite, compressão das veias mamárias pelo feto grande que causa edema mamário ou ventral no final da gravidez). Pode ocorrer devido a uma diminuição da pressão osmótica plasmática (hipoproteinemia) devido a perdas sanguíneas contínuas provocadas por infestações parasitárias, doença renal que provoca perdas contínuas de proteínas, lesões hepáticas que provocam uma falha na síntese das proteínas plasmáticas e desnutrição. Também pode ocorrer devido à obstrução do fluxo linfático (devido a inflamação e pressão de tumores, etc.) e a danos vasculares em pequenos vasos (edema alérgico, danos tóxicos no carbúnculo, gangrena gasosa, colibacilose (Ibrahim et al., 1998), certos venenos de plantas e tripanossomíase).

Achados clínicos

A acumulação de edema transudado nos tecidos subcutâneos (anasarca) está geralmente confinada à parede ventral do abdómen e do tórax. As tumefacções edematosas são moles, indolores e abrem-se à pressão. Na ascite, há uma distensão do abdómen e o líquido pode ser detectado por um frémito líquido à percussão tátil. Na acumulação de líquido na cavidade pleural (hidrotórax) e no saco pericárdico (hidropericárdio), os sinais clínicos produzidos incluem restrição dos movimentos cardíacos, embaraço da respiração e colapso da parte ventral dos pulmões.

Os edemas localizados causam sinais localizados; o edema pulmonar é acompanhado de dificuldade respiratória; o edema cerebral manifesta-se por sinais nervosos graves.

Tratamento

O tratamento deve centrar-se na correção da causa primária. No edema por deficiência de proteínas, o animal deve receber alimentos ricos em proteínas. A administração de aminoácidos por via intravenosa também pode ajudar. Os diuréticos ajudam a aliviar os sintomas. Por vezes, é indicada a aspiração de líquidos para aliviar a pressão excessiva, o que deve ser feito com muito cuidado para evitar o choque.

ANEMIA

A anemia é definida como uma deficiência de eritrócitos e/ou hemoglobina. Pode ocorrer devido a hemorragia e hemólise intravascular. Também pode ser causada por uma diminuição da produção de eritrócitos no tecido hemopoiético.

As hemorragias podem ocorrer devido a rutura espontânea ou lesão traumática de grandes vasos sanguíneos. As causas importantes de doenças hemorrágicas em camelos incluem: Trombocitopenia induzida por fármacos que causam supressão da medula óssea ou destruição prematura das plaquetas circulantes devido, provavelmente, a micotoxinas; infestação maciça por haemonchus; úlceras gástricas em camelos de corrida; infestação pesada de carraças e piolhos sugadores; hemorragia pulmonar em camelos de corrida; hemorragia dos rins, ureteres e uretra devido a infeção ou cálculos; coccidiose; diátese hemorrágica, que se crê ser causada por toxinas em ligação com acidose (Wernery et al., 1992).

A anemia hemolítica é causada por tripanossomíase, envenenamento por resíduos de cozinha (cebolas, tomates, etc.), tratamento com oxitetraciclina de ação prolongada e devido à picada de algumas cobras.

A anemia devida à diminuição da produção de eritrócitos ou de hemoglobina é observada em deficiências nutricionais, doenças crónicas ou depressão do tecido hemopoiético por medicamentos (cloranfenicol) e exposição a radiações. As deficiências nutricionais incluem deficiência de cobalto, cobre, ferro, piridoxina e ácido fólico. As doenças crónicas que causam anemia incluem processos supurativos.

A palidez das membranas mucosas é o sinal clínico mais evidente, mas pode ocorrer um grau apreciável de anemia antes de esta alteração ser notada. A anemia afecta o desempenho dos camelos de corrida. Nos casos clínicos de anemia, há fraqueza muscular, depressão, anorexia, aumento da frequência cardíaca, o pulso tem uma grande aptidão e a intensidade absoluta dos sons cardíacos está acentuadamente aumentada. Os sinais clínicos só aparecem quando o nível de hemoglobina do sangue desce para menos de 50% do normal. A contagem eritrocitária e o hematócrito estão geralmente diminuídos. Nas anemias hemorrágicas e hemolíticas, há um aumento do número de glóbulos vermelhos imaturos no sangue. Na anemia hemorrágica há uma diminuição da proteína sérica total. Na anemia hemolítica, o plasma é descolorido pela hemoglobina. A anemia na deficiência de ferro é microcítica e hipocrómica. Nas anemias por deficiência de vitamina B, o número de eritrócitos imaturos aumenta na circulação. Na anemia por deficiência de cobre, o número de eritrócitos nucleados aumenta no sangue (Wernery et al., 1999). O tratamento da causa primária da anemia é essencial. Na anemia hemorrágica aguda, recomenda-se a transfusão de sangue.

LEUCEMIA LINFOBLÁSTICA

Afzal e Hussein (1995) registaram a ocorrência de leucemia linfoblástica em camelos. Foram observados alguns casos no Central Veterinary Laboratory, Dubai. No nosso laboratório (Veterinary laboratory, Abu Dhabi Municipality), foram diagnosticados dez casos de leucemia linfocítica num período de sete anos. Chouhan et al. (1986) não conseguiram encontrar anticorpos contra a lecocose bovina enzoótica (LBE) em soros de camelos da Índia. Wernery e Wernery (1990) também encontraram soros de 986 camelos negativos para a LEB. Wernery e Kaaden (1995) referiram que os soros de todos os casos de leucemia linfoblástica de camelo eram negativos para a LEB. A etiologia da doença não é conhecida. A doença é geralmente fatal. Na autópsia, o aumento dos gânglios linfáticos e a caquexia eram consistentes em todos os casos de leucemia linfoblástica.

REFERÊNCIAS

Afzal, M. e M.M. Hussein. 1995. Acute polymorphocytic leukemia in the camel (Leucemia polimorfocítica aguda no camelo). Camel Newsletter, 11: 22-24.

Amonroso, E.C., O.G. Edholm, e R.E. Rewell. 1947. Válvulas venosas na girafa, okapi, camelo e avestruz. Proc. Zool. Soc. London, 117:435-440.

Chouhan, R.S., R.K. Kaushik, S.C. Gupta, K.C. Satiya, e R.C. Kulshreshtha. 1986. Prevalence of different diseases in camels in India (Prevalência de diferentes doenças em camelos na Índia). Camel Newsletter, 3:1014.

Choudhary, Z.I., J. Iqbal, M. Raza, e M.I. Qandil. 1998. Toxicidade aguda da monensina em camelos dromedários. J. Camel Pract. Res., 5:271-274.

El-Khouly, A.B.A., F.A. Gadir, D.D. Cluer, e G.W. Manefield. 1992. Aspergilose em camelos afectados por uma síndrome respiratória e entérica específica. Aust. Vet. J., 69(8):182-186.

Etzion, Z., N. Meyerstein, e R. Yagil. 1984. Tritiated water metabolism during dehydration and rehydration in the camel. J. Appl. Physiol. Resp. Envir. Exer. Physiol., 56:217-220.

Ezzi, A. e B. Zakarian. 1979. Um estudo sobre a aterosclerose espontânea de camelos no Irão. Trop. Anim. Hlth Prod., 11:102-105.

Finlayson, R., I.F. Keymer, e V.J.A. Manton. 1971.Calcific cardiomyopathy in young camels. J. Comp. Path. 81:71-78.

Gahlot, T.K. e D.S. Chouhan. 1992. Afeção cirúrgica da região toracoabdominal em: Camel Surgery. Ist ed. Gyan Prakashan Mandir, Gouri Nawas, 2b5, Pawanpuri, Bikaner, Índia.
Hegazy, A.A., L.S. Fahmy, M.B. Mostfa, S. El Zomer, e T. Abu El-Lail. 1995. Pericardite traumática num camelo. J. Camel Pract. Res., 2: 143-145.
Higgins A.J. 1980. The Camel in Health and Disease. Ist ed. Bailliere Tindall, Londres.
Ibrahim, A.M., A.A. Abdulghafar, M.E. Fadlalla, M.N. Nayel, B.A. Ibrahim, e A.S. Adam. 1998. Doença do edema em camelos fêmeas no Bahrein. J. Camel Pract. Res., 5:167-169.
Jain, N.C. e S.K. Keeton. 1986. Morphology of camel and llama erythrocytes as viewed with the scanning electron microscope. Br. Vet. J., 130:288-290.
Jayasinghe, J.B., D.A. Fernando, e Brito- Babapulle. 1963. O eletrocardiograma do camelo. Am. Vet. Res., 34:883-885.
Kanan, C.V. 1970. As artérias cerebrais do Camelus dromedarius. Ata Anat., 77:605-616.
Mac Farlane, W.V. 1968. Funções comparativas de ruminantes em ambientes quentes. In: Hafez, E.S.E. Adaptação dos Animais Domésticos. Lea Fabiger, Philadelphia, pp. 264-276.
Mac Farlane, W.V. 1977. Survival in the arid land (Sobrevivência na terra árida). Aust. Nat. His., 29:18-23.
Manefield, G.W. e A.H. Tinson. 1996. Camels a Compendium. University of Sydney Post Graduate Foundation in Veterinary Science, Sydney.
Perk, K. 1963. The camel's erythrocytes. Nature, 200:272-273.
Purohit, R.K., D.S. Chouhan, P.R. Dudi, e R.J. Chouhan. 1982. Surgical recovery of accidentally ingested knife in camel (Recuperação cirúrgica de faca acidentalmente ingerida em camelo). Ind. Vet. J., 59:317-318.
Rathore, G.S. 1986. Camels and their management. Conselho Indiano de Investigação Agrícola, Nova Deli, Índia.
Said, A.H. 1963. Rumenotomia e reticulite traumática experimental no camelo. Vet. Rec., 75:966-969.
Schmidt-Nielsen, K. 1964. Problemas fisiológicos do calor e da água. In: Desert Animals. Oxford (GBR) Clarendon Press, p. 278.
Siebert, B.D. e W.V. Mac Farlane. 1975. Desidratação em bovinos e camelos do deserto. Physiol. Zool., 48:36-48.
Singh, G., Y. Singh, e S.K. Nagpal. 1997. Ultraestrutura dos elementos formados do camelo. Parte I, II, III. J. Camel Pract. Res., 4:1-12.
Smuts, M.W. e A.Y.J. Bezuidenhout. 1987. Anatomia do Dromedário. Claredon Press, Oxford.
Vercoe, J.E. 1969. A transferência de azoto do sangue para o rúmen. Aust. J. Agric. Res., 20:191-197.
Wernery, U e R. Wernery. 1990. Seroepidemiologische Untersuchungen zum Nachweis von Antikoerpern gegen Brucellen, Chlamydien, Leptospiren, BVD/MD, IBR/IPV-und Enzootischen Bovinen Leukosevirus (EBL) bei Dromedarstuten. Dtsch tieraerztl Wschr, 97:134-135.
Wernery, U. e O.R. Kaaden. 1995. Infectious Diseases of Camelids, Blackwell Wissenschaft.
Wernery, U., H.H. Schimmelpfennig, H.S.H. Seifert, A.M. Billah, e J. Pohlenz. 1992. Bacillus cereus a possible cause of hemorrhagic disease in dromedary camels. Proc. 1st Int. Camel Conf., pp. 51-58.
Wernery, U., M.E. Fowler, e R. Wernery. 1999. Color Atlas of Camelid Hematology. Blackwell Wissenschaft.
Yagil, R. 1985. O Camelo do Deserto. Adaptação fisiológica comparativa. Karger. p. 68.
Yagil, R. e G.M. Berlyne. 1977a. Carga de glicose e desidratação no camelo. J. Appl. Physiol. 42: 690-693.
Yagil, R. e G.M. Berlyne. 1976. Sodium and potassium metabolism in the dehydrated and rehydrated Bedouin camel. J. Appl. Physiol., 41:457-461.
Yagil, R. e G.M. Berlyne. 1978. Taxa de filtração glomerular e concentração de urina no camelo dromedário em desidratação. Renal Physiol, 1:104-112.
Yagil, R., U.A. Sod-Moriah, e N. Meyerstein. 1974b. Desidratação e sangue de camelo. II. The effect of chronic dehydration and rapid rehydration on the shape, size and concentration of the camel red blood cell. Am. J. Physiol, 226:301-305.
Yagil, R., U.A. Sod-Moriah, e N. Meyerstein. 1974c. Desidratação e o sangue de camelo. III. A fragilidade osmótica, a gravidade específica e a osmolalidade. Am. J. Physiol, 226:305-308.

Capítulo 7
SISTEMA NERVOSO

A estrutura do sistema nervoso do camelo é quase igual à de outros ruminantes. Smuts e Bezuidenhout (1987) descreveram bem a estrutura do sistema nervoso do dromedário.

As lesões discretas do sistema nervoso central que resultam em sinais neurológicos bem definidos não são comuns nos camelos. A maioria das doenças nervosas encontradas caracteriza-se por lesões difusas causadas por vírus, bactérias, toxinas, distúrbios nutricionais e defeitos embriológicos. Os profissionais que trabalham com camelos devem procurar saber se o animal tem meningoencefalite, edema cerebral, aumento do líquido intracraniano, como ocorre na deficiência de vitamina A, ou se a lesão se situa na junção neuromuscular, como ocorre na tetania devida à deficiência de magnésio. O exame do líquido cefalorraquidiano é um excelente instrumento, em animais de grande porte, para o diagnóstico da natureza das doenças do sistema nervoso.

Devido às limitações do exame neurológico dos camelos, deve dar-se mais ênfase à história e aos resultados epidemiológicos. Muitas das doenças têm características epidemiológicas que dão ao clínico uma pista sobre as possíveis causas.

As funções do sistema nervoso são direccionadas para a manutenção da relação espacial do corpo com o seu ambiente. Várias divisões do sistema nervoso desempenham essas funções, incluindo: (a) o sistema sensório-motor responsável pela manutenção da postura e da marcha normais; (b) o sistema nervoso autónomo que controla a atividade dos músculos lisos e das glândulas endócrinas e, por conseguinte, o ambiente interno do corpo; o sistema sensorial dos sentidos especiais; (c) e o sistema psíquico que controla o estado mental do animal. O sistema nervoso não é independente dos outros órgãos e a sua capacidade funcional é regulada, em grande medida, pela função dos outros sistemas, nomeadamente do sistema cardiovascular. A hipoxia (anoxia), devida a uma doença cardiovascular, conduz muito frequentemente a uma alteração da função cerebral devido à dependência do cérebro de um fornecimento adequado de oxigénio.

O tecido nervoso é limitado nas formas como pode responder a influências nocivas devido à sua função essencialmente coordenadora. A transmissão de impulsos ao longo das fibras nervosas pode ser aumentada ou diminuída em vários graus, sendo o grau extremo a falha total da transmissão. O aumento da atividade do órgão reativo ocorre devido a um aumento dos impulsos nervosos recebidos, quer devido à excitação dos neurónios, quer devido à facilitação da passagem dos estímulos. A excitabilidade das células nervosas pode ser aumentada por muitos factores, incluindo fármacos estimulantes, inflamação e um grau ligeiro das influências que, numa forma mais grave, podem causar depressão ou excitabilidade. Assim, a anóxia precoce ou ligeira pode resultar num aumento da excitabilidade, enquanto a anóxia continuada ou grave causará depressão da função ou mesmo a morte das células nervosas. A hipoglicemia também pode causar um aumento da excitabilidade, como se manifesta por convulsões hipoglicémicas na terapia com insulina, mas se for suficientemente grave ou prolongada causa uma encefalopatia hipoglicémica fatal. O fenómeno de irritação pode resultar de muitas causas, incluindo a inflamação do tecido nervoso causada por bactérias ou vírus, certos venenos para os nervos e a anóxia. Nas doenças que provocam um aumento da pressão na cavidade craniana, o fenómeno de irritação resulta da interferência na circulação e do desenvolvimento de anóxia anémica local. A principal manifestação da excitabilidade nervosa é sob a forma de convulsões, tremores musculares, hiperestesia e parestesia. A área de aumento da excitabilidade pode ser local ou generalizada. Uma lesão local no cérebro pode causar sinais de disfunção nervosa excitatória num membro e uma lesão mais extensa pode causar convulsões completas. O exagero da atividade normal do sistema nervoso ocorre quando os centros nervosos inferiores são libertados do efeito inibitório dos centros superiores. A ataxia cerebelar é um exemplo clássico. Na ausência de controlo cerebelar, os movimentos combinados dos membros são exagerados em todos os modos de ação, incluindo a velocidade, a amplitude, a força e a direção. Em geral, os fenómenos de libertação estão constantemente presentes enquanto a lesão causadora funciona, enquanto os fenómenos excitatórios flutuam com a acumulação e o esgotamento de energia nas células nervosas. Os estados de excitação incluem a mania e o frenesim. Na mania, o animal age de forma bizarra e parece não ter consciência do que o rodeia. Os animais lambem, mastigam ou até comem o material estranho, mordem-se a si próprios e a outros animais, pessoas ou objectos. A voz é anormal, o berro constante, a cegueira aparente, o andar em círculos, o andar embriagado e a agressividade. As doenças caracterizadas por mania incluem: encefalite, por exemplo, raiva furiosa; doença degenerativa do cérebro, por exemplo, polioencefalomalácia precoce, envenenamento por Astragalus sp; doenças tóxicas e metabólicas do cérebro, por exemplo, acetonemia nervosa, envenenamento agudo por chumbo, envenenamento por tetracloreto de carbono, insuficiência hepática grave. O frenesim é caracterizado por uma atividade violenta com pouca atenção ao que o rodeia. Os movimentos do animal em frenesim são descontrolados e perigosos (Blood and Radostitis, 1989).

Os estados mentais depressivos incluem a sonolência, a lassidão, a nacrolepsia/catalepsia, a síncope e o coma. Estas condições são causadas por influências que deprimem a função do sistema nervoso em geral.

O coma pode resultar de: encefalomielite e encefalomalácia, doenças tóxicas e metabólicas como a uremia,

hipoglicemia, insuficiência hepática, toxemia, septicemia e a maioria das toxinas que danificam os tecidos em geral. Hipóxia cerebral devido a insuficiência circulatória periférica, febre do leite e insolação, venenos específicos que provocam sonolência, como os brometos. Pode ocorrer síncope (desmaio súbito) devido a insuficiência cardíaca aguda que provoca anóxia cerebral aguda, hemorragia espontânea, concussão ou contusão traumática, descarga atmosférica e eletrocussão.
A narcolepsia (catalepsia) é uma doença em que o animal tem episódios de sono incontrolável. Não foi registada em camelos.

MOVIMENTOS INVOLUNTÁRIOS

Convulsões

As convulsões são contracções musculares violentas que afectam parte ou a totalidade do corpo e ocorrem durante um período relativamente curto. Podem ser clónicas, em que os espasmos musculares repetidos alternam com períodos de relaxamento. As convulsões tetânicas ou tónicas são menos comuns e manifestam-se por espasmos musculares prolongados. Estas últimas são encontradas no envenenamento por estricnina e no tétano. As convulsões podem resultar de perturbações em qualquer parte do proencéfalo, incluindo o cérebro, o tálamo ou mesmo o hipotálamo. No entanto, a causa inicial pode estar no sistema nervoso fora do crânio ou noutros sistemas, pelo que as convulsões podem ser intracranianas ou extracranianas.
As convulsões intracranianas podem ocorrer em casos de meningite, encefalomielite, encefalomalácia, edema cerebral agudo, isquemia cerebral, lesões locais causadas por traumatismos (concussão, contusão), abcessos, tumores, lesões parasitárias e hemorragias cerebrais.
As convulsões extracranianas são causadas por hipoxia cerebral na insuficiência cardíaca aguda, doenças tóxicas e metabólicas (encefalopatia hepática, hipomagnesemia, venenos inorgânicos, plantas e fungos venenosos e toxinas bacterianas).

Tremores

É um tremor repetitivo contínuo, visível e palpável dos músculos esqueléticos e é indicativo de envolvimento cerebral. O tremor verdadeiro é frequentemente suficientemente grave para causar incoordenação. O tremor pode intensificar-se quando o animal inicia uma ação. Esta condição é causada por doenças tóxicas e metabólicas devidas a vários venenos, especialmente plantas venenosas e fungos, provavelmente por algumas toxinas bacterianas e, ocasionalmente, por defeitos metabólicos, como a hipercalemia.

Postura e marcha

Uma das principais síndromes clínicas encontradas no camelo é a ataxia ou incoordenação da marcha. Esta condição é encontrada na toxemia causada por toxinas bacterianas, fúngicas e vegetais, e na acidose.

Paralisia

O sistema nervoso motor compreende os tractos piramidais, que têm origem no córtex motor, o sistema extrapiramidal que tem origem no corpo estriado, no núcleo vermelho, no núcleo vestibular e no teto do cérebro médio.

DOENÇAS DIFUSAS DO CÉREBRO

ANOXIA CEREBRAL

Uma síndrome aguda ou crónica causada pela privação de oxigénio no cérebro é exibida inicialmente por excitação, seguida de depressão e perda de função.

Etiologia

Este estado pode ser causado por envenenamento por ácido cianídrico ou nitrito, fases terminais de pneumonia, insuficiência cardíaca congestiva em vitelos nascidos após um parto prolongado e aumento da pressão intracraniana, bem como edema devido a lesões intracranianas.

Achados clínicos

O sistema nervoso central é extremamente sensível à anóxia e, mesmo após alguns minutos de privação de oxigénio, ocorre a degeneração das células cerebrais. A anóxia cerebral aguda manifesta-se por um aparecimento súbito de sinais referentes à paralisia de todas as funções cerebrais, incluindo paralisia flácida e inconsciência. Há tremores musculares, que partem da cabeça e se estendem ao tronco e aos membros, seguidos de reclinação, convulsões clónicas e morte ou recuperação. Na anóxia crónica, há letargia, embotamento, ataxia, fraqueza, cegueira e, em alguns casos, tremores musculares ou convulsões. Tanto na anoxia aguda como na crónica, os sinais da doença primária são também evidentes.

Tratamento

O fornecimento de oxigénio é extremamente necessário e só pode ser fornecido através da remoção da causa. Os estimulantes respiratórios podem ajudar em casos agudos e a respiração artificial pode manter o animal vivo.

HIDROCEFALO

Provoca um aumento da pressão intracraniana, resultando em irritação. Sinais como mania, pressão na cabeça, tremores musculares e convulsões são observados quando o início é rápido. Quando a doença se desenvolve gradualmente, observam-se sinais de paralisia, incluindo embotamento, cegueira e fraqueza muscular.

Etiologia

A doença pode ser congénita ou adquirida. Na hidrocefalia congénita, as causas podem ser vírus, deficiência de vitamina A e factores desconhecidos. A hidrocefalia adquirida pode ocorrer devido a hipovitaminose A em vitelos jovens, tumores e lesões inflamatórias crónicas.

Achados clínicos

Devido ao aumento da pressão intracraniana, na maioria dos casos, há um início gradual de paralisia geral. No início da doença, o animal apresenta-se deprimido, com falta de vontade de se mexer, um olhar inexpressivo, cegueira e incoordenação de movimentos. Segue-se a fase de sonolência e o animal tem reflexos lentos.

Os animais afectados congenitamente estão normalmente vivos à nascença, mas são incapazes de se manter de pé e a maior parte deles morre em 48 horas. O crânio é por vezes abobadado, os olhos são salientes e o nistagmo é frequentemente evidente. A hidrocefalia congénita pode ser confundida com deficiência de vitamina A, toxoplasmose e hidroencefalia se não houver distorção do crânio. Recentemente, Abubakar et al. (1998) registaram um caso de hidrocefalia numa cria de camelo

A hidrocefalia adquirida tem de ser diferenciada de outras doenças difusas do cérebro, incluindo a encefalite e a encefalomalácia, e das distrofias hepáticas.

EDEMA DIFUSO DO CÉREBRO

Ocorre raramente como doença primária. Na maioria das vezes, acompanha outras doenças e, normalmente, a sua ocorrência é transitória. Pode terminar em morte, recuperação completa ou recuperação com sinais residuais.

Etiologia

Acompanha abcessos cerebrais, hemorragia, encefalopatia induzida por chumbo, meningite purulenta, hipoxia, polioencefalomalácia e hidrocefalia.

Achados clínicos

O desenvolvimento dos sinais clínicos ocorre num período de 12-24 horas e não se verifica choque cerebral. Verifica-se cegueira e ataques periódicos de opistótono, nistagmo, tremor muscular e convulsões. Nos períodos intermédios, o animal está aborrecido, deprimido e cego. O papiledema pode ser observado no exame oftalmoscópico. O edema cerebral difuso provoca um síndroma não muito diferente do da encefalite, embora haja menos fenómenos de irritação.

Tratamento

A descompressão do cérebro é desejável no edema agudo. O tratamento depende em parte da causa. O edema associado à pólio-encefalomalácia responde ao tratamento precoce com tiamina. Em termos gerais, o edema do cérebro responde ao tratamento parentérico com soluções hipertónicas e corticosteróides. Aconselha-se o manitol a 2 g/kg de peso corporal e a dexametasona a 1 mg/kg de peso corporal, ambos, I/V. O manitol é administrado como solução a 20% I/V, seguido 3 horas mais tarde pela dexametasona. Os diuréticos podem ajudar nos casos crónicos.

ENCEFALITE

É uma inflamação do cérebro e caracteriza-se por sinais iniciais de irritação seguidos de sinais de depressão devido à perda das funções nervosas.

Etiologia

A encefalite é encontrada na raiva (Bildfell, 1996), na toxoplasmose e na sarcocistose. Também pode ocorrer devido a algumas bactérias, por exemplo, Streptococcus zooepidermicus.

Sinais clínicos

Os sinais clínicos da encefalite referem-se geralmente ao efeito geral estimulante ou letal nos neurónios do cérebro. Isto pode dever-se, em parte, ao efeito geral do edema inflamatório e, em parte, ao efeito direto do agente nas células nervosas. Por vezes, há febre acompanhada de anorexia, depressão e aumento do ritmo cardíaco. Podem verificar-se episódios iniciais periódicos de hiperestesia, incluindo o carregamento às cegas, o berro e a pata. Pode ocorrer depressão mental, incluindo pressão na cabeça, entre os episódios. Os sinais de irritação são muito variáveis na sua ocorrência e podem não aparecer de todo. A perda de função varia em grau, desde a paresia com articulação dos membros inferiores, passando pela espasticidade dos membros com consequente ataxia, até à paralisia completa. Ocorrem parésias mais limitadas, que se podem manifestar por desvio da cabeça, andar em círculos, anomalias da postura, ataxia e incoordenação, mas estes são mais frequentemente sinais residuais após a recuperação das fases agudas. Ibrahim et al. (1998) registaram um caso de camelo fêmea infetado com Streptococcus zooepidermicus, que apresentava sinais de congestão do cérebro. Bildfell (1996) relatou um caso de camelo que apresentava sinais nervosos antes da morte. As lesões microscópicas encontradas eram meningo-encefalite não supurativa com vasculite e necrose e edema extensos. Foram observados corpos de inclusão intranucleares típicos do vírus Herpes nos neurónios e nas células gliais.

Tratamento

O tratamento específico está a ser tratado em cada condição de doença. Na fase aguda da doença, deve ser administrado um tratamento de apoio com glucose intravenosa. A sedação durante a fase de excitação e os estimulantes do sistema nervoso durante o período de depressão podem manter a vida durante a fase crítica.

ENCEFALOMALÁCIA

Trata-se de uma degeneração ou amolecimento do cérebro. A leucoencefalomalácia e a polioencefalomalácia referem-se ao amolecimento da substância branca e da substância cinzenta, respetivamente. A polioencefalomalácia é muito frequentemente observada em camelos de corrida, alimentados com rações muito concentradas (Manefield e Tinson, 1996).

Etiologia

A encefalomalácia ocorre como consequência de lesões hepáticas, que resultam num nível elevado de amoníaco no sangue. Pode ocorrer em caso de envenenamento por mercúrio, chumbo, selénio e venenos vegetais. As toxinas do Clostridium perfringens tipo D podem causar esta condição. A deficiência de tiamina também causa polioencefalomalácia.

Achados clínicos

Paralisia de grau variável acompanhada de embotamento ou sonolência, cegueira, ataxia, pressão na cabeça, andar em círculos e coma terminal. Nas fases iniciais, especialmente na polioencefalomalácia, há sinais de irritação, incluindo tremor muscular, opistótono, nistagmo e convulsões.

Tratamento

Nos camelos de corrida alimentados com cereais, a tiamina injectada nas fases iniciais pode ser útil. A encefalomalácia é geralmente irreversível e não é recomendado qualquer tratamento.

TRAUMATISMO CRÂNIO-ENCEFÁLICO

Resulta quer de um traumatismo direto aplicado a partir do exterior ou da flexão ou estiramento da cabeça ou do pescoço, quer da migração interna de larvas parasitárias. O efeito do traumatismo varia consoante o local e a extensão da lesão. No início, pode ocorrer um choque nervoso, que pode ser seguido de morte ou de recuperação, ou da persistência de sinais residuais.

Achados clínicos

Em caso de lesão grave, ocorre um choque cerebral em que o animal fica inconsciente, com ou sem convulsões clónicas transitórias. A consciência pode nunca mais ser recuperada, mas nos animais que a recuperam, ela retorna dentro de alguns minutos a várias horas. Durante o período de inconsciência, o exame clínico revela dilatação das pupilas, ausência de perceção ocular e de reflexos pupilares de luz e uma respiração lenta e irregular. Pode ocorrer hemorragia nasal ou auricular. O local da lesão pode ser revelado pela palpação do crânio. Os sinais residuais são muito variáveis. Se o córtex ótico for danificado, ocorre cegueira. Nas lesões cerebrais ligeiras, pode ocorrer hemiplagia. A epilepsia traumática pode ocorrer com lesões no córtex motor. Os outros sinais de traumatismo cerebral grave incluem opistótono com cegueira e nistagmo e, se o tronco cerebral tiver sido danificado, tetraplegia. Também podem ocorrer sinais localizados, incluindo rotação da cabeça, andar em círculos e queda para trás.

Tratamento

Se a consciência for recuperada em poucas horas, o prognóstico é favorável e, neste caso, o tratamento pode não ser necessário; no entanto, se o coma durar mais de 6 horas, o prognóstico não é favorável e recomenda-se o abate do animal afetado. No caso de animais valiosos, aconselha-se o tratamento descrito no tratamento do edema cerebral. É pouco provável que os animais com coma prolongado (mais de 12 horas após o tratamento) melhorem.

DOENÇAS FOCAIS DO CÉREBRO

ABCESSOS CEREBRAIS

Os abcessos são mais frequentes nos camelos jovens do que nos mais velhos. Os sinais clínicos variam consoante a localização e o tamanho do abcesso.

Etiologia

A forma mais comum de propagação da infeção ao cérebro é através da circulação. No entanto, pode ocorrer uma propagação direta a partir de uma lesão no crânio ou na nasofaringe. Os organismos que causam abcessos cerebrais podem ser Mycobacterium tuberculosis, Actinobacilli, Streptococci, Fusobacterium necrophorum, Pseudomonas, Staphylococci, Actinomyces e Listeria.

Achados clínicos

O animal fica deprimido, pressiona a cabeça e pode apresentar cegueira (de um ou de ambos os olhos). Há ataques transitórios de irritação motora, durante os quais o animal fica muito excitado e incontrolável e apresenta sinais de convulsões.

Pode registar-se um aumento da temperatura. O nistagmo é comum quando o abcesso se encontra próximo do núcleo vestibular. Pode ocorrer ataxia cerebral, desvio da cabeça com andar em círculos e queda, hemiplegia ou paralisia de um ou vários grupos de nervos cranianos, frequentemente de forma unilateral. Nas fases mais avançadas, pode ocorrer edema cerebral ou hemorragia no cérebro.

Tratamento

Sugere-se a administração parentérica de antibióticos de largo espetro, mas os resultados não são geralmente satisfatórios.

Encefalomalácia causada por toxinas do tipo D de Clostridium perfringes

COENUROSE (GID)

Resulta da presença de quistos (fase intermédia) de Taenia multiceps no cérebro ou na medula espinal. Os sinais clínicos manifestados são os de lesões localizadas ocupando espaço no sistema nervoso central.

Etiologia

A doença é causada pela invasão do tecido nervoso por Coenurus cerebralis. É o estágio intermediário da Taenia multiceps, que habita o intestino de cães e canídeos silvestres. O consumo de alimentos contaminados pelas fezes de cães infestados, eclodem no intestino, libertando embriões, que passam para a corrente sanguínea. Apenas os embriões que se alojam no cérebro ou na medula espinal sobrevivem e continuam a crescer até à fase de coenurídeo. O Coenurus cerebralis pode amadurecer no cérebro e na espinal medula de ovinos, caprinos, bovinos, cavalos, camelos e ruminantes selvagens e, ocasionalmente, no homem.

Achados clínicos

As fases iniciais da migração das larvas (em infestações ligeiras) através do tecido nervoso passam geralmente despercebidas, mas em infestações graves pode ocorrer encefalite. São necessários 6-8 meses para que o Coenurus adulto atinja um tamanho de cerca de 5 cm, após o que se desenvolvem normalmente os sinais da doença. Os sintomas incluem, no início, uma expressão selvagem, salivação, frenesim e convulsões. Pode também ocorrer um desvio dos olhos e da cabeça. Alguns animais podem morrer nesta fase, mas outros desenvolvem cegueira parcial ou total de um ou ambos os olhos, embotamento, falta de jeito, pressão na cabeça, ataxia, mastigação incompleta e convulsões epilépticas periódicas. Pode estar presente o desvio da cabeça e o andar em círculos em direção ao olho cego.

Tratamento e controlo

A drenagem cirúrgica ou a remoção dos quistos pode ser tentada em animais valiosos. O controlo da doença é possível através do tratamento dos cães contra os vermes das fitas e da erradicação dos cães vadios.

MENINGITE

Na maioria dos casos, é causada por infecções bacterianas e manifesta-se por febre, hiperestesia e rigidez muscular. Singh et al. (1995) e Saini e Sreemannarayan (1980) registaram a sua ocorrência em camelos.

Etiologia

Os organismos responsáveis são a Listeria, a Pasteurella e o Staphylococcal sp. O Toxoplasma gonadii pode causar lesões nas meninges. Nos animais jovens, algumas espécies de estreptococos e E. coli também podem causar a doença.

Achados clínicos

A meningite aguda desenvolve-se geralmente de forma súbita e é acompanhada por febre, toxemia e sinais nervosos. Há trismo, opistótono e rigidez do pescoço e das costas. Podem também ser evidentes sinais de irritação motora (espasmos tónicos dos músculos do pescoço, tremores musculares e movimentos de remada) e um grau variável de hiperestesia. Nas fases iniciais, há indícios de irritabilidade (mania), seguida de sonolência e coma. Em alguns casos, pode ocorrer cegueira.

Nos camelos, a meningite é geralmente difusa, mas pode ser localizada em alguns casos. Neste caso, podem ocorrer sinais de localização, incluindo o envolvimento dos nervos cranianos ou espinais, tremores musculares localizados, hiperestesia ou rigidez.

Tratamento

O tratamento é efectuado com antibióticos parenterais durante vários dias. O cloranfenicol é o medicamento de eleição na meningite. Se o animal não responder ao tratamento no prazo de 3 dias, o prognóstico é desfavorável. Os níveis terapêuticos inibitórios bacterianos podem não ser atingidos em camelos jovens. O medicamento de eleição nestes últimos casos são as cefalosporinas, que resistem à hidrólise pela beta-lactamase, penetram facilmente no LCR e são bactericidas a concentrações muito baixas. O moxalactam e a cefotaxima são amplamente utilizados nos seres humanos para o tratamento da meningite bacilar por bacilos Gram-negativos.

DOENÇAS TÓXICAS E METABÓLICAS DO SISTEMA NERVOSO

Um grande número de venenos de plantas, produtos químicos agrícolas e alguns defeitos metabólicos causam anomalias na função do sistema nervoso.

Os factores que afectam a consciência e o comportamento do animal são: hipoglicemia e cetonemia/acetonemia, hipomagnesemia, níveis elevados de amoníaco no sangue em caso de insuficiência hepática, uremia, toxinas exógenas, incluindo tetracloreto de carbono, hexacloretano, tricloretano, cianeto ou envenenamento por nitritos.

Podem ocorrer convulsões devido a: hipoglicemia; hipomagnesiemia, deficiências de vitamina A, piridoxina, venenos inorgânicos, incluindo chumbo, mercúrio, produtos químicos agrícolas, tais como arsenicais, organofosfatos, hidrocarbonetos clorados, estricnina, ureia, metaldeído, toxinas bacterianas, incluindo Clostridium tetani, Clostridium perfringens tipo D, toxinas fúngicas, por exemplo, Penicillium cycloprium; algumas ervas daninhas verdes e árvores.

Os tremores e a ataxia são provocados por algumas ervas daninhas, toxinas bacterianas e fungos. Muitas substâncias tóxicas e defeitos metabólicos acima referidos causam ataxia quando a sua influência é ligeira e paralisia quando é grave

LESÕES TRAUMÁTICAS DA ESPINAL MEDULA

Ocorre uma breve paralisia flácida completa caudal à lesão em caso de traumatismo grave súbito da medula espinal devido a choque espinal. Segue-se logo uma paralisia flácida na zona fornecida pelo segmento lesionado e uma paralisia apástica caudal ao mesmo.

Etiologia

A medula espinal pode ser lesada quando os camelos caem dos veículos. É comum em animais osteoporóticos ou oesteodistróficos, especialmente em camelos reprodutores idosos, quando saltam ou se apoiam em vedações. A espondilose e a fratura em camelos velhos durante o acasalamento e algumas larvas parasitárias migratórias são também causas potenciais de lesões da espinal medula.

Achados clínicos

As lesões causadas por traumatismos da medula espinal consistem na rutura do tecido nervoso ou na sua compressão por deslocação óssea ou hematoma. Graus menores de dano podem resultar em edema ou hiperemia local ou, na ausência de lesões microscópicas, em lesão transitória das células nervosas, classificada como concussão. A lesão medular manifesta-se por paralisia flácida e, concomitantemente, há queda da pressão arterial local devido à vasodilatação e pode haver sudorese local. Os reflexos de estiramento e de flexão e a sensibilidade cutânea desaparecem, mas reaparecem em poucas horas. Na maioria dos casos, o animal é incapaz de se levantar devido à perda de controlo sobre as extremidades. Os músculos que controlam a respiração também podem ser afectados, causando dificuldade na respiração. A zona fornecida pelo segmento acaba por apresentar uma paralisia flácida e atrofia muscular.

Tratamento

O tratamento do animal afetado em camas espessas, com viragens frequentes, e a mensagem das proeminências ósseas podem ajudar os animais, com uma lesão menor, a recuperar. Na maioria dos casos, o prognóstico não é favorável.

PARALISIA DO NERVO PERONEAL

Nassef (1996) relatou um caso de um camelo de sete anos de idade com paralisia do boleto do membro posterior direito. A paralisia ocorreu devido a uma lesão do nervo peroneal provocada por uma injeção administrada com uma agulha de grande calibre por uma pessoa inexperiente. Neste camelo, o jarrete estava descaído. Foi observada uma perda de sensibilidade no dorso do dedo.

PARALISIA FACIAL

Esta condição é frequentemente observada em camelos, especialmente em camelos machos. É devido ao seu pescoço comprido. A face fica ferida quando é violentamente virada para um lado e bate num objeto duro ou afiado. A lesão é sempre unilateral. Há vários relatos sobre a paralisia da face. A paralisia do lábio inferior foi relatada por Leese (1927) e Purohit et al. (1988); a paralisia da língua por Gahlot et al. (1989); a paralisia facial unilateral por Schwartz e Dioli (1992), Stanic et al. (1972) e Singh et al. (1995). A causa da paralisia é referida por estes últimos trabalhadores como sendo devida a uma lesão seguida de infeção. Os sintomas relatados são a perda de reflexos e a paralisia flácida dos músculos da zona afetada. Pode observar-se a queda das orelhas, da pálpebra e da bochecha do lado afetado.

OUTRAS CONDIÇÕES QUE RESULTEM EM SINAIS NERVOSOS

Devido à escassez de alimentos, os camelos são obrigados a comer **plantas venenosas**. Uma planta de África "*Capparis tomentosa*", quando consumida pelos animais, provoca perturbações neurológicas como torção do pescoço, perda progressiva de condição, paraplegia e convulsões (Schwartz e Dioli, 1992).

Na Austrália, a ingestão de pau-ferro tem sido associada a cambaleio, observação de estrelas e cegueira aparente (Manefield e Tinson, 1996).

Foi registada a ocorrência de vários desarranjos nervosos e paraplagia em camelos devido ao **botulismo** (Provost et al., 1975).

A **serpente** com veneno que contém neurotoxinas, quando pica animais, incluindo camelos, provoca uma excitação inicial seguida de depressão e paralisia (Tagra e Yadev, 1998). Os camelos mordidos por **escorpiões** mantêm a cabeça e o pescoço elevados (Manefield e Tinson, 1996).

Os camelos também podem ser afectados pela **síndrome de Wryneck**. O achado clínico caraterístico é uma deformação em forma de S. O início da doença é agudo e espontâneo. A recuperação pode ocorrer sem qualquer tratamento. Os animais doentes respondem à administração de vitaminas do complexo B. A etiologia não é conhecida (Schwartz e Dioli, 1992).

REFERÊNCIAS

Abubakar, M. I., A. A. Ahmed, N. M. Nayel, e M. E. Fadlalla. 1998. Hidrocefalia em camelo macho recém-nascido. J. Camel Pract. Res., 5:309.

Bildfell, R., C. Yason, D. Haines, e M. Megswan. 1996. Encefalite por vírus do herpes num camelo. J. Zoo and Wild. Med., 27:409-415.

Blood, D.C. e O.M. Radostits. 1989. Veterinary Medicine. Bailliere Tindall, Londres.

Gahlot, T. K., D. S. Chouhan, e R. J. Choudhary. 1989. Paralisia temporária da língua em camelos. Ind. Vet. J. 66:60-61.

Ibrahim, A.M., A. A. Abdelghaffar, e M. E. Fadalla. 1998. Infeção por Streptococcus zooepidermicus em camelo fêmea no Bahrein. J. Camel Pract. Res., 5:165166.

Leese, A. S. 1927. A Treatise on the One Humped Camel in Health and Disease (Um tratado sobre o camelo de uma corcova na saúde e na doença). Haynes and Son. Maidenlane, Stanford.

Manefield, G.W. e A.H. Tinson. 1996. Camels a Compendium. Fundação de Pós-graduação da Universidade de Sydney, Sydney.

Nassef, M.T. 1996. Paralisia do nervo peroneal num camelo. J. Camel Pract. Res., 3:141142.

Provost, A., P. Haas, e M. Dembella. 1975. Premias cas au Tchad de botulime animal (typee C). Intoxication des dromedrius pur L'eau d'un puit. Revue Elev Med Vet Pays Trop, 28:9-12.

Purohit, N. R., D. S. Chouhan, e R. J. Choudhary. 1988. Paralisia do lábio inferior - relato de cinco casos. Ind. J. Vet. Sur., 9:135-139.

Saini, T.D., e O. Sreemannarayan. 1980. Meningite em camelo - um relatório preliminar. Ind. Vet. J., 57:694.

Schwartz, H.J. e M. Dioli. 1992. The One humped Camel in East Africa. Verlag josef margraf, Berlim.

Singh, A. P., J.S. Yadev, D. K. Bihani, e S. N. Sharma. 1995. Caso suspeito de meningite em camelo. J. Camel Pract. Res., 2:47-48.

Singh, A. P., J. S. Yadav, A. Juneja, e S. N. Sharma. 1995. Paralisia facial unilateral num camelo. J. of Camel Pract. Res., 2:37-38.

Smuts, M.M. e A.J. Bezuidenhout. 1987. Anatomia do Dromedário. Claredon Press, Oxford.

Stanic, M. N., M. E. Abusinea, e I. A. Arnautovic. 1972. Um estudo da disfunção induzida do nervo facial em camelos de uma só corcova. Vet. Rec., 90:442-446.

Tagra, S.K. e K.L. Yadav. 1998. Picada de víbora da areia num camelo - Relato de um caso. Ind. Vet. J., 75:446-447.

Capítulo 8

SISTEMA URINÁRIO

Os rins do camelo dromedário têm forma de feijão e são lisos exteriormente. O rim direito é mais alongado do que o esquerdo. Estão situados contra a parede dorsal do corpo e são retroperitoneais. O rim direito situa-se abaixo dos processos transversos da segunda à quarta vértebras lombares. O seu pólo craniano é redondo e insere-se na impressão renal do lobo caudado do fígado. O pólo caudal não é tão arredondado e é ligeiramente achatado dorsoventralmente. O rim esquerdo tem uma forma regular e situa-se abaixo do processo transverso esquerdo das três últimas vértebras lombares. O hilo de cada rim está orientado medialmente e é bem definido. A artéria renal bifurca-se antes de entrar no hilo. A veia renal situa-se ventralmente às artérias. O ureter está orientado caudalmente (Smuts e Bezuidenhout, 1987).

Na secção feita através do hilo e dos pólos, o córtex e a medula são facilmente distinguidos. A crista renal é bem desenvolvida. O córtex renal compreende cerca de 50% do volume do rim e a espessura da medula é quatro vezes maior do que a do córtex. Esta estrutura destina-se à produção de urina hipertónica e à conservação da água no camelo.

O ureter segue o trajeto retroperitoneal habitual. Entra na abertura pélvica medialmente ao ligamento redondo da bexiga e, no homem, dorsal e lateralmente ao ducto deferente para passar ao longo da prega genital ou do ligamento largo. Perfura a parede da bexiga perto do colo (Smuts e Bezuidenhout, 1987).

O canal alimentar do camelo fornece os fluidos para o corpo, enquanto os rins são responsáveis pela retenção da maior quantidade possível de água. A função renal do camelo fica muito deprimida quando o animal está desidratado (Yagil e Berlyne, 1978). Calculou-se que o volume diário de urina excretado pelo camelo desidratado é de 1/1000 do peso do animal (Macfarlane, 1977). Em comparação, os ovinos desidratados excretam 1/100-1/200 do seu peso corporal. A urina dos camelos desidratados é extremamente concentrada, mas tem uma enorme capacidade para voltar ao normal meia hora depois de beber água.

A capacidade dos camelos para concentrarem a sua urina deve-se em parte à estrutura do próprio rim. Os rins do camelo têm longas alças de Henle, que lhe permitem reabsorver uma maior quantidade de água através do sistema multiplicador de concentração. O volume diário de urina evacuada pelo camelo varia entre 1,1 e 2,2 litros (Siebert e Macfarlane, 1971). São excretados cerca de 450 ml de urina em cada micção (Schmidt-Neilsen et al., 1956). O teor de água dos alimentos afecta a taxa de ingestão, a quantidade de água ingerida e o volume de urina. É excretada mais urina quando os camelos comem forragem verde fresca do que quando comem comida seca (Gautheir-Pilters e Dagg, 1981).

O sal é bem tratado pelos rins do camelo. Charnot (1960) observou que o camelo pode excretar urina com uma concentração de sal quase duas vezes superior à da água do mar. Trata-se de um mecanismo valioso, uma vez que o camelo está exposto a forragens e água com elevada concentração de sal. Uma variação peculiar ocorre nas proporções dos sais excretados na urina do camelo. Na maioria das amostras de urina, o potássio é a substância dominante excretada, mas quando o camelo se alimenta de certos tipos de forragem, o sódio pode tornar-se dominante (Schmidt-Nielson et al., 1957). Quando o fluxo de urina diminui, pode haver uma alteração no equilíbrio dos iões excretados. Os produtos do metabolismo do azoto são normalmente excretados sob a forma de ureia pelos animais terrestres. A concentração deste composto na urina pode atingir níveis elevados. À medida que o volume da produção de urina diminui, o teor de ureia aumenta.

Num estudo efectuado por Yagil e Berlyne (1978), foi demonstrado que, na primavera, apenas ocorrem alterações marginais nas funções renais do camelo desidratado. O camelo podia urinar na água disponível na comida. No calor do verão, ocorrem alterações significativas na função renal após uma privação de água durante 10 dias. A taxa de filtração glomerular diminui em 75% (de 0,81 ml/min./kg para 0,23 ml/min./kg). O fluxo plasmático renal diminuiu 72% (de 5,5 ml/min./Kg para 1,5 ml/min./kg). O caudal de urina diminuiu mais de 50% (de 3,3 ml/min. para 0,7 ml/min.).

Os bovinos têm uma taxa de filtração glomerular básica mais elevada do que os camelos, enquanto os ovinos têm uma taxa de filtração glomerular entre a dos bovinos e a dos camelos. Os bovinos não podem concentrar a sua urina mais de 200 osm/kg, em comparação com os ovinos que excretam urina com 3,5-3,8 osm/kg (Macfarlane, 1968) ou camelos que excretam urina com 2,8 osm/kg (Yagil e Berlyne, 1978). Parece haver uma discrepância com o facto de, por um lado, as ovelhas perderem mais água através da urina do que os camelos e, por outro lado, excretarem urina com uma osmolalidade mais elevada. Há que ter em conta que o volume plasmático dos ovinos é muito mais afetado do que o do camelo e, por conseguinte, os ovinos necessitam de concentrar mais a sua urina. O camelo é capaz de concentrar a sua urina porque os seus rins respondem cem vezes mais prontamente à ADH do que os rins dos bovinos (Macfarlane, 1977).

Após a ingestão de água em excesso, a atenuação reguladora da secreção de vasopressina resulta numa diurese hídrica, o que elimina o perigo de hidratação excessiva. A diurese hídrica retardada após a reidratação (Zine Filali,

1987) ou a carga de água (Benlamlih et al., 1992) observada nos camelos pode ser causada por níveis plasmáticos iniciais mais elevados de arginina vasopressina (AVP) ou por uma taxa de depuração metabólica mais lenta da AVP. Os níveis plasmáticos de AVP no camelo (Yagil e Etzion, 1979) são semelhantes aos dos ovinos e caprinos, tanto em estados de hidratação como de desidratação (Olsson et al., 1982; Blair-West et al., 1985). Além disso, a semi-vida plasmática (11 + 2 min) e a depuração corporal da AVP exógena (13 + 2 ml/min/kg) nos camelos são semelhantes às registadas noutros mamíferos (Laurson, 1967).

De acordo com Siebert e Macfarlane (1971), a atividade antidiurética prolongada antes do início da diurese hídrica deve-se ao facto de os camelos serem mais sensíveis à ação antidiurética da vasopressina do que os ruminantes.

Após a reidratação, a concentração plasmática de aldosterona aumenta nas 24 horas seguintes à administração de água aos camelos (Dahlborn et al. 1989), e a excreção renal de sódio diminui (Zine Filali, 1987). Este facto atenuaria a diminuição da osmolalidade plasmática e, por conseguinte, a magnitude da diurese hídrica que ocorre após a reidratação. Por conseguinte, a carga de água em camelos normo-hidratados induz um aumento da concentração de aldosterona. Por outro lado, a carga salina reduziu a atividade da renina plasmática e a concentração de aldosterona plasmática (Benlamlih et al., 1992). No entanto, apesar da inibição do sistema renina-angiotensina-aldosterona, os camelos carregados com salina não são capazes de aumentar a excreção renal de sódio tão eficientemente como as cabras, provavelmente devido à sua taxa de filtração glomerular comparativamente baixa.

A filtração glomerular comparativamente baixa nos camelos não só induz uma excreção lenta de fluidos, como também pode influenciar a excreção de fármacos eliminados através dos rins. A farmacocinética da benzilpenicilina, um fármaco excretado principalmente pelos rins, mostrou que a depuração corporal era de 4,9 ml/kg/min no camelo e de 9,2 ml/kg/min na ovelha e que os tempos médios de permanência eram de 27 e 15 minutos, respetivamente (Oukessou et al. 1990). Consequentemente, a extrapolação direta para os camelos de doses estabelecidas em ruminantes pode conduzir a uma concentração plasmática mais elevada de medicamentos eliminados pelos rins e, por conseguinte, a um risco de toxicidade.

A elevada capacidade de retenção de fluidos dos camelos pode ser utilizada eficazmente em camelos de corrida. As corridas de longa distância, num ambiente quente, envolvem potenciais perturbações do equilíbrio de fluidos e ácido-base. A utilização da capacidade fisiológica de retenção de fluidos para evitar essas perturbações pode melhorar o desempenho dos camelos nas corridas.

Em conclusão, pode afirmar-se que, apesar de os níveis de vasopressina e de renina-angiotensina-aldosterona serem semelhantes aos dos ruminantes, os camelos são capazes de manter o excesso de fluidos no corpo durante dias em vez de horas, devido à baixa capacidade dos rins para excretar água e sódio. Este facto permite ao camelo retardar o efeito da privação de água quando esta está disponível de forma intermitente.

A bexiga do camelo é relativamente pequena e a micção é relativamente frequente. A postura adoptada para urinar é um simples apoio das patas traseiras. Os camelos têm o instinto de urinar sobre as patas traseiras durante o tempo quente, o que pode estar associado ao desejo de arrefecimento por evaporação. Esta prática resulta por vezes em escaldaduras e na formação de granulomas nas patas traseiras. Os camelos machos urinam no dorso com a cauda durante a época do cio.

A urina do camelo é normalmente amarela clara e límpida. O pH varia entre 6-7. O pH tende a aumentar para 8-9 após o exercício. A gravidade específica varia acentuadamente de 1,027-1,070, dependendo da estação do ano e da ingestão de água. As substâncias cristalinas observadas nas amostras centrifugadas incluem oxalato de cálcio, hidrogenofosfato de cálcio, urato de amónio e fosfato triplo. São observados todos os tipos de castas, mas as mais observadas são as granulares ou hialinas (Manefield e Tinson, 1996).

As doenças do trato urinário são diagnosticadas através de uma combinação de sinais clínicos, urinálise, bioquímica sérica, hemograma e procedimentos especiais como a angiografia renal, radiografia, ultrassonografia e citoscopia. Um nível elevado de azoto ureico no sangue (BUN) pode simplesmente refletir a anorexia observada como um achado acessório em muitos camelos doentes. No entanto, uma creatinina elevada, acompanhada por um nível elevado de BUN, é sugestiva de doença renal.

CONSTITUINTES ANORMAIS NA URINA

PROTEINURIA

É maioritariamente designada por albuminúria, uma vez que a maior proporção de proteínas urinárias é a albumina. Ocorre na insuficiência cardíaca congestiva, glomerulonefrite, enfarte renal, nefrose e amiloidose. O grau de proteinúria varia, sendo a maior concentração encontrada na amiloidose. Podem estar presentes pequenas quantidades quando ocorre uma lesão glomerular ligeira na febre e na toxemia. Quando o sedimento urinário contém elementos formados, como os cilindros, a importância da proteinúria aumenta.

MOLDES E CÉLULAS

Os cilindros, que aparecem como estruturas tubulares organizadas e variam em aparência de acordo com a sua composição, são indicativos de nefrite e degeneração dos rins. As hemácias, os leucócitos e as células epiteliais podem ter origem em qualquer parte do trato urinário.

HEMATURIA

As causas de hematúria incluem traumatismos renais, septicemias e púrpura hemorrágica acompanhada de lesões vasculares. As causas renais são a glomerulo-nefrite, o enfarte renal, a embolia da artéria renal, a lesão tubular causada pela intoxicação por sulfonamidas e a pielonefrite. A hematúria pós-renal ocorre particularmente nos urólitos e na cistite. Em casos graves, o sangue pode ser eliminado sob a forma de coágulos, mas mais frequentemente provoca uma coloração vermelha profunda a castanha na urina. O sangue, que tem origem no rim, está normalmente intimamente misturado com a urina e está presente em igual concentração em todas as amostras. Quando tem origem numa lesão da bexiga urinária, está normalmente mais concentrado na amostra final. O sangue proveniente da lesão uretral é mais evidente na primeira parte do fluxo.

A ocorrência de hematúria de etiologia desconhecida foi descrita em camelos. A síndrome da urina com sangue é muito comum em camelos de corrida de ambos os sexos nos Emirados Árabes Unidos. A condição não é comummente observada nos animais reprodutores. A doença não está associada a qualquer infeção. Não se regista um aumento concomitante dos valores de ureia e creatinina no sangue nos camelos que sofrem de hematúria, o que indica uma função renal normal. Não foram observadas quaisquer alterações no sedimento urinário, para além do aumento do número de eritrócitos. A condição parece estar associada ao aumento da ingestão de concentrados e hidratos de carbono em camelos de corrida.

HEMOGLOBINÚRIA

A hemoglobinúria verdadeira dá uma coloração vermelha profunda à urina. A reação ao teste químico da hemoglobina e das proteínas é positiva e não há resíduos celulares. Há muitas causas de hemólise intravascular, que é a origem da hemoglobinúria. As causas específicas estão listadas em anemia hemolítica.

MYOGLOBINURIA

A presença de mioglobina na urina é um indício de distrofia muscular grave. Dá uma coloração castanha à urina.

PYURIA

A presença de pus na urina indica uma inflamação algures no trato urinário, normalmente na pélvis renal ou na bexiga. É detetável sobretudo por exame microscópico.

CRISTALURIA

Os cristais de cálcio, carbonato e fosfato triplo estão normalmente presentes na urina, no entanto, se estiverem presentes em grande número, sugerem que a concentração de urina está acima do normal e o possível desenvolvimento futuro de urólitos.

GLICOSURIA

A glicosúria não é comummente observada nos camelos, mas está associada a enterotoxemia devida a Clostridium perfringens tipo D e ocorre após tratamento parentérico com solução de dextrose, hormona adrenocorticotrópica ou análogos da cortisona. Também ocorre na neforose devido a uma falha na reabsorção tubular. A cetonúria é um achado mais comum e ocorre na inanição e na acetonemia.

INDICANURIA

A presença de indican (indoxil sulfonato de potássio) em quantidade excessiva indica um aumento da absorção deste produto de desintoxicação do indol a partir do intestino grosso e ocorre quando há um aumento da permanência alimentar.

CREATINURIA

A degradação endógena excessiva do músculo provoca um aumento da concentração de creatinina na urina. Está associada à distrofia muscular.

UREMIA

As causas da uremia são a anúria ou a oligúria, sendo esta última mais frequente, a menos que exista uma obstrução completa do trato urinário. A doença renal crónica pode manifestar-se por poliúria, mas trata-se essencialmente de um fenómeno compensatório e a oligúria aparece sempre nas fases terminais, quando se desenvolve a uremia clínica. O animal está deprimido, apresenta fraqueza muscular e tremores musculares e a respiração é geralmente profunda e difícil. Se a doença tiver progredido durante algum tempo, a condição corporal é má, provavelmente devido à perda contínua de proteínas na urina.

DOENÇAS DOS RINS

ISQUÉMIA URINÁRIA

A insuficiência circulatória geral (choque) provoca normalmente uma redução do fluxo sanguíneo através dos rins. A insuficiência circulatória crónica, como a insuficiência cardíaca congestiva, resulta em isquemia renal crónica. A isquemia aguda dos rins ocorre quando a vasoconstrição compensatória afecta os vasos sanguíneos renais em resposta a uma redução súbita do volume de sangue circulante. Verifica-se uma redução imediata da filtração glomerular e uma elevação do azoto ureico no sangue. Há uma redução concomitante do fluxo de urina. Se a isquemia for suficientemente grave e persistir durante um período de tempo suficientemente longo, a redução da filtração glomerular, que é normalmente reversível com o regresso do fluxo sanguíneo normal, torna-se irreversível devido a lesões degenerativas anóxicas no parênquima renal. Isto é mais provável de ocorrer em perturbações circulatórias agudas e é um acontecimento improvável na insuficiência cardíaca congestiva crónica. Como consequência da isquemia renal, ocorre necrose dos glomérulos e dos túbulos.

A isquémia renal não é uma doença em si, porque é mascarada pelos sinais clínicos da doença primária. A oligúria e a azotemia passarão despercebidas se o defeito circulatório for corrigido nas fases iniciais. No entanto, a ausência de resposta completa ao tratamento resulta em insuficiência renal e o quadro clínico será o de uremia.

O tratamento deve ser orientado para a correção da perturbação circulatória. Se tiver ocorrido uma lesão renal, o tratamento de suporte, incluindo a administração parentérica de fluidos e sais de sódio e, possivelmente, de cálcio, pode permitir que o animal sobreviva a uma insuficiência renal aguda até que um processo infecioso seja controlado.

GLOMERULONEFRITE

Foi registada uma incidência relativamente elevada de glomerulonefrite proliferativa em camelos, especialmente em camelos de corrida. O sinal mais precoce e mais consistente de insuficiência renal crónica é a perda de peso; outros sinais são a anorexia, a poliúria, a polidipsia e o edema ventral. Os achados clínicos patológicos consistentes são azoto ureico no sangue e creatinina elevados. Os resultados das análises à urina variam consoante a natureza e a fase da doença. A causa da doença é obscura. Pode dever-se a uma alimentação concentrada, à falta de água ou à deposição de complexos antigénio-anticorpo.

PYELONEPHRITIS

Desenvolve-se normalmente por infeção ascendente do trato urinário inferior. Geralmente acompanha a ureterite e a cistite.

As bactérias normalmente isoladas nesta condição são Pseudomonas aerogenosa, Corynebacterium spps, E. coli, estreptococos e estafilococos. A doença é geralmente unilateral. A toxemia e a febre também estão presentes e, se a doença for bilateral e as lesões forem extensas, também pode estar presente uremia. A pielonefrite é sempre acompanhada de piúria devido às lesões inflamatórias dos ureteres e da bexiga.

O tratamento deve basear-se nos resultados da cultura e na sensibilidade às sulfonamidas e aos antibióticos. O tratamento com antibióticos é necessário durante um longo período de tempo. Deve ser complementado pela administração parentérica de enzimas (quimotripsina, etc.).

NEFROSE

Inclui lesões degenerativas e inflamatórias dos túbulos renais e/ou glomérulos.

Etiologia

A maioria dos casos de nefrose é causada por toxinas, ou seja, mercúrio, arsénico, selénio, cádmio, cobre, vitamina K, oxalato, tiabendazol, benzimidazol, neomicina, gentamicina, venenos vegetais, cogumelos venenosos, aldrina, medicamentos anti-inflamatórios, incluindo fenilbutazona e flunixina meglumina, naftalenos altamente clorados e medicamentos sulfa. Pode também resultar de toxemias endógenas ou exógenas não específicas. Outras causas importantes incluem factores hemodinâmicos como a desidratação que leva à concentração de substâncias tóxicas nos túbulos, isquemia renal e factores que causam hemoglobinúria.

Achados clínicos

Outros sinais de doença primária mascaram frequentemente os sinais clínicos. Na neforose aguda, há oligúria e ureia proteica e sinais clínicos de uremia nas fases terminais. Os sinais de uremia são anorexia, hipotermia, depressão, ritmo cardíaco lento, pulso pequeno e fraco, inapetência e diarreia. A diarreia pode ser intensa e causar desidratação. A poliúria é caraterística dos casos crónicos, mas a oligúria segue-se normalmente quando a lesão glomerular secundária impede a filtração glomerular.

Em muitas doenças, a toxemia é suficiente para causar uma nefrose temporária. Se o grau de perda de epitélio não for suficiente para causar insuficiência renal e se o grau de lesão renal for pequeno, a função completa pode ser restaurada.

Para o tratamento da doença, a causa primária tem de ser eliminada. Pode ser tentado o tratamento de suporte sugerido para a isquémia urinária.

NEFRITE EMBÓLICA

Uma pequena lesão embólica no rim geralmente não causa sinais clínicos, exceto se for muito extensa. Neste caso, a toxemia pode seguir-se à uremia. A proteinúria e a piúria podem ocorrer algures no decurso da doença.

Os êmbolos sépticos provenientes de lesões supurativas nos outros tecidos podem alojar-se nos rins, resultando na formação de abcessos.

O tratamento consiste em antibióticos padrão e sulfonamidas, durante um período consideravelmente mais longo e pode ser complementado pela administração de enzimas parenterais.

CISTITE

Ocorre esporadicamente devido à introdução de infeção na bexiga ou quando há estagnação da urina. É normalmente observada em associação com cálculos vesiculares, purgação difícil, cateteres contaminados e gravidez tardia. A infeção pode propagar-se a partir do rim ou atingir a uretra a partir do exterior. Os organismos habitualmente envolvidos são Pseudomonas, Corynebacterium, E. coli, estafilococos e estreptococos.

A micção é frequente e dolorosa, por vezes acompanhada de grunhidos. O animal permanece na posição de urinar durante muito tempo. A quantidade de urina eliminada de cada vez é pequena. Por vezes, em casos muito graves, é evidente a dor abdominal.

O tratamento deve ser tentado através da utilização de antibióticos, após determinação da sensibilidade. O tratamento deve ser efectuado durante um período mais longo. O prognóstico geralmente não é bom.

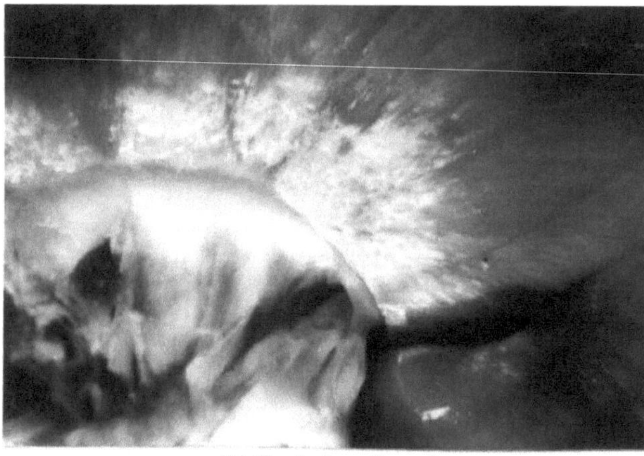

Calcificação da papila renal

UROLITHS

Os cálculos urinários ou urólitos resultam da precipitação de solutos urinários (maioritariamente inorgânicos, mas por vezes orgânicos). Os precipitados podem estar presentes sob a forma de cristais ou sob a forma de depósitos amorfos. Isto acontece normalmente à volta de um nidus e, após um período de tempo considerável, forma-se um cálculo. Os factores que afectam a concentração urinária de solutos específicos, a facilidade com que os solutos são precipitados para fora da solução, o fornecimento de nidus, a tendência para a concretização, todos afectam a taxa de ocorrência de urólitos. Os urólitos têm sido associados a uma dieta rica em alimentos concentrados (Kock e Chapman, 1986). Foi registada a ocorrência de urólitos em camelos (Gahlot, 1992; Nigam, 1992). Os urólitos na bexiga urinária e na uretra são frequentemente encontrados. Nos camelos machos, os cálculos alojam-se geralmente na uretra antes ou na região da flexura sigmoide. A formação de urólitos nos machos está associada à masturbação habitual, resultando na sujidade do orifício prepucial com areia, o que provoca traumatismo e inflamação. Os cálculos urinários formam-se igualmente nos homens e nas mulheres, mas o diâmetro da uretra feminina permite geralmente a passagem livre de um cálculo que possa entrar na uretra. Assim, a urolitíase obstrutiva é rara nas mulheres (Fowler, 1996).

Na obstrução uretral causada por urólitos, há anúria e distensão abdominal. Nos casos de retenção prolongada de urina, a bexiga pode romper-se (Kock, 1985).

O tratamento indicado é a remoção cirúrgica dos cálculos sob anestesia epidural.

RETENÇÃO URINÁRIA

A retenção de urina é frequentemente observada em camelos machos. Pode ser fatal se o fluxo de urina não for restabelecido (Gahlot et al., 1995). É geralmente causada por urolitíase. A dinâmica da urolitíase obstrutiva não é muito bem conhecida. Os casos clínicos de retenção de urina desenvolvem hipocloremia, hipercalemia e azotemia. Os cálculos podem ser removidos por uretrostomia posterior sob anestesia epidural e o fluxo de urina é facilitado pela passagem de um cateter de polietileno com 12-15 cm de comprimento na parte caudal da uretra através do local da uretrostomia (Choudhary et al., 1995). A retenção urinária também pode resultar de cistite e uretrite (Manefield e Tnson, 1996).

Em certos efectivos de criação da U.A.E., a retenção urinária recorrente é frequentemente observada em dromedários com 2-4 semanas de idade. Os vitelos afectados deixam de mamar, apresentam febre até 41° C e morrem em 2-4 dias. Alguns dos animais afectados desenvolvem torcicolos. Na autópsia, observa-se retenção urinária sem obstrução uretral. Encontram-se quistos cheios de urina de vários tamanhos nos rins causados pelo refluxo da urina. Também se observam lesões cerebrais nestes animais. O organismo Pseudomonas putida foi regularmente isolado das lesões destes animais (Wernery e Kaadanen, 1995). Estes autores sugeriram que esta infeção poderia ser secundária a uma deficiência de vitamina B.

A retenção de urina devido a fibroma cístico e uretral também foi registada por Gahlot et al. (1995).

URETRÍTEIS

É mais frequentemente observada em camelos fêmeas e resulta sobretudo de uma infeção ascendente causada por E. coli. Causa obstrução uretral e resulta na passagem frequente de pequenos volumes de urina, esforço sem passagem de urina e adoção de uma postura de urinar (Manefield e Tinson, 1996). O tratamento consiste na administração de antibióticos, cortisona e espasmolíticos.

RUPTURA URETRAL

A rutura da uretra nos camelos machos é geralmente causada por traumatismo devido a uma cinta de cintura demasiado apertada, impactação de cálculos uretrais ou infeção ascendente na sequência de danos causados pela

masturbação na areia (Gahlot, 1992). Nas fêmeas de camelo, foi observada uma fratura isquiática.
Nos camelos machos, caracteriza-se por um inchaço edematoso do prepúcio, do tecido subcutâneo do abdómen ventral, do escroto e da região perineal. A urina não é expelida pelo orifício normal da uretra/prepúcio e extravasa para o espaço subcutâneo, podendo levar a uma necrose extensa e, possivelmente, a uma uremia fatal, se não for tentada qualquer intervenção.
O tratamento é cirúrgico e tem como objetivo restabelecer a livre passagem da urina. Geralmente é feito através de múltiplas incisões na área edemaciada, remoção do tecido necrótico, uretrostomia ou amputação do pénis, conforme indicado.

REFERÊNCIAS

Benlamlih, S., K. Dahlborn, R. Zine Filali, e J. Hossaini-Hilali. 1992. Retenção de fluidos após carga oral com água ou soro fisiológico em camelos. Am. J. Physiol, 248:123125.

Blair-West, J.R., A.P. Gibson, R.I. Woods, e A.H. Brooks. 1985. Redução aguda dos níveis de vasopressina por reidratação em ovinos. Am. J. Physiol. 248:68-71.

Charnot, Y. 1960. Repercussion de la deshydration sur la biochimie et l'endocrinologie du dromedaire. Travaux Inst. Sci. Cherifien Ser. Zool., 20:1-167.

Choudhary, G.R., N.R. Purohit, C.K. Sharma, D.S. Chouhan, R.J. Choudhary e Y.K. Gahlot. 1995. Retenção de urina em camelos. J. Camel Pract. Res., 2:115-117.

Dahlborn, K., S. Benlamlih, R. Zine Filali, C. Wallsten, R. Schroter, e D. Robertshaw. 1989. Fluid balance during dehydration and rehydration in the camel. Ata Physiol. Scand., 136:9 (resumo).

Fowler, M.E. 1996. Concreções em camelídeos. J. Camel Pract. Res., 3:107-113.

Gahlot, T.K. 1992. Rutura uretral e infiltração subcutânea de urina em camelos. Proc. 1st Int. Camel Conf., 353-355.

Gahlot, T.K., G.R. Choudhary, R.J. Choudhary e D.S. Chouhan. 1995. Retenção de urina devido a fibroma cístico e uretral em camelo. Ind. Vet. J., 72:980-981.

Gauthier-Pilters, H. e A.I. Dagg. 1981. O camelo. Its evolution, behavior and relationship to man. The University of Chicago Press, Chicago.

Kock, R.A. 1985. Cálculos uretrais obstrutivos no camelo macho: relato de dois casos. Vet. Rec., 117(19): 494-496.

Kock, R.A. e M.J. Chapman. 1986. Gestão, alimentação e saúde de camelos mantidos em regime de criação intensiva. In: The Camel in Health and Disease. Ed. Higgins, A. Bailliere Tindall, Londres.

Laurson, H.D. 1967. Metabolismo das hormonas antidiuréticas. Am. J. Med., 42:713744.

Macfarlane, W.V. 1968. Comparative functions of ruminants in hot enviroments; in Hafez, Adaptation of domestic animals, pp. 264-276. Lea Febiger, Philadelphia.

Macfarlane, W.V. 1977. Survival in an arid land (Sobrevivência numa terra árida). Aust. Nut. His., 29:18-23.

Manefield, G,W. e A.H. Tinson. 1996. Camels: A Compendium. Fundação de Pós-Graduação em Ciências Veterinárias da Universidade de Sydney, Sydney.

Nigam, J.M. 1992. Distúrbios cirúrgicos do sistema urogenital masculino no camelo dromedário. Proc. 1st Int. Camel Conf., 361-364.

Olsson, K., S. Benlamlih, K. Dahlborn, e F. Fyhrquist. 1982. Effects of water deprivation and hyperhydration in pregnant and lactating goats. Ata Physiol. Scand., 115:361-367.

Oukessou, M., J. Hossaini-Hilali, R. Zine Filali, e P.I. Toutain. 1990. Farmacocinética comparativa da benzlpenicilina no dromedário e na ovelha. J. Vet. Pharm. Ther., 13:298-303.

Siebert, B.D. e W.V. Macfarlane. 1971. Water turnover and renal function of dromedaries in desert. Physiol. Zool, 44:225-240.

Schmidt-Nielsen, B., K. Schmidt-Nielsen, T.R. Houpt, e S.A. Jarnum. 1956. Water balance of the camel. Am. J. Physiol., 185:185-194.

Schmidt-Nielsen, B., K. Schmidt-Nielsen, T.R. Houpt, e S.A. Jarnum. 1957. Temperatura corporal do camelo e sua relação com a economia de água. Am. J. Physiol., 188:103-112.

Smuts, M.M. e A.J. Benzuidenhout. 1987. Anatomia do Dromedário. Claredon Press, Oxford.

Wernery, U. e O.R. Kaaden. 1995. Infectious diseases of Camelids. Blackwell Wissenschafts-Verlag. Berlim.

Yagil, R. e G.M. Berlyne. 1978. Taxa de filtração glomerular e concentração de urina no camelo em desidratação. Renal Physiol, 1:104-112.

Yagil, R. e Z. Etzion. 1979. O papel da hormona antidiurética e da aldosterona no camelo desidratado e reidratado. Comp. Biochem. Physiol., 63a:275-278.

Zine Filali, R. 1987. Estudos sobre a desidratação e reidratação do camelo. Instituto Agronómico e Veterinário Hassan II, Rabat Marrocos.

Capítulo 9
SISTEMA REPRODUTOR

A discussão no presente capítulo limitar-se-á principalmente ao dromedário. A literatura revela que, no que respeita à reprodução nos camelos bactrianos, a anatomia e a fisiologia são comuns a ambas as variedades, embora se observem algumas diferenças no padrão sazonal dos eventos reprodutivos (Arthur et al., 1986). O comentário frequentemente citado de que "o camelo é um animal concebido por um comité" nunca foi mais verdadeiro do que quando aplicado aos processos reprodutivos dos camelos. Aspectos dos mecanismos reprodutivos parecem ter sido emprestados de muitos géneros diferentes, tal como é visto pelos fisiologistas da reprodução. Mas é uma mistura muito bem sucedida, considerando que, com o mínimo de tratamento e gestão veterinária moderna, e nas condições climáticas, nutrição e ambientes mais adversos, ainda existem tantos camelos no mundo.

PUBERTY

A fêmea do camelo atinge a puberdade por volta dos 3 anos de idade, mas não é acasalada antes dos 4 anos (Bodenheimer, 1954; Leonard, 1894; Williamson e Payne, 1987; Yasin e Wahid, 1957; Ywema, 1960). Na Índia, a puberdade da fêmea de camelo começa aos 5 anos de idade (Rathore, 1986). A maturidade tardia do camelo é um dos factores responsáveis pela diminuição do desempenho reprodutivo. Foi demonstrado que as gónadas pré-puberais e o trato genital respondem às hormonas gonadotrópicas exógenas (Yagil e Etzion, 1984). Esta propriedade tem sido utilizada para reduzir a idade da puberdade e, assim, melhorar o desempenho reprodutivo dos camelos dromedários (Rai et al., 1990).

A atividade reprodutora dos camelos dromedários machos em manadas nómadas começa entre os cinco e os seis anos de idade e continua até aos 14-15 anos, com algumas pequenas diferenças em função da raça e da localização geográfica (El-Wishy, 1990).

De acordo com um relatório do Paquistão, os camelos machos são utilizados para reprodução a partir dos 6 anos de idade e continuam a reproduzir-se até aos 20 anos (Yasin e Wahid, 1957). Na Somália, o camelo macho atinge normalmente a idade da puberdade aos 5 anos (Mares, 1954).

APARELHO REPRODUTOR DO DROMEDÁRIO MACHO

Os testículos dos camelos têm uma forma ovoide e encontram-se no escroto numa posição perineal, alguns centímetros abaixo do arco isquiático. O comprimento do eixo longo e o peso dos testículos de camelo variam, em animais com mais de 3 anos, de 2,8 a 4 polegadas e de 80 a 110 g, respetivamente. Cada testículo está localizado na sua bolsa, deitado obliquamente ao eixo vertical. O bordo anterior é quase reto e está ligado ao epidídimo. O bordo posterior é livre e convexo, e as extremidades inferior e superior são arredondadas (Tayeb, 1951-52).

O epidídimo forma-se no bordo anterior do testículo, estendendo-se desde a extremidade inferior até um pouco acima do bordo superior. A cabeça do epidídimo está unida ao testículo. O cordão espermático tem entre 18 e 20 polegadas de comprimento e é alargado no seu ponto de saída, na extremidade inferior, em associação com o plexo venoso pampiniforme. O ducto de deferência estende-se desde a cauda do epidídimo até à parte pélvica da uretra. Passa para a frente, entre as coxas, até à região inguinal, onde sobe através do canal inguinal para entrar na cavidade pélvica e se abre na uretra sob a próstata (Tayeb, 1951-52).

O pénis não ereto é dirigido para trás; caso contrário, assemelha-se muito ao do touro, a forma da glande é como uma agulha de croché no camelo e como uma agulha afiada no touro. Além disso, no pénis do camelo, a flexão sigmoide é pré-escrotal, ao passo que, no touro, é pós-escrotal. O alongamento do pénis durante o coito é causado pelo endireitamento da sua flexura sigmoide (Tayeb, 1951-52).

O prepúcio é pendular e é formado por duas camadas, a parietal e a visceral. Entre estas duas camadas, encontram-se três grupos de músculos: os músculos anteriores, ou protractores de Lesbre; os músculos posteriores, ou retractores de Lesbre; e os músculos laterais. As fibras destes músculos unem-se para formar uma massa cónica à volta do orifício prepucial. Devido à ação destes músculos, o prepúcio pode ser movido para a frente ou para trás durante a ereção ou a micção, respetivamente. Estes músculos também controlam a dilatação e a constrição do orifício prepucial. A glândula prostática do camelo é uma massa discoidal, de cor amarela escura, situada no bordo superior da primeira porção da uretra pélvica, ao nível do colo da bexiga. Mede 3,7 a 5 cm nos seus eixos longitudinal e transversal, respetivamente. Apresenta vários ductos de cada lado, que perfuram a uretra. As glândulas bulbo-uretrais são formadas por dois lóbulos situados de cada lado da porção terminal da uretra pélvica. São esbranquiçadas, amendoadas e medem 2,5 x 1,2 cm. A vesícula seminal no camelo não está presente (Tayeb, 1951-52).

Verifica-se que a espermatogénese ocorre ao longo de todo o ano. A atividade espermatogénica e o diâmetro dos túbulos seminíferos são mais elevados na época de reprodução. Durante a época não reprodutiva, observa-se uma alteração da frequência dos estádios das células epiteliais seminíferas. Esta mudança indica que menos túbulos entram nas fases de maturação final e meiótica dos espermatócitos primários e que o alongamento das espermátides requer mais tempo. A espermatogénese é ainda mais prejudicada por um aumento da divisão anormal das espermatogónias, degeneração dos estádios de espermatócitos de leftotene, zygotene e pachytene (Gupta, 1992). Os camelos dromedários machos maduros apresentam uma atividade sexual sazonal conhecida como cio. No hemisfério norte, a época do cio ocorre aproximadamente na última metade do tempo frio (Arthur et al., 1986). O cio ocorre na primavera no Egipto (Abdul-Rouf e El-Naggar, 1964), e de novembro a fevereiro na Índia (Khan, 1971). No Paquistão, o cio ocorre entre o início de dezembro e o fim de março (Yasin e Wahid, 1957) e entre meados de janeiro e o fim de maio no dromedário turcomano (Abdunazarov, 1970). O período de cio no macho tem muitas peculiaridades fisiológicas e comportamentais. Há um aumento significativo de FSH, LH, testosterona e cortisol durante a época do cio (Abdul-Rouf et al., 1975; Agarwal et al., 1987; Al-Mougy et al., 1984; Azouz et al., 1992; Dixit et al., 1987; Osman et al., 1979; Yagil e Etzion· [1980]). As glândulas de pólen tornam-se activas e segregam material castanho-escuro com um odor pungente que atrai as fêmeas (Tingari et al., 1984; Yagil e Etzion, 1980). O camelo macho perde uma quantidade considerável de peso durante a época do cio, porque a sua atividade sexual impede a alimentação normal. Na raça Bikaneri, na Índia, foi registada uma perda de 16 a 25 por cento do peso corporal do macho dromedário reprodutor (Khanna et al., 1990) durante a época de cio.

A hormona libertadora de gonadotrofina (GnRH) é uma hormona deca-peptídeo segregada do hipotálamo de forma pulsátil. A sua síntese e libertação são afectadas pela estação do ano, pelo fotoperíodo e pelo estado endócrino. Actua sobre a glândula pituitária para estimular a libertação de LH e FSH, numa relação influenciada pelos efeitos de feedback das hormonas esteróides. A atividade sexual em camelos machos normais fora da época de reprodução pode ser estimulada por tratamento com GnRH (Moslah et al., 1992). É também provável que o "efeito macho" fermonal possa induzir as fêmeas de camelo a efectuarem o ciclo mais cedo na época de reprodução. Também parece haver uma alteração na consistência do sémen com a administração de GnRH (Willmen et al., 1992).

Na época não reprodutiva, observou-se nos camelos dromedários uma hiperprolactinemia, acompanhada de uma diminuição dos níveis séricos de FSH, LH, testosterona e cortisol. Propõe-se que a hiperprolactinemia seja um fator causador de baixa fertilidade e libido no camelo macho durante a época não reprodutiva (Azouz et al., 1992). Isto deve-se provavelmente à sua ação na redução da síntese e secreção de FSH e LH. Também é possível que a prolactina tenha uma ação anti-gonadotrópica a nível gonadal (Besser et al., 1974; McNeilly et al., 1978).

No camelo macho, tal como noutras espécies, foram observados casos de falta de desejo sexual e incapacidade de copular durante a época de cio. Devido à duração da cópula e ao facto de poderem ocorrer várias ejaculações durante o acasalamento, foram registadas grandes variações no volume da ejaculação e na concentração e motilidade do esperma. Considerando a relativa curta época de reprodução, juntamente com o facto de que, por vezes, um número excessivo de fêmeas tem de ser acasalado por um macho, a má qualidade do sémen pode causar infertilidade no rebanho, em condições de autonomia (Arthur e El Tigani, 1990).

CÓPULA E COMPORTAMENTO DE ACASALAMENTO

O camelo macho comporta-se de forma agressiva durante a época de acasalamento, observando-se o ranger dos dentes e a protrusão do "Dulla". Embora este último órgão esteja presente em ambos os sexos, nunca é extrudido na fêmea. Foi referido que o palato mole aumenta de comprimento durante a época de cio e é capaz de evaginar (Charnot, 1963). Na época de reprodução, os machos também foram observados frequentemente de pé, com as patas traseiras abertas, abanando vigorosamente a cauda quando urinam, de modo a pulverizar a urina sobre os quartos e as patas traseiras. A fêmea geralmente agacha-se e urina quando o macho se aproxima. O macho cheira a urina no chão, ou na vulva, e apresenta a reação olfactiva conhecida como "flehmen", mantendo a cabeça na posição vertical e desviando a almofada dentária superior e os incisivos inferiores (Abdel-Rahim e El-Nazier 1992).

Antes da cópula, o macho tenta fazer com que a fêmea se sente, mordendo-lhe os ombros e pressionando-lhe o pescoço com os seus. Durante a cópula, ambos os sexos adoptam uma postura de cócoras e o macho agarra a fêmea com as patas dianteiras. A cópula dura entre 7 e 22 minutos e é acompanhada de espuma oral, gorgolejo vocal, protrusões intermitentes do palato mole por parte do macho e balidos por parte da fêmea (Leese, 1927, Rai et al., 1988; Singh e Prakash, 1964). Estas actividades são intercaladas por vários ataques de empurrões pélvicos do macho (Agarwal e Khanna, 1990), com as correspondentes respostas vocais mais altas da fêmea.

A ereção do pénis não ocorre durante o cortejo na posição de pé, o que indica que os preliminares e um determinado período de tempo para a excitação total não são necessários para uma reprodução bem sucedida no camelo (Abdel-Rahim e El Nazier, 1992).

As fêmeas que acasalaram com sucesso duas ou três semanas antes ficam imóveis com a cauda levantada numa posição erecta caraterística quando se aproximam do macho e continuam a mostrar esta postura durante toda a gravidez quando se aproximam do macho (Abdel-Rahim e El Nazier, 1992).

TRACTO REPRODUTOR FEMININO

Os ovários

O tamanho e a forma dos ovários de camelo variam com a idade e com o teor de folículos e corpos lúteos (CL). Nas fêmeas nulíparas em anoestro, os ovários são ovais ou circulares e lateralmente achatados. A superfície é irregular com muitos folículos pequenos de 3-5 mm de diâmetro. Cada ovário pesa 3-4 gms e mede 2-3 cm de comprimento, 2-2,5 cm de largura e 5-9 mm de largura. Nas camelas multíparas, a presença de corpos albicantia de diferentes tamanhos e em diferentes fases de regressão provoca uma distorção acentuada do contorno dos ovários (El-Wishy, 1992).

Os Oviductos

O oviduto do camelo tem 25-28 cm de comprimento. O istmo é menos enrolado do que a ampola e a parte ovariana da trompa de Falópio. As fímbrias encontram-se na bursa a uma curta distância do ovário. O lúmen da ampola tem 4 a 5 cm de diâmetro na sua abertura ovariana, nas profundezas das fímbrias. O lúmen do istmo tem 1 a 2 mm de diâmetro. Cada oviduto abre-se nos cornos uterinos por um orifício estreito no cume de uma papila com 3 a 4 mm de altura (Tayeb, 1953).

O útero

O útero da camela tem forma de T em vez de Y. O corno direito é mais curto do que o esquerdo e o corpo do útero é relativamente curto (Smuts e Bezuidenhout, 1987), mesmo nas fêmeas nulíparas e praticamente todos os coceptos se implantam no corno esquerdo, independentemente do lado da ovulação. A divisão entre os cornos uterinos é pronunciada e prossegue bem para trás no corpo uterino, de modo que a bifurcação é frequentemente apenas 2 a 4 cm cranial ao orifício interno do colo do útero. A fase do ciclo ovárico tem um efeito profundo na forma e na tonicidade do útero do camelo dromedário. A fase folicular é acompanhada por um tónus miometrial pronunciado e uma curvatura mínima dos cornos uterinos. Na fase lútea, por outro lado, a ondulação é mais pronunciada e o tónus é menor durante o estro e aumenta progressivamente no diestro e especialmente após o 18° dia de gestação (Ginther, 1979). A membrana mucosa do corpo uterino e os dois cornos são lisos e não têm cotilédones (Shalash, 1965).

O colo do útero

O canal cervical projecta-se cerca de um centímetro posteriormente na vagina, formando duas cavidades cegas, uma situada dorsalmente e a outra ventralmente. O comprimento e o diâmetro médios do canal cervical durante a atividade folicular foram registados como 5,32 + 0,98 e 5,96 + 0,92 cm, respetivamente, ao passo que durante a inatividade ovárica o comprimento e o diâmetro foram registados como 4,96 + 1,25 e 5,79 + 0,99 cm. A mucosa cervical está dividida em várias pregas mucosas longitudinais. Além disso, observam-se duas a seis pregas mucosas anulares completas e incompletas. A mucosa cervical dobrada é revestida por epitélio colunar simples a colunar estratificado que reage positivamente com as colorações Period Acid Schiff· s (PAS) e Alcian Blue (AB), especialmente na sua metade apical. A submucosa própria do colo do útero é altamente vascularizada e apresenta criptas secretoras ramificadas (Ali et al., 1992).

A Vagina

A mucosa da parte cranial da vagina apresenta pregas mucosas longitudinais, bem como duas ou oito pregas musculo-mucosas circulares. As fibras musculares das pregas circulares correm paralelamente ao longo eixo das pregas. O epitélio vaginal é escamoso estratificado fino, não queratinizado, e apresenta grânulos PAS positivos nas células das camadas superiores. Na parte mais cranial da vagina, as camadas de células escamosas desaparecem e o epitélio torna-se de transição para colunar estratificado. O tecido linfoide e as criptas que envolvem material PAS e AB positivo são observados no estroma vaginal (Ali et al., 1992).

A Placenta

A placenta no dromedário é de natureza difusa, como na égua, e não cotiledonar como nos ruminantes. A membrana coriónica é espessa, estando coberta por gavinhas curtas, semelhantes a arbustos, ou vilosidades, nas quais por vezes ocorrem ligações arterio-venosas (Shalash, 1965).

PADRÃO DE ONDA FOLICULAR OVÁRICA NA FÊMEA DE CAMELO

A maior parte dos investigadores concluíram que as ondas de crescimento folicular, maturação e atresia ocorrem durante a época de reprodução. A duração destes eventos pode variar consoante a latitude, a fase da estação, a idade e o estado nutricional do camelo (El-Wishy, 1987). É difícil definir claramente um período de maior recetividade sexual em relação a qualquer fase do ciclo de crescimento folicular no camelo dromedário. Foram descritas ondas de folículos em crescimento (2-14 dias; média = 6 dias), maduros (5-19 dias; média = 8 dias) e em regressão (7-10 dias; média = 8 dias) (Musa e Abusinenia, 1978b). Quando a regressão está completa, inicia-se outra onda de desenvolvimento folicular que segue o mesmo padrão. Dois ou mais folículos de tamanhos diferentes são frequentemente encontrados nos ovários de camelos não acasalados (El-Wishy, 1992). Durante a fase folicular em camelos, a concentração basal de LH é de 2,7 ± 1,2 ng /ml. 4 horas após a inseminação, ocorrem valores de pico de 6,9 ± 1,0 ng /ml. Além disso, um pico menor de LH (5,4 ± 2,5 ng/ml) aparece 1 dia antes do início da regressão do folículo, em camelos não acasalados. Durante a fase folicular, os valores plasmáticos periféricos de progesterona são baixos (0,36 ± 0,28 ng/ml), mas os valores aumentam até atingir 1,73 ± 0,74 ng/ml aos 3 dias e 2,4 ± 0,86 ng/ml aos 7 dias após a ovulação. As concentrações plasmáticas de estradiol-17-beta são de 26,8 ± 9,0 pg /ml durante a fase folicular e de 30,8 ± 5,1 pg /ml quando o folículo está no tamanho máximo. Os valores diminuem após a ovulação, mas aumentam para 29,8 ± 6,5 pg /ml 3 dias depois (Xu et al., 1985).

Histologicamente, as células da granulosa dos folículos grandes estão dispostas em colunas que se irradiam a partir da membrana basal. Um rico leito de capilares encontra-se entre as células epiteliais da teca interna e as células fusiformes da teca externa. Uma área de tecido conjuntivo frouxo separa a teca externa e o estroma ovárico denso (El-Wishy, 1992).

Desenvolvimento e regressão de corpora lúteos

A ovulação no camelo é induzida pelo acasalamento (Chen et al., 1985; Elias et al., 1984) e o CL que se forma após um acasalamento estéril tem uma vida curta (Marie e Anouassi, 1987; Musa e Abusinenia, 1978b), desenvolvendo e regredindo os corpos lúteos raramente são vistos em camelos não grávidas.

Pouco depois da ovulação, surge na superfície do ovário uma área hemorrágica escura com 10-15 mm de diâmetro. Ao seccionar esta área, observa-se uma parede espessada e luteinizada que rodeia um hematoma central, semelhante ao CL em desenvolvimento na égua (Ginther, 1979). Alguns dias depois, o CL jovem e maduro torna-se castanho-avermelhado e projecta-se da superfície do ovário. Tem um diâmetro de 12-15 mm e pesa 1,5-2 g. O CL em regressão é de cor castanha clara a carnuda e tem uma consistência firme. Microscopicamente, grandes células granulosas poligonais contendo grânulos finos e um citoplasma ligeiramente corado formam a massa principal do CL. Têm núcleos grandes, esféricos, vesiculados e localizados centralmente, com nucléolos proeminentes. Pequenas células luteínicas de origem tecal, com citoplasma denso e acidófilo e núcleos redondos com coloração escura, formam uma parte menor do CL (El- Wishy, 1992).

Alterações dos ovários durante a gravidez

Os folículos em crescimento (5-15 mm de diâmetro) são observados frequentemente durante os primeiros 90 dias de gravidez, mas só ocasionalmente a partir daí. Em contraste com a rápida regressão do corpo lúteo formado após um acasalamento estéril, ocorre um aumento definitivo do tamanho do corpo lúteo nas fases iniciais da gestação. Assim, em animais prenhes encontram-se CLs grandes e bem desenvolvidos (El-Wishy et al., 1981; Tayeb, 1948). A medição da concentração de progesterona no leite (Abdel-Rahim e El Nazier, 1987) ou no soro fornece uma indicação útil de gravidez antes de se poderem reconhecer alterações palpáveis no útero (El-Wishy, 1988). Tal como os folículos, o CL da gravidez sobressai de forma proeminente, acima da superfície do ovário. Em secção transversal, um tampão central de tecido conjuntivo é uma caraterística consistente. A presença de dois (ocasionalmente três) corpos lúteos num ou em ambos os ovários é frequente em camelos gestantes (El-Wishy, 1992). Neste aspeto, o ovário esquerdo é mais ativo do que o direito. Encontram-se fetos gémeos nos primeiros estádios da gravidez, mas um deles morre por volta do dia 40 a 45, quando o seu comprimento corporal é de cerca de 30 mm. Na maior parte dos casos, os gémeos CL têm tamanhos bastante iguais.

Por vezes, no entanto, um dos corpos lúteos é marcadamente mais pequeno (5-10 mm de diâmetro) e pode não ter o tampão central de tecido conjuntivo que indica a ovulação. Assim, parece possível que a luteinização folicular possa ocorrer durante a gravidez no camelo. A regressão destes corpos durante a gestação é provavelmente a fonte do número excessivo de corpos albicans encontrados nos ovários de camelos mais velhos, que não pode ser explicado pelo número de gestações possíveis para essa idade (Arthur et al., 1986). Os ovários direito e esquerdo tendem a alternar a sua atividade ovulatória.

A regressão do CL da gravidez ocorre durante um período prolongado após o parto no camelo. Isto contrasta com a situação nos bovinos, onde a CL da gravidez regride rapidamente e normalmente não é palpável no reto no 14º dia pós-parto (Marrow et al., 1968). Sete dias após o parto no camelo dromedário, o CL ainda está presente e permanece esférico. Em secção, a cápsula mais externa tem 1 mm de espessura e o tecido luteínico permanece de cor castanha clara. Com o tempo, a cápsula externa torna-se mais espessa e o núcleo fibroso concêntrico torna-se relativamente mais largo. A diminuição do tamanho é, no entanto, lenta e os corpos albicans duros, protuberantes, esféricos, comprimidos lateralmente (10 a 15 mm) ou em forma de botão (5 a 8 mm) são frequentemente encontrados em órgãos genitais completamente involuídos de camelos multíparos. Em contrapartida, o crescimento folicular é raramente encontrado nos ovários de camelos pós-parto, nos quais o útero ainda não involuiu. Histologicamente, os corpos albicans no início do período pós-parto são caracterizados por células com citoplasma encolhido e vacuolizado e núcleos picnóticos, juntamente com arteríolas de paredes espessas. Quando a regressão é mais avançada, as células parenquimatosas apresentam hialinização e as arteríolas de paredes espessas são por vezes obliteradas (El-Wishy, 1992).

GRAVIDEZ

O período de gestação é de 365 a 410 dias (média de 370 dias). Quando se trata de um feto do sexo masculino, o período é inferior em 3 a 4 dias. Numa primeira gravidez, o período é superior em 15 a 20 dias. Cerca de 6 meses após a conceção, a camela pode mostrar indícios de gravidez, como o aumento do ventre e letargia geral. medida que se aproxima a altura do parto, a camela pode por vezes apresentar edema no ventre e nas pernas, aumento do tamanho do úbere, algum inchaço à volta da vulva e depressão de cada lado da raiz da cauda (Rathore, 1986).

Embora os ovários esquerdo e direito funcionem de forma igual, cerca de 99% das gravidezes ocorrem no corno uterino esquerdo e no corpo uterino. Isto deve-se à migração embrionária do corno direito para o esquerdo e parece ocorrer quando o ovário direito ovula e o esquerdo não. Quando ambos os ovários ovulam no mesmo cio, os embriões desenvolvem-se inicialmente em ambos os cornos, mas o do corno direito morre quando atinge um tamanho de dois ou três centímetros. Esta morte selectiva do embrião do corno direito ocorre apesar da coalescência dos córions dos dois conceptos. No entanto, a anastomose vascular não ocorre como no bovino. Não há registo de um freemartinismo no pequeno número de gémeos nascidos. A incidência de ovulação gemelar é de 14% e os gémeos nascem em apenas 0,4% de todos os nascimentos (Musa, 1969).

Os resultados obtidos por histeroscopia vídeo-endoscópica revelaram (Skidmore et al., 1992b) que, nos dromedários, o cocepto começa a alongar-se antes do 20.o dia. Depois estende-se para ocupar todo o corno uterino esquerdo entre os dias 20 e 25, com uma extensão adicional que resulta na ocupação de todo o corno uterino direito entre os dias 25 e 35. Isto é muito mais rápido do que a taxa de extensão alantocoriónica na égua que, tal como o camelo, produz uma placenta microcotiledonar difusa e não invasiva, que não se fixa ao endométrio em toda a superfície interna do útero até ao dia 85 a 90 de gestação (Allen, 1982). Esta rápida taxa de alongamento e fixação da placenta no camelo é semelhante à dos ovinos e bovinos (Moor, 1968). Nestas espécies de ruminantes, no entanto, o contacto íntimo e a troca placentária estão reservados às protuberâncias endometriais discretas conhecidas como cotilédones, que estão ausentes nos camelos (Arthur et al., 1989). Duas outras características do desenvolvimento do concepto foram observadas com o videoendoscópio (Skidmore et al., 1992b). Primeiro, ocorre um alongamento considerável do alantocório do concepto antes de se acumularem fluidos suficientes para distender o córion e forçá-lo contra o epitélio endometrial, facilitando assim a fixação de microvilosidades e a placentação verdadeira e permanente. Pode especular-se que esta extensão precoce do alantocoro pode ser necessária para proporcionar um contacto direto suficiente entre o trofoblasto e a superfície endometrial para permitir a transmissão direta do sinal materno de reconhecimento da gravidez (Short, 1969) ao endométrio, impedindo-o assim de libertar prostaglandina F2 (Allen, 1982).

A segunda descoberta de interesse foi a presença de estruturas que parecem ser uma espécie de homólogos dos hipomanes equinos. Estas estruturas não foram registadas na placenta a termo do camelo (Arthur et al., 1986), pelo que a sua origem e destino durante as fases iniciais da gravidez têm de ser exploradas.

A quantidade de líquido alantóico aumenta rapidamente, passando de cerca de 1,5 litros no comprimento do corpo fetal de 0-10 cm para aproximadamente 5 a 6 litros no comprimento do corpo fetal de 11-20 cm. Este volume é mantido de forma relativamente constante até o comprimento do corpo fetal atingir 90-100 cm, altura em que aumenta para 6 litros e, finalmente, no comprimento do corpo fetal 101-107 cm, o volume alantóico é de cerca de 8,5 litros. O líquido alantóico assemelha-se a urina clara e, por vezes, contém hipomanes castanho-amareladas. O volume do líquido amniótico aumenta de 13 ml no comprimento do corpo fetal de 0 a 10 cm para um volume final de quase um litro, sendo a sua quantidade sempre pequena em relação ao líquido alantóico. O líquido amniótico é geralmente aquoso, mas por vezes turvo, com pedaços castanhos de mecónio e hipomanes (Arthur et al., 1989).

A partir da fase de gestação, o comprimento do corpo do feto é de 41,0 cm (Musa, 1969), que observou a existência de duas membranas amnióticas: o âmnio propriamente dito, que continha o líquido amniótico, e uma membrana interna que envolvia o feto muito intimamente, exceto no seu orifício, que se abria diretamente para a verdadeira cavidade amniótica.

DIAGNÓSTICO DE GRAVIDEZ

Um aspeto prático de qualquer método indireto de diagnóstico de gravidez no camelo é que este terá quase de certeza de ser imobilizado numa posição sentada para se obter uma amostra de sangue ou de urina e para se fazer uma exploração rectal para o diagnóstico de gravidez.

O único método suficientemente investigado para ser recomendado é o método clínico de palpação rectal (Arthur et al., 1986; Barmintsev, 1951). No dromedário, a técnica de palpação dos órgãos genitais é a mesma que na vaca. É importante recordar as seguintes características que são peculiares aos camelos: (a) os corpos lúteos grandes só estão presentes durante a gestação; (b) 99% das gestações ocorrem no corno uterino esquerdo; (c) o corno direito vazio (ou no início da gestação) é congenitamente mais curto do que o esquerdo; e (d) a quantidade de fluido fetal em todas as fases é menor do que na vaca (Musa e Abusineina, 1976; Musa e Abusineina, 1978a).

Do que precede resulta que a presença de um CL num ou em ambos os ovários constitui uma indicação muito forte de gravidez. Presumivelmente, no entanto, um CL poderia desenvolver-se após um acasalamento estéril e seria também de esperar, inicialmente, em casos de morte embrionária recente; mas em ambos os casos seria pouco provável que o CL persistisse. O aumento palpável do corno uterino grávido (esquerdo) no dromedário só pode ser detectado na oitava semana, quando todo o corno esquerdo está aumentado. Nesta altura, ambos os ovários (um ou ambos com CL), juntamente com o útero, estão dentro da pélvis. É de notar que, devido ao facto de a placenta do camelo não ser cotiledonar, não é possível deslizar a membrana fetal entre o polegar e os dedos de palpação, como acontece na vaca. Por volta da oitava semana, a inspeção vaginal ou a palpação revela um tampão de muco adesivo no os uteri externum.

No final do terceiro mês, o corno esquerdo grávido é claramente maior, mais macio e está à frente do corno direito não grávido; está na borda pélvica e o ovário correspondente está no abdómen. No quarto mês, o útero está mesmo à frente da borda pélvica, mas a maior parte dele pode ser sentida. Um mês mais tarde, os limites do útero não podem ser definidos, embora a sua superfície dorsal ainda seja palpável. Durante o sexto mês e durante o resto da gravidez, o feto pode ser sentido e o ovário do lado não grávido (direito) pode ser palpado até ao décimo ou décimo primeiro mês. A partir do sétimo mês, é possível identificar partes individuais do feto, nomeadamente a cabeça e as pernas

A observação externa do flanco direito da fêmea revela movimentos fetais espontâneos a partir do nono mês e o feto pode ser observado externamente a partir do décimo mês. No décimo primeiro mês, a vulva está ligeiramente inchada e o crescimento do úbere é visível pela primeira vez. No mês seguinte, verifica-se um aumento evidente do abdómen e o camelo torna-se letárgico. Os ligamentos sacro-saciais começam a relaxar e a palpação rectal revela que o útero se projecta para trás e ocupa os dois terços anteriores da bacia. Finalmente, no décimo terceiro mês, o relaxamento dos ligamentos sacro-saciais é pronunciado, a tumefação da vulva é marcada e há um aumento muito maior do úbere. O feto pode ser balançado pelos dois flancos.

Foi identificada a presença de atividade folículo-estimulante no sangue de camelas prenhes de fetos com um comprimento de corpo fetal de 11 a 85 cm (Musa e Abusineina, 1976). Estes últimos autores não encontraram qualquer período de desenvolvimento folicular comparável ao que ocorre na égua. Também não viram nada que se assemelhasse às taças endometriais no útero do camelo, que são a fonte da hormona folículo-estimulante da gravidez equina. Este assunto precisa de ser mais investigado para ver se tem alguma aplicação, mesmo que

limitada, no diagnóstico de gravidez em camelos.
Verificou-se que o teste de Cuboni para a deteção de estrogénios na urina pode ser aplicado com êxito no camelo, tal como na égua. Deve notar-se, contudo, que na égua este teste só pode ser utilizado a partir do meio da gravidez. Na égua, acredita-se que a fonte dos estrogénios da gravidez são as gónadas fetais marcadamente aumentadas que atingem um tamanho enorme no cavalo.
Uma vez que se sabe que os corpos lúteos bem desenvolvidos só estão presentes durante a gestação e que o nível de progesterona >1,0 ng/ml só é atingido após o acasalamento fértil (Elias et al., 1984), os ensaios de progesterona no sangue ou no leite podem ser uma ferramenta valiosa para o diagnóstico de gestação em camelos.
O diagnóstico precoce da gravidez é muito importante para o êxito da aplicação de tecnologias modernas de reprodução, como a inseminação artificial e a transferência de embriões. As alterações estruturais significativas no trato reprodutivo das fêmeas, mesmo durante a gestação, podem ser visualizadas através da deteção de imagens ultra-sónicas (Schels e Mostafawi, 1978; Tinson e McKinnon, 1992)· e da monitorização videoendoscópica (Skidmore et al., 1992b).
Para a ecografia, o transdutor de matriz linear é introduzido no reto evacuado e rodado lentamente da esquerda para a direita, de modo a que a "cortina" de som de alta frequência passe sobre o corpo e os dois cornos do útero, bem como sobre ambos os ovários. Durante a gravidez nas camelas dromedárias, o concepto é identificado pela primeira vez no 17.o ou 18.o dia após a ovulação, como um típico "buraco negro" no lúmen uterino. Por volta dos dias 20-21, o concepto aparece como uma acumulação discreta e facilmente reconhecível de fluido do concepto, cujo diâmetro e linha de saída variam consideravelmente em diferentes partes do corno uterino. O embrião propriamente dito é reconhecido pela primeira vez nesta fase como uma pequena "bolha" ecogénica na região central do concepto, aparentemente ligada ao endométrio na região ventral do útero. O batimento cardíaco embriogénico é detectado pela primeira vez por volta do 22º ou 23º dia, como um movimento rápido e rítmico no centro do embrião ecogénico (Skidmore et al., 1992b).
A histeroscopia videoendoscópica durante o início da gravidez na camela é uma ferramenta interessante para fins de investigação descritiva e investigativa. A histeroscopia videoendoscópica é um novo método para observar o interior da vagina, do colo do útero e do útero em espécies animais de grande porte não grávidas e para monitorizar o desenvolvimento fetal e recuperar amostras de fluidos e tecidos fetais para investigações durante a gravidez. O videoendoscópio flexível utiliza uma potente fonte de luz de xénon, cujos raios passam por um filtro estroboscópico rotativo antes de passarem pelo endoscópio através de um feixe de fibras de vidro agrupadas. Os raios reflectidos pelo objeto que está a ser visualizado voltam a passar através de uma lente para um microchip com dispositivo de carga dupla (CCD) na ponta anterior do endoscópio. Este converte os raios de luz em sinais electrónicos para serem transmitidos de volta para o endoscópio. Os sinais passam então por um processador de vídeo, que os reconverte para formar uma imagem integrada no monitor de vídeo. O videoendoscópio proporciona uma luminosidade, profundidade de focagem e reprodução de cores muito melhores do que o endoscópio de fibra ótica convencional e tem a grande vantagem de permitir que várias pessoas assistam simultaneamente e discutam o exame (Skidmore et al., 1992b). O processo de endoscopia geralmente interrompe a gravidez. Por conseguinte, não é um procedimento recomendado para o diagnóstico de rotina da gravidez. A ultrassonografia, por outro lado, é um método seguro e preciso para o diagnóstico de eventos reprodutivos importantes, incluindo o diagnóstico de gravidez.

PARTURIÇÃO

Sabe-se que as camelas em gestação avançada, com o abdómen distendido e os úberes dilatados, estão próximas do parto quando há leite nas tetas e a vulva está inchada. A primeira fase do trabalho de parto dura 24 a 48 horas e caracteriza-se por uma inquietação intermitente. O período de expulsão dura em média meia hora e durante esse período a camela adopta uma postura sentada. Quase 100% das apresentações são anteriores. Há crises de esforço em intervalos de 1/2 a 1 minuto e o alanto-coro rompe-se antes de atingir a vulva. O nariz do feto, coberto pelo âmnio, aparece primeiro do que os pés do feto (como nos outros ruminantes e no cavalo). Com mais esforços expulsivos, uma pata dianteira e depois a outra emergem ao lado da cabeça do feto, e mais esforços levam à emergência completa da cabeça e, quase simultaneamente, o resto do corpo é expelido. O nascimento parece ser mais fácil do que na égua e na vaca, o corpo do feto está bem lubrificado e bem alinhado, enquanto a mãe não é sobrecarregada pelos seus esforços de expulsão (Arthur et al., 1986).
O cordão umbilical rompe-se quando a cria se afasta da mãe, ou quando a mãe se levanta. Ela cheira e mordisca o vitelo mas não o lambe como fazem os ruminantes. A terceira fase do parto dura geralmente menos de meia hora e durante a qual a mãe mostra uma inquietação intermitente, podendo levantar-se e deitar-se várias vezes. O pós-parto emerge progressivamente e inclui grandes sacos de retenção que contêm um litro ou mais de líquido fetal, que provavelmente exercem uma atração gravitacional sobre a parte do pós-parto que ainda está presa. Por vezes, as membranas fetais podem ser completamente expelidas muito pouco tempo depois do feto. As membranas não são geralmente ingeridas pela mãe. A cria de camelo consegue pôr-se de pé, depois de muitas tentativas infrutíferas, meia hora após o nascimento (Arthur et al., 1986).

MELHORIA DA REPRODUÇÃO DOS CAMELOS

Não é possível que os camelos produzam uma cria todos os anos, devido ao longo período de gestação e à época de reprodução relativamente curta. No entanto, o desempenho reprodutivo dos camelos pode ser melhorado se se mantiverem os animais em boas condições corporais, fornecendo-lhes uma alimentação satisfatória. Deveria ser mantido um número adequado de machos na manada para cobrir as fêmeas durante a época de reprodução e a fertilidade dos machos reprodutores deveria ser avaliada na medida do possível. É também razoável considerar tecnologias modernas de reprodução, como se verá mais adiante. A mortalidade neonatal é a principal limitação da produtividade do efetivo no sistema pastoril de criação de camelos. É muito importante reduzir ao mínimo as perdas neonatais.

Indução do cio e gestão da reprodução

Durante o cio, que dura quatro a cinco dias, os níveis plasmáticos de estrogénio são elevados, enquanto as concentrações de progesterona são sempre baixas (El-Wishy, 1987). Nas fêmeas não acasaladas, o folículo maduro torna-se atrético e uma nova onda folicular inicia rapidamente um novo período de cio e de recetividade sexual. Foi observado (Marie e Anouassi, 1986) que a ovulação pode ocorrer em fêmeas expostas à visão, ao som e ao cheiro de um macho após uma ausência prolongada. No entanto, as medições de progesterona plasmática nesses animais indicam um curto período de vida do CL resultante, como é o caso das fêmeas que ovulam após um acasalamento estéril (Elias, 1990). Um CL totalmente desenvolvido e funcional está normalmente associado à gravidez.

Em muitas espécies, a preparação do folículo com progesterona é um pré-requisito importante para o desenvolvimento normal do CL. Consequentemente, o primeiro cio após a puberdade ou no início da nova época de reprodução, nas ovelhas e cabras, e o primeiro cio após o parto, nas vacas, dá frequentemente origem a um CL de curta duração, pelo que o acasalamento é seguido de aborto precoce devido a luteólise prematura.

No camelo dromedário, um único feto pode frequentemente desenvolver-se no útero com mais do que um CL presente nos ovários (Shalash, 1965). Existe uma distinção entre CL grávidas e não grávidas (Arthur e Tagani, 1990) e, no início da época de reprodução, muitos acasalamentos férteis ocorrem 12-13 dias após um acasalamento estéril (Marie e Anouassi, 1987). Todas estas observações apoiam, indiretamente, o conceito de que a ausência de qualquer preparação dos folículos com progesterona induz um CL de curta duração que, por sua vez, é responsável pelo insucesso da gravidez no primeiro cio da época de reprodução.

Injecções únicas de gonadotrofina coriónica equina (eCG) em doses que variam de 1.000 a 8.000 i.u. podem induzir o cio tanto na estação reprodutiva como na estação não reprodutiva, mas o número de gravidezes obtidas com esta terapia é muito baixo (Elias et al., 1985; Rai et al., 1990; Yagil e Etzion, 1984). As camelas que conceberam para acasalamento durante o primeiro cio após o tratamento com eCG apresentaram uma elevada taxa de perda de gravidez (75%) subsequentemente, enquanto que as que foram acasaladas no cio seguinte mantiveram uma taxa de gravidez muito mais elevada (Rai et al., 1990).

É possível adiantar a época de reprodução limitada do camelo dromedário através de um único tratamento com 2.000 UI de eCG, isoladamente ou em associação com progesterona. Também foi demonstrado que o crescimento folicular pode ser estimulado por tratamento hormonal em camelos em todos os estados reprodutivos, incluindo animais virgens, abortados e lactantes. Verifica-se uma taxa de gravidez mais elevada nas camelas tratadas antes do início da época de reprodução do que nas camelas tratadas de forma semelhante durante a própria época. Os acasalamentos repetidos observados nas fêmeas pós-parto tratadas apenas com eCG durante a época podem estar relacionados com uma redução do tempo de vida do primeiro CL induzida pelo tratamento. Os resultados obtidos com a injeção de eCG em associação com progesterona são ligeiramente melhores do que os obtidos apenas com eCG em todas as categorias de camelos (Minoia et al., 1992).

Inseminação artificial em camelos

Tal como noutras espécies, a inseminação artificial (IA) é um instrumento útil para o melhoramento genético rápido do camelo. Os camelos oferecem mais vantagens do que qualquer outro gado para a utilização de técnicas de IA para melhorar as características genéticas, como o leite, a carne, a produção de pelo e a capacidade de corrida. Uma vez que as fêmeas demonstram um cio contínuo, estão prontas para a inseminação em qualquer altura, desde que a ovulação seja corretamente induzida (Williamson e Payne, 1987).

Foram comunicados alguns estudos pioneiros sobre a utilização da inseminação artificial em camelos (Chen et al., 1990; Sieme et al., 1990). Foi registada uma taxa de fertilidade notável. Uma das principais dificuldades da inseminação artificial em camelos é assegurar que os animais inseminados ovulam. É necessário mais trabalho para determinar a quantidade mínima necessária de sémen natural na dose inseminante, se o serviço de um macho vasectomizado pode induzir regularmente a ovulação e até que ponto as preparações hormonais, como a gonadotropina coriónica humana (hCG) e a GnRH, são fiáveis para estimular a ovulação. A sincronização do cio torna a inseminação artificial mais conveniente (Arthur, 1992).

Deteção de cio

O cio no camelo pode ser facilmente reconhecido pela inquietação, inchaço e secreção mucosa da vulva e pelo balido da fêmea (Khan e Kholi, 1973; Novoa, 1970; Yasin e Wahid, 1957). Aparentemente, quando os folículos maduros estão disponíveis no ovário, a fêmea fica disposta a aceitar o macho. A fêmea em cio procura o macho, fica ao lado dele, torna-se inquieta, abana a cauda e está pronta para ser montada. As fêmeas que não estão no cio não montam outras que estão no cio, mas correm atrás delas de forma brincalhona e tentam morder-lhes a vulva. Os machos procuram as fêmeas pelo cheiro, normalmente cheirando ao longo do pescoço e não na vulva (Williamson e Payane, 1987). Ao aproximar-se de um macho ou ao ouvir a voz gorgolejante de um macho em cio, a fêmea move a cauda para cima e para baixo numa sucessão rápida (Arthur et al., 1986).

A deteção do cio pode ser facilitada pela introdução de um macho ou de um macho vasectomizado junto das fêmeas encurraladas e pela observação do seu comportamento caraterístico (Anouassi et al., 1992). Não se sabe se o momento do início e da cessação do cio nas camelas é controlado por alterações diurnas. Há boas provas de que se observam mais sinais de cio durante as horas nocturnas nos bovinos, talvez quando os animais são menos perturbados (Arthur et al., 1986).

O ciclo de cio no camelo é folicular e os valores crescentes de estrogénios durante o desenvolvimento folicular são provavelmente os estímulos para o cio comportamental (Homeida et al., 1988). Durante o ciclo folicular, a concentração de estradiol-17-beta no soro varia entre 9 e 110 pg /ml. No início do cio, o nível máximo de estradiol (74,7±6,61 pg /ml) foi mantido por três dias (Elias et al., 1984). A concentração média de estradiol no sangue é de 26,8±9,0 pg/ml quando os folículos estão completamente maduros. Este nível diminui imediatamente após a ovulação (Gao et al., 1987).

Sincronização do estro

Uma vez que a deteção eficaz do cio exige muito tempo, trabalho, competências e despesas, tem sido frequentemente apontada como um dos principais factores que limitam a utilização generalizada da IA em bovinos. Por conseguinte, a eliminação da deteção de cios nos programas artificiais foi o principal estímulo que levou à investigação e desenvolvimento de compostos de prostaglandinas e progestagénios que têm a capacidade de controlar o cio sem afetar a fertilidade do animal (Wenkoff, 1986). Foi efectuada uma extensa investigação e desenvolvimento no domínio da sincronização do cio e da reprodução controlada em bovinos, mas não em camelos. O camelo é um ovulador induzido e oferece grandes perspectivas de sincronização natural do cio (Yagil e Etzion, 1984; Yagil e vonCreveld, 1990). A sincronização do cio pode resolver o problema da deteção do cio e torna a IA mais conveniente (Helmy, 1991; Minoia et al., 1992). A sincronização da ovulação pode ser conseguida com êxito através da utilização de um dispositivo intravaginal de libertação de progesterona (PRID; Sanofi Animal Health, Reino Unido), que é uma bobina flexível de aço inoxidável revestida com um elastómero inerte impregnado com 1,55 g de progesterona. Uma cápsula contendo 10 mg de benzoato de estradiol está ligada ao dispositivo. Quando colocados na vagina, os PRID constituem um método cómodo de administração de progesterona durante um longo período (Coopers et al., 1992; Skidmore et al., 1992a). A injeção de 100 mg de progesterona em óleo (progestina; Intervet (Aust) Pty Ltd, Sydney, Austrália) durante 10 a 15 dias também tem sido utilizada para sincronizar o cio em camelos dromedários (McKinnon e Tinson, 1992). Este tratamento limita o desenvolvimento folicular e proporciona um ambiente adequado para o recrudescimento da atividade folicular, que é mais tarde estimulado pelo tratamento com gonadotropinas no último dia da terapia com progesterona.

Indução da ovulação

A falha na ovulação é um dos principais factores que contribuem para as baixas taxas de fertilidade dos camelos (El-Wishy, 1987). O camelo é um ovulador induzido, sendo a ovulação induzida principalmente pelo coito (Cristofori et al., 1989; Homeida et al., 1988; Musa e Abusinenia, 1978b). No entanto, a estimulação mecânica, que desencadeia a ovulação em espécies como o gato e o coelho, não induz a ovulação no camelo (Elias et al., 1985; Musa e Abusinenia, 1978b; Musa et al., 1990). Também foi demonstrado que a ovulação tanto em camelos dromedários como em camelos bactrianos pode ser induzida através da deposição de sémen no útero (Chen et al., 1983; Musa et al., 1990).

Foi demonstrado que existe um fator indutor da ovulação no plasma seminal do camelo bactriano e que este fator é provavelmente uma proteína (Zhao et al., 1990). A ovulação no camelo pode ser induzida pelo plasma seminal, administrado por injeção intramuscular ou por inseminação vaginal (Pan et al., 1992). Quatro horas após a administração do plasma seminal, aparecem picos pré-ovulatórios de LH e FSH no sangue periférico e a ovulação ocorre 30-48 horas mais tarde (Zhao et al., 1990). No entanto, há uma opinião de que, pelo menos no camelo dromedário, a estimulação mecânica do colo do útero ou algum outro aspeto físico do coito também é importante para a indução da ovulação. Sugere-se que taxas de conceção aceitáveis após a inseminação só podem ser alcançadas se a ovulação for induzida de forma fiável (Anouassi et al., 1992).

Existe variação entre os indivíduos na resposta de cada fêmea à capacidade de determinados machos induzirem a ovulação. O sémen de todos os camelos não induz a ovulação (Chen et al., 1985; Marie e Anouassi, 1986). No entanto, LH, hCG, LHRH, GnRH, PMSG induzem 100% de ovulações (Chen et al., 1985). A ovulação induzida por hormonas ocorre um pouco mais cedo do que o acasalamento natural ou a inseminação; 36 horas em camelos (Chen et al., 1980). O tempo de ovulação não é muito diferente na IA ou após o acasalamento natural (36-48 horas), no entanto, a incidência de ovulação é de 87% e 100%, respetivamente (Chen et al., 1985).

Recolha, avaliação e preservação de sémen

Foram discutidos métodos de recolha, avaliação e preservação de sémen em camelos (Anouassi et al., 1992; Musa et al., 1992; Tingari et al., 1987). O sémen pode ser recolhido por electro-ejeculação (Ali et al., 1992) ou pelo uso de vagina artificial de touro (Anouassi et al., 1992; Billah e Skidmore, 1992). O volume de sémen recuperado por electroejaculação foi normalmente menor (3.9 ml) do que o recolhido por vagina artificial (7.5 ml) mas os outros parâmetros espermáticos (concentração espermática, motilidade espermática, percentagem de espermatozóides mortos, anomalias morfológicas e percentagem de anomalias acrossomais foram semelhantes (Merkt et al., 1990; Taha Ismail, 1988). Como a maioria dos revestimentos de borracha usados em vaginas artificiais têm efeitos deletérios sobre os espermatozóides de camelo, foi recomendado construir vaginas artificiais de tal forma que ou o sémen é ejaculado diretamente para o recipiente de recolha graduado ou um revestimento de plástico é inserido dentro do revestimento interno de borracha (Musa et al., 1992).

Foi registada uma variação considerável nas características do sémen do camelo dromedário (Billah e Skidmore, 1992). O sémen tinha um aspeto branco-acinzentado. Seu volume total varia de 2-8 ml. As concentrações de esperma variam de 256-440 X 10^6 /ml. A motilidade espermática no sémen cru, examinada 15 minutos após a colheita, varia entre 30-50 por cento e a motilidade é melhor preservada à temperatura ambiente diluindo o sémen 1:2 em leite desnatado/diluente de glucose contendo antibióticos.
O sémen de boa qualidade a ser usado para inseminação artificial em camelos deve ter pelo menos uma concentração de esperma de 331-325 X 10^6 /ml, e motilidade espermática de 49,7-50,5 por cento. A proporção de espermatozóides mortos não deve ser superior a 18-19 por cento, o total de espermatozóides mostrando anomalias morfológicas 27,4-27,7 por cento e espermatozóides mostrando anomalias no acrossoma 8,1-8,5 por cento (Merkt et al., 1990; Musa et al., 1992; Taha Ismail, 1988; Tingari et al., 1987).
A concentração de espermatozóides é geralmente medida com um hemocitómetro. A motilidade dos espermatozóides é avaliada utilizando um microscópio de contraste de fase com uma ampliação de X128, sendo a lâmina colocada numa plataforma aquecida (38° C). São usadas colorações comerciais padrão como Krass (Krass, 1952) para examinar a morfologia e o teste de cor Eosina de Bartmann (Bartmann, 1959), para registar a percentagem de espermatozóides mortos (Anouassi et al., 1992; Musa et al., 1992).
Foram experimentados diferentes extensores com sucesso variável para a conservação a curto prazo de sémen líquido. Os extensores contendo gema de ovo e lactose foram os mais adequados para a preservação líquida (a ser usada dentro de 36 horas) do sémen de camelo. Anouassi et al. (1992) e Musa et al. (1992) também estenderam o sémen com 11 por cento w:v de lactose e 20 por cento v:v de gema de ovo para uma concentração final de 50 X 10^6 /ml.
Foram avaliados diferentes métodos para congelar o sémen de camelo testando a motilidade e morfologia dos espermatozóides e o seu tempo de vida em solução de cloreto de sódio a 1 por cento a 38° C, depois de descongelado (Musa et al., 1992). O melhor método encontrado foi a modificação da técnica recomendada por Westendrof et al. (1975). De acordo com este método, o sémen cru a 20-30° C é diluído (1:1) com extensor de arrefecimento (contendo gema de ovo 20 partes e 11 por cento de lactose 80 partes) e arrefecido a +15° C durante 2,5 horas. O sémen diluído e arrefecido é ainda diluído com um extensor de congelação (extensor de arrefecimento 95,5 ml, glicerol 6 ml e emulsionante OEP-Equex 1,5 ml) para dar uma concentração final de esperma de 150 X 10^6 /ml. Este sémen é colocado em palhinhas e congelado durante 20 minutos em vapores de azoto líquido (+5° C a -120° C) e mergulhado em azoto líquido (-120° C a -196° C). O sémen foi diluído, arrefecido (4° C durante 90 minutos) e colocado em palhinhas de 0,25 ml e congelado em azoto líquido (Billah e Skidmore, 1992). Os últimos autores observaram motilidade vigorosa em alta proporção de espermatozóides, após um dia a 13 meses, estendida com meio comercial 'Laicipho' em comparação com dois outros meios comerciais usados por eles. Foi observada uma melhor qualidade do sémen pós-descongelamento em palhetas pequenas (0,25 ml), no entanto, palhetas maiores irão conter uma quantidade suficiente de plasma seminal para induzir a ovulação (Musa et al., 1992).

Momento ótimo de inseminação

Mesmo os melhores procedimentos para depositar o volume certo de sémen contendo o número certo de espermatozóides vivos no local certo são virtualmente inúteis se o momento da inseminação for errado. A vida do espermatozoide e do óvulo no trato reprodutivo feminino é um fator importante a ser considerado na determinação do momento da inseminação. Os espermatozóides têm normalmente uma vida mais longa do que os óvulos. Estudos in-vitro mostram que o esperma de camelo tem vida curta de 1-6 horas (Kasymov et al., 1982) a 0-4° C. Isto pode ser devido a alguma entidade metabólica inerente ou a sensibilidade ao frio do sémen de camelo, que tem alto conteúdo lipídico (El-Manna et al., 1986). No entanto, na natureza, a ovulação ocorre 36-48 horas após o acasalamento natural ou inseminação (Chen et al., 1985), o que possivelmente corresponde e indica a vida do esperma de camelo no trato reprodutivo feminino. Um fator que pode contribuir para o prolongamento da vida do esperma no trato reprodutor feminino do camelo é a presença de gel mucopolissacárido seminal nas glândulas bulbouretrais (Perk, 1962).
Os espermatozóides estão emaranhados no gel mucopolissacarídeo seminal e são lentamente libertados pela sua liquefação progressiva (Merlian et al., 1979). O tempo de liquefação do sémen de camelo varia entre 4,50 e 9,61 minutos (Abdul-Rouf e El-Naggar, 1976). O tempo de liquefação in-vivo e in-vitro precisa de ser estudado. Os espermatozóides têm de se capacitar antes de obterem a capacidade de fertilização. A literatura carece de informação sobre a capacitação e a reação acrosomal dos espermatozóides de camelo.
O momento adequado não envolve apenas o momento durante um período de cio mais adequado para a união bem-sucedida do óvulo e do espermatozoide, mas também envolve as condições cíclicas ideais do trato reprodutivo feminino que afetam a probabilidade de a fêmea conceber. Gupta et al (1978) e Musa et al (1992) recomendaram que o momento ideal para a inseminação com sémen fresco é o primeiro dia em que a camela mostra sinais de cio; a ovulação ocorre normalmente 24-36 horas mais tarde. No entanto, quando se insemina com sémen congelado, é bom inseminar duas vezes, com 24 horas de intervalo, para ter a certeza de que se fornece um fator indutor de ovulação suficiente. Os melhores resultados foram obtidos quando o sémen é inseminado 24 horas após o acasalamento com um macho vasectomizado (Anouassi et al., 1992).

Local de inseminação
A inseminação artificial no camelo pode ser vaginal ou uterina. O útero é bicorno. O colo do útero é dilatável e dois dedos podem ser facilmente introduzidos no mesmo na altura da atividade folicular. Isto sugere um fácil desvio do colo do útero pela pistola de IA para inseminação ou para transferência de embriões (Musa e Abusieina, 1978a). A incidência de ovulação após inseminações vaginais e uterinas profundas foi de 87% e 100%, respetivamente, o que reflecte a possibilidade de uma taxa de conceção mais elevada com a inseminação uterina em camelos (Chen et al., 1985).

Quantidade de sémen e número de espermatozóides para inseminar
A inseminação artificial é um instrumento de melhoramento genético rápido que utiliza o genoma superior do macho numa base populacional. Assim, ao explorar o genoma superior disponível para um número máximo de fêmeas, naturalmente surge o interesse no número de espermatozóides necessários por inseminação para taxas de conceção óptimas. O sémen de camelo é peculiar na medida em que cerca de 70-80 por cento do ejaculado é composto por secreções de glândulas sexuais secundárias. Isto torna o sémen muito espesso e gelatinoso imediatamente após a colheita. O volume do ejaculado varia de 2 a 10 ml (média de 3 ml) e a concentração de esperma é de cerca de 200-300 x 10^6 /ml em camelos dromedários (Anouassi et al., 1992).

Muito trabalho tem sido feito em gado leiteiro e o uso de 10x10^6 / ml., espermatozóides móveis por inseminação, para uma taxa de conceção óptima, é quase universal. No entanto, a informação disponível sobre camelos é limitada e está principalmente relacionada com estudos de ovulação. Nos camelos bactrianos, a inseminação com 1,2-4,0 ml de sémen de camelo, com 5-8 x 10^6 /ml de espermatozóides (na maturação dos folículos de Graffian) profundamente na vagina, todas as fêmeas ovularam 30-48 horas após a inseminação (Xu et al., 1985). Estes autores sugeriram que a menor quantidade de sémen necessária para provocar a ovulação é de 1,0 ml. Bons resultados também foram obtidos, em camelos dromedários, pelo uso de sémen diluído com um extensor contendo 11% de lactose w:v e 20% de gema de ovo v:v para uma concentração final de esperma de 50x10^6 / ml (Anouassi et al., 1992).

Técnica e equipamento de inseminação
A técnica de palpação rectal e o exame ginecológico do camelo foram descritos (Arthur et al., 1986; Mobarak e El-Wishy, 1971). A utilização de tubos de inseminação longos na primeira IA bem sucedida foi descrita em camelos (Elliot, 1961). Para a inseminação em camelos, pode ser utilizada uma pipeta de plástico descartável, como a utilizada para a inseminação em bovinos, ou um tubo de inseminação de borracha do tipo utilizado para a inseminação em equinos (Chen et al., 1985), inserido suavemente e o mais profundamente possível na vagina ou no útero. O sémen líquido pode ser injetado através do tubo por meio de uma seringa. Para o sémen congelado em palhinhas, deve ser utilizado o mesmo tipo de equipamento que para os bovinos.

O tubo de inseminação de borracha ou pistola de inseminação deve ter mais de 37 cm de comprimento em relação ao comprimento da vulva ao corpo uterino do camelo (Djang et al., 1988) ou simplesmente 42 cm de comprimento x 0,9 cm de diâmetro externo.

Ao contrário do que acontece com os bovinos, búfalos e outros animais de criação, os camelos são inseminados com contenção, de preferência na posição sentada. No entanto, alguns autores (Anouassi et al., 1992) inseminaram 32 camelos fêmeas na posição de pé utilizando sémen cru ou diluído, depositando o sémen no útero utilizando um cateter de inseminação de éguas guiado através do colo do útero por manipulação por via rectal. Os resultados sugerem que duas das seis fêmeas ovularam após a inseminação com o ejaculado inteiro de sémen fresco não diluído. Dois dos cinco camelos ovularam após a inseminação com sémen fresco diluído e seis camelos ovularam em dez que foram inseminados com 2 ml de sémen fresco diluído após o acasalamento com um macho vasectomizado.

Tecnologia de transferência de embriões
A tecnologia de transferência de embriões oferece muitas vantagens aos criadores comerciais de animais e é uma prática de rotina em várias espécies, incluindo a vaca, a ovelha, a cabra e o cavalo. O método oferece a possibilidade de aumentar a taxa global de progresso no melhoramento genético, de aumentar a produtividade de uma determinada fêmea e de encurtar o intervalo de gestação. Na criação de camelos, a transferência de embriões seria particularmente útil para aumentar o número de descendentes de combinações genéticas desejáveis de machos e fêmeas, quer se trate de corridas ou da produção de carne ou leite (Yagil e vonCreveld, 1990). Além disso, devido ao longo período de gestação do camelo (13 meses) e à sua época de reprodução restrita, a utilização judiciosa da transferência de embriões poderia aumentar a eficiência reprodutiva desta espécie.

Os resultados dos estudos preliminares destacaram alguns factos importantes sobre a transferência de embriões em camelos. Do lado positivo, mostram que a fêmea do dromedário pode superovular em resposta a preparações de gonadotropinas facilmente disponíveis e produzirá múltiplos embriões se for acasalada de forma óptima em relação ao crescimento folicular. Estes embriões podem ser transferidos não cirurgicamente para camelos receptores em fase lútea sincronizada, ou para camelos não ovulados tratados com progesterona, para conseguir algumas gravidezes. No entanto, o lado negativo é que a resposta superovulatória à terapia com gonadotripina exógena varia muito de camelo para camelo. Foi também observada a dificuldade de induzir e sincronizar a ovulação em grupos de camelos não acasalados para criar receptoras, o que revela taxas de gravidez decepcionantemente baixas após a transferência não cirúrgica de embriões para as receptoras. Por último, a dificuldade de induzir as fêmeas de camelo a entrar nas celas e o grande ressentimento dos camelos em relação à penetração rectal e/ou vaginal tornam os processos de recuperação e transferência de embriões manipulativamente difíceis (Skidmore et al., 1992a).

Um outro problema potencial para a transferência de embriões na camela diz respeito ao tempo de vida do corpo lúteo, à natureza do sinal de reconhecimento materno da gravidez que assegura a manutenção da sua função durante a gravidez (Short, 1969) e ao momento após a ovulação em que o embrião em desenvolvimento transmite esta mensagem de importância vital ao organismo materno. A medição dos perfis de progesterona no plasma periférico de camelos, nos quais a ovulação foi induzida hormonalmente ou por um acasalamento estéril, mostra uma queda abrupta dos níveis até à linha de base cerca dos dias 9 e 10 após a ovulação (Agarwal e Khanna, 1990; Marie e Anouassi, 1987). Isto sugere que, no animal grávido, um conceptus viável deve estar presente no útero e libertar o seu sinal de reconhecimento materno da gravidez o mais tardar no dia 9, para evitar a luteólise e manter a gravidez (Skidmore et al., 1992a). Isto é consideravelmente mais cedo na gestação do que a presença obrigatória equivalente do concepto no útero para evitar a libertação cíclica de prostaglandina F2 alfa por volta do dia 14 a 16 na ovelha e na vaca (Moor, 1968) e no cavalo (Hershman e Doughlas, 1979). Uma vez que o embrião de camelo não começa a alongar-se até ao 10º dia (observações não publicadas), é provável que, tal como acontece no cavalo entre os dias 6 e 16 após a ovulação (Ginther, 1985), o embrião de camelo permaneça móvel no lúmen pelo menos do corno uterino esquerdo entre os dias 4 e 10 após a ovulação para libertar o seu sinal anti-luteolítico de reconhecimento materno da gravidez na superfície do endométrio. Existem boas provas em bovinos, ovinos e outras espécies (Adam et al., 1992) de que o choque e o trauma dos processos de recuperação e transferência induzem um abrandamento temporário do desenvolvimento da maioria dos embriões. Se isto ocorrer no camelo, a recuperação de blastocistos em expansão no dia 7 e a transferência para receptoras síncronas no dia 8 podem não permitir o intervalo necessário para que o embrião recupere e esteja suficientemente avançado em termos de desenvolvimento para libertar uma mensagem materna de reconhecimento da gravidez suficiente para suprimir a libertação de luteolisina uterina que está pronta a começar logo no dia 9. Por conseguinte, pode ser vantajoso proceder à descarga dos animais dadores nos dias 5 ou 6 após o acasalamento e transferir embriões para receptoras que estejam um, ou possivelmente dois, dias negativamente assíncronas com as dadoras. Isto funciona bem no cavalo (Allen, 1982) e pode melhorar os resultados no camelo dromedário (Skidmore et al., 1992a).

É necessária mais investigação fundamental sobre a embriologia e a fisiologia reprodutiva do dromedário para se obter uma resposta máxima e taxas de sucesso na transferência de embriões.

PATOLOGIA DO APARELHO REPRODUTOR MASCULINO E FEMININO

INFERTILIDADE

A fertilidade das fêmeas de camelo é mantida durante toda a sua vida e a reprodução em anos alternados é a prática habitual. A fertilidade das fêmeas de camelo é aparentemente elevada e os proprietários dos rebanhos afirmam que 80 a 90 por cento das fêmeas acasaladas numa estação produzem crias (Arthur et al., 1986). Uma taxa de fertilidade semelhante foi registada em manadas geridas de forma intensiva (Abdel-Rahim e El Nazier, 1990; Yagil, 1985). Os estudos efectuados em matadouros confirmaram que os defeitos estruturais dos órgãos genitais, incluindo ovários quísticos e aderências ovarobursais, são relativamente raros (Arthur et al., 1989; El-Wishy, 1990), e que a endometrite, associada a um útero parcialmente involuído e a um corpo lúteo em regressão, é por vezes observada (Arthur et al., 1989). De acordo com alguns relatórios, o desempenho reprodutivo dos camelos é fraco. Verificou-se que a fertilidade nos rebanhos pastoris de camelos dromedários não era suscetível de ser superior a 50 por cento, ou até 65 por cento em condições de gestão melhoradas (Mukasa-Mugerwa, 1981). Também se verificou (Wilson, 1989) em estudos de campo envolvendo um grande número de países asiáticos e africanos que a puberdade tardia (primeira gravidez aos cinco anos de idade), o longo intervalo entre partos (>24 meses) e o abate precoce de fêmeas reprodutoras limitam a produção média de vitelos a menos de três por fêmea. O anestro, devido à má nutrição ou a doenças debilitantes, é provavelmente uma das principais causas de infertilidade. É conhecida a ocorrência de morte embrionária, especialmente em gestações gemelares. Ocasionalmente, são registados abortos, mas o papel causal da Brucella abortus no camelo dromedário ainda não é claro. A má nutrição e a tripanossomíase são provavelmente responsáveis, em parte, pela morte embrionária (Arthur, 1992). Os relatos de infertilidade bacteriana em fêmeas de camelos dromedários são escassos e a maior parte das investigações foram efectuadas em camelos abatidos sem antecedentes de reprodução (Merkt et al., 1990). Corynebacteria, Anthracoids, Micrococci, Sarcina, bacilos Gram-positivos e Gram-negativos foram isolados do trato genital normal de camelos abatidos prenhes e não prenhes (Zaki e Mousa, 1965). Estes últimos sugeriram que as bactérias isoladas dos fluidos amnióticos de algumas camelas prenhes ascenderam através do colo do útero ou vieram através da corrente sanguínea materna a partir de um foco na barragem. Quase o mesmo espetro de espécies bacterianas foi encontrado num outro estudo (Eidarous et al., 1983) no qual também foram identificadas Staphylococcus epidermidis e Escherichia coli. Em 94 camelos dromedários (4,5 %) de um total de 2 075 abatidos no matadouro do Cairo, foram registadas lesões como abcessos uterinos, endometrite catarral, endometrite hemorrágica e piometria com fetos macerados (Nawito, 1973). Micrococcus pyogenes var. aureus desempenhou o papel predominante nos casos de endometrite, mas estreptococos hemolíticos B, E. coli e Pseudomonas aerugenosa também foram recuperados dos úteros. Não foram isoladas bactérias de alguns casos de endometrite (Nawito, 1973). O autor sugeriu que outros microrganismos, como protozoários ou vírus, poderiam estar envolvidos nesses casos.

Também no Egipto, foi recuperada uma vasta gama de organismos de 24 úteros, que apresentavam sinais clínicos de endometrite (Hegazy et al., 1979). Estes incluíam Proteus sp., Serratia sp., Enterobacter sp., Klebsiella sp., E.

coli, enterococos, Bacillus sp., Corynebacterium renale, C. pyogenes, Staphylococcus aureus, Micrococcus sp. e Streptococcus pyogenes. Estes autores observaram que os casos purulentos mais graves de endometrite estavam associados à presença de C. pyogenes. Campylobacter fetus e Trichomonas fetus também foram isolados dos úteros de camelos reprodutores em dois rebanhos diferentes (Wernery e Ali Amjad, 1989; Wernery, 1991; Wernery e Wernery, 1992). Apesar de terem sido acasaladas com touros diferentes, as camelas infectadas tinham permanecido estéreis durante os últimos um a quatro anos. Foi também diagnosticada endometrite nas camelas, das quais foram isolados agentes patogénicos oportunistas. A campilobacteriose e a tricomoníase são doenças de notificação obrigatória em bovinos, caracterizadas por descarga mucofloculenta profusa do útero, morte embrionária precoce e infertilidade prolongada. Os estudos destes últimos autores mostram que estas duas doenças venéreas apresentam uma patogénese semelhante em camelos e bovinos. Streptococcus zooepidermicus e Taylorella equigenitalis, uma causa comum de endometrite em éguas (Fontijne et al., 1989), não foram registados em camelos.

Tendo em conta o que precede, a deteção, a prevenção e o controlo das doenças venéreas devem ser uma componente importante da gestão das coudelarias de camelos, a fim de melhorar o desempenho reprodutivo desta espécie.

ANOMALIAS DOS OVÁRIOS

OVÁRIOS CÍSTICOS

Ocasionalmente, observam-se nos ovários de camelos quistos ovarianos grandes, com paredes espessas e cheios de líquido, com 50 a 80 mm de diâmetro e 83 a 250 g de peso. Podem ocorrer individualmente ou aos pares e, muitas vezes, substituem a maior parte, se não a totalidade, do estroma ovárico. O líquido no interior do quisto varia de amarelo e aquoso a castanho e viscoso. Também se observam quistos hemorrágicos com líquido castanho-avermelhado (El-Wishy, 1992).

Histologicamente, estes quistos variam consoante o seu tipo. A camada granulosa está por vezes reduzida a uma ou duas células achatadas ou pode ter desaparecido completamente, sendo substituída por uma camada densa de tecido fibroso adjacente a uma camada larga de células theca luteinizadas. Nos bovinos, a variação na largura da camada granulosa dos quistos pode estar relacionada com a sua idade, sendo os quistos mais velhos desprovidos de células da granulosa (Al-Dahash e David, 1977). Além disso, estes últimos autores propuseram que a variação na estrutura das camadas granulosa e theca pode ter influência na atividade hormonal dos quistos e, por conseguinte, nos padrões comportamentais dos animais afectados. A este respeito, foram medidos níveis muito elevados de progesterona no líquido dos quistos dos ovários de camelo (El-Wishy, 1988). No entanto, não se conhece a possível influência dos quistos dos ovários como causa de infertilidade nos camelos.

Os teratomas ováricos unilaterais ou bilaterais, únicos ou múltiplos, com 10 a 30 mm de diâmetro, podem ocorrer nos ovários de camelos. Foi relatada a sua ocorrência com bastante frequência nos ovários de alpacas (Sumar, 1983) e camelos (El-Wishy, 1988), mas são observados raramente nos ovários de outros animais domésticos (Jubb et al., 1985). Apresentam-se como estruturas lisas, de paredes espessas e de cor cinzenta, que ao serem seccionadas exsudam material sebáceo e pêlos. Embora permaneçam com menos de 30 mm de diâmetro, estes teratomas do ovário não parecem influenciar a atividade do ovário. Podem ser observados folículos e corpos albicans ao lado de um teratoma no mesmo ovário (El-Wishy, 1992).

Os quistos podem estar presentes no tecido ovárico ou fora dele. Os quistos fora dos ovários são denominados quistos parovarianos. Existem dois tipos de quistos nos ovários: os quistos foliculares e os quistos lúteos. Os quistos são muito frequentes nas camelas que não são criadas, uma vez que as camelas são ovuladoras induzidas. O efeito dos quistos na fertilidade não está bem estudado no dromedário. Os quistos podem ser detectados por palpação rectal ou por ultra-sons. Os quistos parovarianos estão localizados no ligamento largo perto do ovário ou da trompa uterina. Podem ser únicos ou múltiplos, unilaterais, bilaterais, redondos ou ovais, medindo 0,5-5 cm de diâmetro.

A variação do efeito dos quistos na atividade folicular pode depender da natureza do quisto e da sua atividade endócrina (Bravo et al., 1996).

Tratamento

Na maior parte dos casos, não é necessário tratamento para a maioria dos quistos. A razão é que estes são normalmente encontrados em fêmeas não acasaladas. A prática de quebrar manualmente os folículos deve ser evitada. Os folículos anovulatórios leutinizados podem ser tratados com prostaglandina F2-alfa. A abordagem ideal sugerida por Tibary e Anouassi (1997) é induzir primeiro a leutinização com 5000-10.000 i.u. de gonadotropina coriónica humana, seguida 5-6 dias por uma injeção de PGF-alfa. Esta última pode ser repetida às 24 horas.

HIPOPLASIA DOS OVÁRIOS

Esta condição é muito comum em mulheres que regressam da corrida e em mulheres subnutridas. A doença pode ser diagnosticada por palpação rectal ou por ultrassonografia. O tamanho do ovário hipoplásico seria ½ ou 1/3 do tamanho normal (Bravo et al., 1996).

Tratamento

O regime alimentar do animal deve ser melhorado. As doenças crónicas devem ser tratadas em conformidade. Recomenda-se a administração de hormona folículo-estimulante e de gonadotropina coriónica equina para o tratamento desta doença.

OVARIO-BURSITE COM ENCAPSULAMENTO

A doença é caracterizada pelo encapsulamento do ovário e pela acumulação de líquido em quantidades variáveis na cápsula. O lado não afetado continua a funcionar corretamente. Pode ser unilateral ou bilateral.

Foi registada uma incidência de cerca de 9,3% em camelos dromedários (Tibary e Anouassi, 1996). A incidência é ainda mais elevada em animais com historial de falhas reprodutivas. Também foi relatada como estando associada à infestação por equinococos (Shalash e Nawito, 1963). O diagnóstico pode ser feito por exame rectal e por ultrassonografia. Suspeita-se da doença quando há dificuldade em retrair o útero ou ao tentar agarrar os ovários. Tibary e Anouassi, (1997) sugeriram três factores causais.

1). Predisposição hereditária (maior incidência nas variedades de corrida); 2). possível relação entre folículos hemorrágicos anovulatórios recorrentes e aderências bursais; e 3). Infeção que se propaga a partir de outro local.

Tratamento

O único tratamento recomendado para camelos valiosos é a remoção cirúrgica do ovário e da bursa.

TUMORES OVÁRIOS

As neoplasias do ovário não causam um problema reprodutivo importante nos camelos. A incidência registada é de cerca de 0,06-2,0%. Foram registados sobretudo teratomas (El-Khouly et al., 1991; El-Wishy, 1990). Os teratomas afectam normalmente um ovário. São tumores benignos e crescem muito lentamente. Os tumores são detectados através da palpação rectal e da ecografia. O disgerminoma é outro tipo de tumor muito raro do ovário (El-Khouly et. al., 1990).

OOPHORITIS

A inflamação dos ovários pode ser causada por uma infeção ascendente a partir do útero ou pode ter origem no peritoneu. A atividade folicular perde-se devido às aderências formadas entre os ovários e o tecido circundante. O diagnóstico baseia-se na palpação rectal e na ecografia. A condição pode ser confirmada através de um laproscópio. Podem estar envolvidos vários organismos, incluindo Mycobacterium, Brucella e Campylobacterium. As lesões dependem do agente causador. É frequente a formação de abcessos e aderências.

DOENÇAS DOS OVIDUCTOS

A doença mais comum nos camelos é a inflamação e as aderências no oviduto com oclusão e acumulação de líquido claro ou pus nos tubos (Nur, 1984). A acumulação de líquido seroso pode também ser causada por aplasia segmentar congénita. O diagnóstico pode ser feito por palpação rectal ou por ecografia. Normalmente, a doença não se manifesta clinicamente, exceto se for bilateral e causar infertilidade. A infeção pode ter-se propagado a partir do ovário ou do útero. Foi relatado um grande número de organismos que causam a infeção, incluindo Campylobacter fetus, Escherichia coli, Actinomyces pyogenes, Brucella, Mycobacterium e Mycoplasma. O prognóstico da fertilidade no caso da salpingite não é bom. A intervenção cirúrgica em animais afectados unilateralmente pode ser considerada; se houver a certeza de que o outro lado é potente. A doença pode ser prevenida limitando os riscos de infeção.

DOENÇAS DO ÚTERO

ANOMALIAS CONGÉNITAS

Também foi relatado um caso de aplasia segmentar do útero num dromedário fêmea recém-nascido com atresia ani e comunicação direta entre o reto e a cavidade vaginal/uterina com acumulação de material fecal no útero (Tibary e Anouassi, 1997).

METRITE

As infecções uterinas são a causa mais comum de infertilidade nos camelos (Nur, 1984; Wernery, 1991; Wernery e Amjad Ali, 1989).

O útero está sujeito a um maior risco de infeção durante a reprodução e após o parto nas camelas. A infeção vem normalmente do exterior (posterior). Nas fases iniciais, a infeção tenta ser ultrapassada pelas defesas do organismo. Se os mecanismos de defesa falharem, a infeção instala-se. Os principais mecanismos de defesa incluem a atividade local das imunoglobulinas, a fagocitose e a eliminação mecânica através do aprisionamento da mucosa e das contracções miometriais. Diz-se (Tibary e Bakkoury, 1994) que estes mecanismos são mais eficazes durante níveis elevados de estrogénio no sangue (fase folicular). Vários organismos podem causar metrite, incluindo: Corynebacterium pyogenes, E. coli, estreptococos beta-hemolíticos, Staphylococcus sp., Klebsiella pneumonie, Aspergillus sp. e Mucor sp. e Compylobacter faetus (Wernery e Amjad Ali , 1989).

Os organismos responsáveis pela metrite purulenta (piometria) são Actinomyces pyogenes, Pseudomonas aeroginosa, E. coli, Staphylococcus epidermidis, Streptococcus pyogenes e Proteus sp. (Nawito, 1973).

Achados clínicos

Deve suspeitar-se de metrite se houver antecedentes de reprodução repetida ou de morte embrionária precoce após uma gestação normal. O exame do prénio, da base da cauda e da vulva pode revelar a presença de muco ou pus. À palpação rectal e à ecografia, a parede do útero está espessada. A cavidade uterina contém muco ou pus. A condição pode ser confirmada por vaginoscópio. A causa pode ser determinada por cultura e a extensão e o tipo de inflamação podem ser determinados por biopsia e exame histológico. Uma forma particular de lesão nodular granulomatosa endometrial, causada por Campylobacter fetalis, foi observada em camelos dromedários (Tibary e Anouassi, 1997).

Tratamento

Para o tratamento, o útero deve ser lavado e infundido com um antibiótico. Também deve ser administrado um antibiótico por via parentérica. A penicilina dá bons resultados. O trimetoprime e a sulfadiazina também são eficazes.

OUTRAS DOENÇAS UTERINAS

Outras doenças do útero registadas em camelos são quistos uterinos, abcessos, aderências peri uterinas e pólipos (Ribadu et al., 1991). As lesões podem ser detectadas por ultrassonografia e por fibroscópio. Os quistos resultam do aumento das glândulas endometriais ou dos linfáticos e podem afetar gravemente a fertilidade do animal. Os abcessos resultam de uma manipulação incorrecta durante a passagem da pipeta ou na sequência de uma cesariana ou da retenção da placenta.

DOENÇAS DO COLO DO ÚTERO

Os restos dos ductos mesonéfricos podem levar à formação de quistos cervicais. Estes quistos foram encontrados em 0,06% dos camelos de um total de 1701 camelos estudados num matadouro (Shalash, 1965).

El-Wishy (1989) descreveu a ocorrência de aplasia segmentar em camelos dromedários. O desenvolvimento incompleto do colo do útero foi registado em 0,12% dos camelos dromedários, num total de 850 casos estudados em matadouros. Estas anomalias resultam normalmente na acumulação de muco no útero (El-Wishy, 1990). Foi descrito um caso de cérvix dupla com um septo vaginal completo e cornos uterinos comunicantes (Tibary e Anouassi, 1997).

A doença adquirida mais comum do colo do útero é a sua inflamação, principalmente devido a lesões ocorridas durante o parto ou manipulações ginecológicas. Ocorre normalmente com metrite e/ou vaginite. O tipo mais comum de inflamação é mucopurulenta, mas também se podem encontrar aderências.

DOENÇAS DA VAGINA E DA VULVA

Foi relatada a ocorrência de **aplasia segmentar, hímen persistente, constrição vaginal** e **presença de septo vaginal** (El-Khouly et al., 1990; Shalash, 1965). Estas anomalias impedem a intromissão do pénis. Estas condições podem ser corrigidas por cirurgia. Foram relatados dois casos de **atresia vulvi** em bezerros recém-nascidos de camelo. A urina ficou retida na vagina, criando assim um inchaço mole e flácido ventral ao ânus. Uma abertura vulvar foi feita em cada animal, com sucesso (Ramadan, 1997).

VAGINITE

Trata-se de uma doença muito comum observada nos camelos. Ocorre devido a um manuseamento incorreto durante a reprodução, o exame do trato genital e o parto. Começa por ser traumática. A membrana mucosa está lacerada, congestionada e, por vezes, há corrimento, dependendo do tipo de infeção. Pode ser mucosa ou purulenta.

MORTE EMBRIONÁRIA

A morte embrionária precoce durante os primeiros 50 dias de gestação foi registada em 35% de todas as fêmeas criadas (Tibary e Anouassi, 1997). Este fenómeno é bem conhecido dos pastores e é reconhecido por eles se a fêmea dromedária não mostrar o enrolamento da cauda, um comportamento típico de gravidez na presença de um macho ou de uma pessoa, depois de a camela ter sido declarada grávida. A condição pode ser diagnosticada por ultrassonografia ou por ensaio hormonal (baixo progestagénio). O tónus do útero é aumentado quando examinado por via rectal devido à diminuição do nível de progesterona. O corpo lúteo desaparece ou diminui de tamanho.

Existem muitas causas de morte embrionária precoce. Pode dever-se a anomalias do concepto, à incapacidade de desenvolvimento do concepto devido a um mau ambiente uterino e a anomalias da função do corpo lúteo. De acordo com Tibary e Anouassi (1997), os factores mais comuns que causam a morte embrionária precoce são a inflamação do útero e a não manutenção do corpo lúteo. Alguns autores acreditam que a maior parte da gravidez precoce se deve ao facto de o concepto não se deslocar para o corno esquerdo, onde quase todos os conceptos se desenvolvem nas camelas. A luteólise é causada pela libertação de PGF2-alfa, metrite ou manipulação do trato genital e é provavelmente a causa mais comum de morte embrionária. Wernery et al. (1996) registaram um aborto devido a toxicose por Bacillus cereus.

Tratamento

A causa da morte embrionária precoce deve ser estabelecida. Isto consiste num exame clínico e hormonal completo. O objetivo desta prática é determinar se a ovulação ocorreu e se o corpo lúteo se formou após a reprodução. O corpo lúteo pode ser detectado por ecografia e por monitorização da progesterona.

Se o problema for no útero, este deve ser lavado e desinfectado. A deficiência de progesterona pode ser tratada através da administração de progesterona exógena, 50-100 mg diários por injeção (Tibary e Anouassi, 1997).

ABORÇÕES

A expulsão de um feto morto ou não viável, antes do termo, é designada por aborto. As taxas de aborto em dromedários variam de 2 a 18% em vários estudos (Agarwal e Khanna, 1990; Agarwal et al., 1987; Bhargava et al., 1963; Enany et al., 1990; Saley, 1990). As causas suspeitas de aborto incluem brucelose, infecções uterinas, toxoplasmose, tripanossomíase, gemulação, stress e trauma (Al-Khalaf e El- Khaladi, 1989; Enany et al., 1990; Hagemoster et al., 1990; Egbe Nwiyi e Chaudhary, 1994; Musa e Abusineina, 1976; Tibary e Anouassi, 1997).

PROLAPSO DA VAGINA

O prolapso da vagina pode ocorrer em qualquer altura da gravidez, no entanto, a condição é mais comum durante os últimos 3 meses de gravidez (Arthur e Al-Rahim, 1982). A causa da doença pode dever-se ao afrouxamento do tecido devido ao aumento dos níveis de esterogénio.

De acordo com Arthur e Al-Rahim (1982) e Gitao e Akabwai (1989), a condição é mais comum em mulheres mais velhas e em mulheres com uma boa condição corporal (alimentação excessiva e falta de exercício). O prolapso pode ser muito pequeno ou pode ser tão grande como até ao colo do útero. Se a parte prolapsada permanecer fora durante algum tempo, a inflamação aumenta e pode mesmo ocorrer necrose do tecido. Em casos avançados, aumenta o risco de aborto e de prolapso do reto. Isto pode levar a outras complicações e mesmo à morte do animal. A condição deve ser tratada o mais cedo possível para salvar a vida do feto e da mãe. A porção prolapsada deve ser limpa com uma solução anti-séptica suave, deve aplicar-se um creme antibiótico ou sulfonamida e a porção prolapsada deve ser substituída manualmente (pode utilizar-se anestesia epidural e pulverizar a vagina prolapsada com anestesia local) e fixada através da aplicação de suturas à volta da vulva. As suturas podem ser removidas se forem observados sinais de parto. A aplicação de uma cinta também pode ser útil para fixar o prolapso.

DOENÇAS PÓS-PARTO

RETENÇÃO DA PLACENTA

É o facto de a placenta não ser expelida dentro do tempo normal (12 horas após o parto no dromedário). A prevalência de retenção da placenta é baixa nos camelos. As probabilidades de retenção da placenta aumentam após a distocia e a cesariana. A retenção da placenta pode exigir a remoção manual, respeitando todas as precauções de assepsia. Após a remoção da placenta, está indicado um tratamento antibiótico local e parentérico para evitar complicações. A ocitocina também pode ser administrada para expulsar qualquer exsudado acumulado no útero.

PROLAPSO DO ÚTERO

O prolapso uterino segue-se geralmente a uma distócia, retenção da placenta ou manipulação obstétrica excessiva. A idade avançada é considerada uma causa predisponente, devido ao relaxamento dos ligamentos. Também se diz que é comum após o aborto (Tibary e Anouassi, 1997). Na maioria dos casos, há um prolapso completo do útero. O prognóstico do prolapso depende do tamanho do prolapso uterino, do tempo durante o qual ocorreu, da extensão da infeção e da extensão do dano tecidual (hemorragia, etc.). O aumento de todos estes factores pode levar ao choque.

O prolapso uterino recente é fácil de substituir. No entanto, em caso de prolapso completo e complicado, é aconselhável injetar anestesia epidural. O útero deve ser substituído na posição sentada, numa inclinação, com a parte traseira elevada. Também é bom acalmar o animal com xilazina (isto deve ser evitado se o animal já tiver entrado em choque). O útero é colocado num tabuleiro para prolapso ou num plástico e lavado cuidadosamente, com um anti-sético suave. A placenta é removida e, se houver laceração ou rutura, deve ser suturada e os vasos sanguíneos rompidos devem ser ligados. Envolver o útero prolapsado numa toalha e apertá-lo pode reduzir o edema. O útero é então recolocado, começando na parte próxima da vulva e

Prolapso uterino pós-parto

forçando-o a entrar, segurando o órgão ligeiramente acima da vulva. Quando o útero estiver parcialmente substituído, o resto da porção será substituído facilmente. Quando todo o útero tiver sido substituído, devem ser colocados pessários de antibióticos no útero. A ocitocina deve ser injectada. A vulva deve ser suturada. Também devem ser administrados antibióticos parenterais.

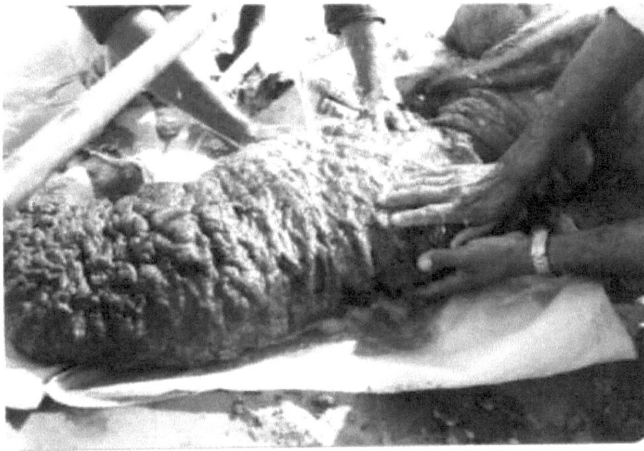

Prolapso uterino pós-parto. Lavagem e limpeza antes de recolocar a parte de trás

DYSTOKIA

O parto difícil é conhecido como distócia. A incidência de distocia em camelos é muito baixa (Arthur et al., 1986). Uma incidência de 4,6% foi registada por Tibary e Anouassi (1997).

A distócia pode ocorrer em qualquer altura ou fase do parto. O sinal mais importante de distocia é o aumento da duração das fases do trabalho de parto. Deve suspeitar-se de distocia se a primeira ou a segunda fases do trabalho de parto excederem, respetivamente, 6 e 2 horas. O animal também mostra sinais de angústia com alterações frequentes entre as posições de pé e sentado, rolamento frequente de um lado para o outro e esforço excessivo. Muitas fêmeas de dromedário apresentam diarreia profusa e vocalização frequente em caso de distócia.

O exame deveria ser efectuado com o animal de pé ou sentado, imobilizando-o adequadamente. A cauda deve ser fixada, atando-a a um lado. A palpação rectal facilita a observação da ocorrência de torção. Depois de limpar e desinfetar cuidadosamente o exterior do animal e de lubrificar as mãos com gel antissético, deve proceder-se ao exame do canal de parto. Deve examinar-se a presença de torção e se o colo do útero está aberto e o feto está vivo. Isto pode ser feito beliscando o feto nas suas várias partes e observando a reação.

A distócia pode ser classificada em dois tipos, ou seja, a distócia materna e a distócia fetal.

Distócia materna: A distócia materna desenvolve-se devido à deslocação do útero, à inércia uterina ou à disparidade entre o tamanho do feto e o canal pélvico. A torção uterina é provavelmente a causa mais comum de distócia materna. A melhor solução é efetuar uma cesariana para fazer nascer o vitelo. A inércia uterina é observada em animais muito fracos e velhos ou quando a gestação é retardada. A injeção de borogluconato de cálcio e de oxitocina pode ser útil para ajudar este tipo de distócia.

Distokia fetal

Distokia fetal: A distócia fetal é devida a uma posição ou postura anormal do feto e a monstórios. Os monstórios fetais são raros nos camelos, mas foram registados (Chandolia et al., 1991) e também observados pelo autor em dromedários.

A distócia devida ao pequeno tamanho da mãe não é frequente se o maneio reprodutivo for adequado. No entanto, foram descritos alguns casos de desproporção feto-materna em dromedários (Sharma e Pareek, 1970). A distócia pode ser ajudada esticando a vulva ou efectuando uma episiotomia. Em caso de insucesso, deve ser tentada a cesariana.

A apresentação anormal, a postura ou a posição do feto são as causas mais comuns de distocia fetal. A correção da posição é difícil nos camelos devido às pernas e ao pescoço compridos e ao canal de parto relativamente estreito. A posição tem de ser corrigida através de várias técnicas utilizadas noutros animais de grande porte para fazer nascer o jovem. Se não for bem sucedida, é necessário recorrer à fetotomia ou à cesariana.

TORÇÃO DO ÚTERO

É a rotação do útero no seu eixo longo durante a gravidez. O útero pode rodar no sentido dos ponteiros do relógio ou no sentido contrário. Pode ser completa ou parcial. A torção uterina é uma das causas mais importantes de distócia materna (Arthur e Al-Rahim, 1982; Nigam et al., 1977).

A fêmea é encaminhada para o médico depois de uma primeira fase do parto que não teve êxito. O animal apresenta sinais de desconforto, não se alimenta e fica isolado, sentando-se e levantando-se com frequência. O diagnóstico pode ser feito por palpação rectal e vaginal. A palpação rectal mostra um ligamento largo deslocado dorsalmente e tenso. O ligamento largo direito fortemente puxado para baixo sob o corpo uterino torcido para o lado direito sugere torção uterina direita. Ao mesmo tempo, o ligamento largo esquerdo é puxado firmemente para cima sobre o colo do útero, o corpo do útero e a vagina para o lado direito. Na torção uterina esquerda, a situação é inversa. Na torção, muitas vezes não é possível alcançar o feto mais do que 180° . A palpação vaginal revela a presença de espirais na parede da vagina, direccionadas para a direita no caso de torção do lado direito e para a esquerda no caso de torção do lado esquerdo. O canal de parto é sentido muito apertado e o colo do útero e o feto não são palpáveis em caso de torção superior a 180° . A torção comprime os vasos sanguíneos e diminui o fornecimento de sangue ao útero, o que pode causar a morte do feto, a necrose da parede uterina e a rutura. Se for tratada precocemente por cesariana, o prognóstico é bom. O enrolamento da fêmea, mantendo o útero no lugar por pressão contra a parede abdominal, não funciona bem nos camelos devido às suas pernas compridas e à presença de corcunda.

As outras condições que podem ocorrer durante a gravidez são as hemorragias do útero, o edema ventral (falta de exercício), a maceração fetal e/ou a mumificação.

AGALACTIA

A agalactia é a ausência de lactação devido a uma falha na descida do leite ou a uma falha no desenvolvimento das glândulas mamárias. Pode ser observada em camelos (Kohli et al., 1988). É provável que seja causada por uma descida inadequada do leite devido ao nervosismo da fêmea ou devido a edema do úbere e aumento da dor. A falha na descida do leite pode ser resolvida assegurando que a fêmea esteja calma e administrando ocitocina (40 UI) por via intravenosa. A injeção deve ser repetida de 2 em 2 horas. A massagem do úbere e a remoção da tetina podem ajudar a reduzir o edema e a congestão do úbere. A agalactia também pode estar associada à rejeição do recém-nascido em muitas fêmeas primíparas. Nestes casos, é necessário monitorizar de perto a mãe e as crias até estas se ligarem. A alimentação com colostro deve ser efectuada em volume adequado nas primeiras 12 horas de vida. O colostro de uma mãe que tenha parido recentemente deve ser dado ao recém-nascido através de um biberão. É importante ter à mão uma reserva de colostro congelado para estes casos.

DOENÇAS DOS ÓRGÃOS REPRODUTORES MASCULINOS

A falha reprodutiva no camelo macho é atribuída principalmente à orquite traumática, balanopostite, fimose e parafimose (Hemeida et al., 1998).

INFLAMAÇÃO DO PREPÚCIO

A inflamação do prepúcio pode ocorrer devido a vários tipos de irritantes, ou seja, químicos, físicos e infecciosos. A infestação por carraças também pode causar inflamação do prepúcio. O inchaço do prepúcio também pode ser observado no edema ventral, que pode ser devido à tripanossomíase. Uma limpeza cuidadosa e a aplicação de uma loção ou creme anti-sético ou antibiótico adequado podem tratar a doença.

PARAFIMOSE

A incapacidade do pénis de se retrair no prepúcio é rara nos camelos, mas pode ser observada durante a atividade sexual e em camelos com tendência para a masturbação. Se não for tratada rapidamente, a parafimose torna-se complicada pela acumulação de areia no prepúcio e pode levar a balanopostite e, por vezes, a necrose da ponta do pénis. O tratamento inclui a substituição da ponta prolapsada. Isto pode exigir a sedação do animal, o desbridamento, a uretrostomia ou a amputação do pénis se houver aderências graves ou gangrena da ponta do pénis. Após a retração, recomenda-se a aplicação de um creme anti-inflamatório e antibiótico duas vezes por dia durante vários dias.

FIMOSE

É a incapacidade do pénis de se projetar da sua bainha prepucial. Deve-se principalmente a uma abertura prepucial congenitamente pequena ou a abcessos ou outras lesões nodulares que impedem o pénis de sair para a cópula. Recomenda-se a correção cirúrgica do obstáculo.

HIDROCELE E PIOCELE

A hidrocele é a acumulação anormal de várias quantidades de líquido entre as camadas visceral e parietal da túnica vaginal. A condição pode ser inflamatória ou pode ser devida à acumulação de líquido de edema. Esta última condição é indolor, os testículos frios estão normalmente livres no escroto. A punção exploratória produz transudado. Se a doença for inflamatória, é dolorosa e recupera-se exsudado em vez de transudado. A condição desenvolve-se após a obstrução do fluxo normal no cordão umbilical. A hidrocele de longa duração afecta a termorregulação dos testículos e diminui a qualidade e a quantidade do sémen.

Nigam (1992) relatou a ocorrência de piocele (pus na túnica vaginal) em camelos dromedários. A doença é muito dolorosa. O tratamento inclui a drenagem do pus e a aplicação de soluções anti-sépticas ou antibióticas, bem como a administração parentérica de antibióticos.

HEMATOMA DOS TESTÍCULOS

Pode resultar de um traumatismo grave. Na ausência de infeção, o hematoma resolve-se em poucos dias.

TUMORES DOS TESTÍCULOS

A ocorrência de tumores em camelos é rara, no entanto, Homeida et al. (1985) registaram um seminoma em 310 testículos por eles examinados.

FUNICULITE

A infeção aguda ou crónica (cordão de Schirrous) do cordão testicular é normalmente uma complicação da castração. Também pode ocorrer devido a mordedura escrotal (Chouhan et al., 1981). O tratamento para o cordão esquirroso consiste na sua remoção cirúrgica sob anestesia geral.

ORQUITE

Esta doença é raramente observada em camelos. Foi registada uma prevalência de 7,7% devido à infestação por Dipetalonema evansi (filária) (Homeida et al., 1985). A orquite infecciosa pode ser tratada com a administração parentérica de antibióticos. A castração é aconselhável na orquite unilateral.

CRIPTORQUISMO

A falha na descida dos testículos para o escroto é denominada criptorquismo. Esta condição ocorre muito raramente em camelos (Homeida et al., 1985).

REFERÊNCIAS

Abdel-Rahim, S. E. A. e A.T. El Nazier. 1990. Factores que afectam o desempenho reprodutivo dos camelos nos trópicos. In: 'Is it possible to improve the reproductive performance in camel? Proc. Workshop UCDEC, Paris.

Abdel-Rahim, S.E.A. e A.T. El Nazier. 1987. Estimativa do nível de progesterona no leite de camelo' s (Camelus dromedarius) e sua aplicação no diagnóstico de gravidez. Brit. Vet. J., 143:555-559.

Abdel-Rahim, S.E.A. e A.T. El-Nazier. 1992. Estudos sobre o comportamento sexual do camelo dromedário. Proc. Ist Int. Camel Conf., 115-118.

Abdul-Rouf, M. e M.A. El-Naggar. 1964. Estudos sobre a reprodução do camelo (Camelus dromedarius). I. Técnica de acasalamento e recolha de sémen. J. Vet. Sci. UAR., 1:113-119.

Abdul-Rouf, N., M.R. Fateh El-Bab, e M.M. Owaida. 1975. Estudos sobre a reprodução no camelo (Camelus dromedarius). V. Morfologia dos testículos em relação à idade e à estação do ano. J. Reprod. Fert., 43:109-116.

Abdul-Rouf, M. e M.A. El-Naggar. 1976. Estudos sobre a reprodução do camelo (Camelus dromedarius). VI. Propriedades e constituintes do sémen ejaculado. Oitavo Int. Congr. Anim. Reprod. AI, Crakow, 4:852-865.

Abdunazarov, N.H. 1970. Características biológicas da reprodução no camelo Trudy Turkmen-sel-khas. Inst., 15:134-141.

Adam, C.L., D.A. Bourke, C.E. Kyle, P. Young, e T.G. McEvoy. 1992. Ovulação e recuperação de embriões no Ilama. Proc. 1st Int. Camel Conf., 125-127.

Agarwal, S.P., N.D. Khanna, V.K. Agarwal, e P.K. Dwaraknath. 1987. Circulating levels of estrogen and progesterone in the female camel during pregnancy. Theiriogenology, 28:849-859.

Agarwal, S.P. e N.D. Khanna. 1990. Endocrine profiles of Indian camels under different phases of reproduction. É possível melhorar o desempenho reprodutivo do camelo? Proc. Workshop UCDEC, Paris.

Al-Dahash, S.Y.A. e J.S.E. David. 1977. Exame histológico de ovários e úteros de vacas com ovários quísticos. Vet. Rec., 101:432-437.

Al-Khalaf, S. e A. El-Khaladi. 1989. Brucelose de camelos no Kuwait. Comp.

Immun. Microbiol. Infect. Dis., 12:1-4.

Ali, A.M.A., El-S. Taher, e M.M. Al-Eknah. 1992. Estudos morfológicos da cérvix uterina e da parte craniana da vagina do camelo dromedário. Proc. Ist Int. Camel Conf., 408.

Allen, W.R. 1982. Transferência de embriões no cavalo. In: Mammalian Egg Transfer. Ed: C.R.C. Press, Florida, pp. 126-154.

Al-Mougy, S.A., S. El-Magaury, A.A. Ismail, Y.M. Radwan, e El-Naggar. 1984. Effect of breeding season on LH, testosterone and some blood parameters in male one-humped camels. Ist Nat. Conf. Physiol. Sci., Cairo, Egipto.

Anouassi, A., M. Adanani, e El Raed. 1992. A inseminação artificial no camelo requer a indução da ovulação para conseguir a gravidez. Proc. 1st Int. Camel Conf., 175-177.

Arthur, G. H. e A.T. Al-Rahim. 1982. Aspects of Reproduction in the Female Camel in Saudi Arabia (Aspectos da reprodução da fêmea de camelo na Arábia Saudita). Vet. Med. Rev., 1:83-88.

Arthur, G. H., A.T. Al-Rahim, e A.S. Al-Hindi. 1986. The camel in Health and Disease (O camelo na saúde e na doença). 7. Reprodução e doenças genitais do camelo. Br. Vet. J., 141:650659.

Arthur, G.H., D.E. Noakes, e H. Pearson. 1989. Veterinary Reproduction and Obstetrics. Bailliere Tindall, Londres, pp. 585-589.

Arthur, G.H. e A.R. El Tigani. 1990. Reprodução de camelos na Arábia Saudita: New facts from field, abattoir and clinic. É possível melhorar o desempenho reprodutivo do camelo? Proc. Workshop UCDEC, Paris.
Arthur, G.H. 1992. Uma visão geral da reprodução nos camelídeos. Proc. Ist Int. Camel Conf., Eds: Allen, J.J., I.G. Higgins, G. Mathew, F. Janette Wade. Publicações (Newmarket) Ltd., 109-113.
Azouz, A., M.Z. Ateia, H. Shawky, A.D. Zakaria, e A.A. Farahat. 1992. Hormonal changes during rutting and the non-breeding season in male dromedary camels. Proc. Ist Int. Camel Conf., 169-171.
Barmintsev, V. 1951. Exame rectal dos órgãos reprodutores do camelo. Konevodstvo, 1:38.
Bartmann, G. 1959. Untersuchunegn uber Supravitalfarbung an Bullenspermien im Vergleich zu deren Berucksichtigung verschiedener Samenverdunnungen und -anfbewarungen. Honnover, Tierarztl. Tese de Hochsch.
Besser, G.M. e C.H. Mortimer. 1974. Hormonas reguladoras hipotalâmicas: uma revisão. J. clin. Path, 27:173-184.
Bhargava, K.K., V.D. Sharma, e M. Singh. 1963. A Study of mortality rate, sex-ratio and abortions in camel. Ind. J.Vet. Sci., 33:187-188.
Billah, M. e J.A. Skidmore. 1992. A recolha, avaliação e congelação de sémen de camelo dromedário. Proc. 1st Int. Camel Conf., 410.
Bodenheimer, F.S. 1954. Biology of Deserts. Ed. J.L. Cloudsley Thompson. Instituto de Biologia, Londres.
Bravo, P., G. Stabenfeldt, M. Fowler, e B. Lasley. 1996. Pituitary response to repeated copulation and / or gonadotropine-releasing hormone administration in llamas and alpacas. Biol. Reprod., 47:884-888.
Chandolia, R.K., D.K. Sharma, P. Singh, S.K. Verma, e I.S. Chouhan. 1991. Fetal Monstrosity in a Bikanari Camel. Ind. J. Agri. Res., 12:108-110.
Charnot, Y. 1963. Synchronisms de croissance de l,expansion palatale et du testicule et cours du cycle sexual. Bull. Soc. Sci. nat. phys. Maroc, 43:49.
Chen, B. X., Z.X. Yuen, C.L. Kang, e Y.G. Ge. 1980. Reproductive pattern of the bactrian camel. I. As actividades sexuais do camelo. Ata Vet. Zootec. Sin., 11:65-76.
Chen, B. X., Z.X. Yuen, G.W. Pan, Y.M. Haung, e Y.H. Gao. 1983. Estudos sobre o mecanismo de ovulação no camelo bactriano. ii. O papel do sémen na indução da ovulação. Ata Vet. Zootech. Sin., 14:161-166.
Chen, B. X., Z.X. Yuen, e G.W. Pan. 1985. Ovulação induzida por sémen no camelo bactriano (Camelus Bactrianus). J. Reprod. Fertil., 74:335-339.
Chen, B. X., Z.X. Yuen, G.W. Pan, Y.M. Huaney, e Y.H. Gao. 1990. Estudos sobre o mecanismo de ovulação no camelo bactriano. II. Papel do sémen na indução da ovulação. Ata Vet. Zootech. Sin., 14:161-166.
Chouhan, D.S., S.S. Rathore, e T.K. Gahlot. 1981. Manejo de ferida de mordida escrotal em camelo. Ind. J. Vet. Surg., 2:66-68.
Coopers, M. J., J.A. Skidmore, W.R. Allen, S. Wensvoort, M. Billah, M.A. Chaudhary e A.M. Billah.1992. Tentativas de estimular e sincronizar a ovulação e a superovulação em camelos dromedários para a transferência de embriões. Proc. 1st Int. Camel Conf., 187-191.
Cristofori, F., G. Aria, L. Vincenti, S. Callegari, S.A. Ahmed, e M.C. Ali. 1989. Variações endocrinológicas dependentes do acasalamento em fêmeas de Camelus dromedarius. Anim. Reprod. Sci., 21:73-77.
Dixit, V.P., S.N. Mehta, G.N. Georgia, e S.P. Signal. 1987. Serum testosterone and cortisol in rutting and non-rutting Indian male camel. Indian J. Anim. Sci., 57:1191-1193.
Djang, K. T. F., B.A. Harun, J. Kumi-Diaca, H.I. Yusuf, e M.G. Udomah. 1988. Estudos clínicos e anatómicos dos órgãos genitais do camelo (Camelus dromedarius). Theriogenology, 30:1023-1031.
Eidarous, A., H. Mansour, e A. Abdul Rahier. 1983. Bacterial flora of the genital system of male and female camel. Zagazig Vet. J., 4:24-27.
Egbe Nwiyi, T.N. e S.U.R. Chaudhary. 1994. Trypanosomiasis: Prevalence and Pathology of camel of arid zone of north eastern Nigeria (Prevalência e patologia do camelo da zona árida do nordeste da Nigéria). Pakistan Veterinary Journal, 14:24-27.
Elias, E., E. Bedrak, e R. Yagil. 1984. Níveis sanguíneos periféricos de progesterona em camelos fêmeas durante várias fases. J. Comp. Endocr., 53:235-240.
Elias, E., E. Bedrak, e D. Cohen. 1985. Indução de cio no camelo (Camelus dromedarius) durante o anoestro sazonal. J. Reprod. Fertil., 74:519-525.
Elias, E., 1990. Desmame precoce no camelo de uma só cauda. É possível melhorar o desempenho reprodutivo do camelo? Proc. Workshop UCDEC, Paris.
El-Khouly, A.B.A., A. El-Nasr, A. Ontabli, e F. A. Gadir. 1990. Algumas afecções patológicas dos ovários de camelo nos Emirados Árabes Unidos. Zagazig Vet. J., 18:210-217.
El-Khouly, A.B.A., F.A. Gadir, e A.A. Ontabli. 1991. Estudos sobre o Teratoma do Ovário em camelos. Zagazig Vet. J., 19:475-486.
Elliot, F. I. 1961. Inseminação artificial de um camelo bactriano (Camelus bactrianus). Inter. Zoo Year book, 3:94-95.
El-Manna, M. M., M.D. Tingari, e A.K. Ahmed. 1986. Estudos sobre o sémen de camelo. II. Características bioquímicas. Anim. Reprod. Sci., 12:223-231.
El-Wishy, A.B., N.A. Hemeida, M.A. Omar, A.M. Mobarak, e M.A.I. El- Sayed. 1981. Functional changes in the

pregnant camel with reference to fetal growth. Bri. Vet. J., 137:527-537.
El-Wishy, A.B. 1987. Reprodução na fêmea do dromedário (Camelus dromarius): A Review. Anim. Reprod. Sci., 15:45
El-Wishy, A.B. 1988. A study of the genital organs of the female dromedary. J. Reprod. Fert., 82:587-593.
El-Wishy, A.B. 1989. Anomalias genitais da fêmea do dromedário. An Abattoir Survey. Zuchthyg. 24: 84-87.
El-Wishy, A.B. 1990. Anomalias genitais em camelos. É possível melhorar o desempenho reprodutivo do camelo? Proc. Workshop UCDEC, Paris.
El-Wishy, A.B. 1992. Morfologia funcional dos ovários do camelo dromedário. Proc. 1st Int. Camel Conf., 149-154.
Enany, M., M.S. Hanafi, A. El-Ged, F.R. El-Seedy, e A. Khalid. 1990. Microbiological studies on endometritis in she-camel in Egypt. J. Egypt Vet. Med. Ass., 50:229-243.
Fontijne, P., E.A. Ter Laak, e E.G. Hartman. 1989. Tayorella equigenitalis isolada de um potro abortado. Vet. Rec., 125:485.
Gao, Y.H., Y.S. Xu, H.Y. Wang, G.Q. Zang e G.T. Tiang. 1987. Concentração de hormonas reprodutivas antes e depois da ovulação no camelo bactriano. Proc. Int. Conf. Anim. Reprod. Arid zone, Damascuss, Síria, 7-12 Set. 1985.
Ginther, O.J. 1979. Reproductive Biology of the Mare, Basic and Applied Aspects (Biologia Reprodutiva da Égua, Aspectos Básicos e Aplicados). Cross Plains, Wisconsin.
Ginther, O.J. 1985. Dynamic physical interactions between the equine embryo and uterus. Equine Vet. J. Suppl., 3:41-48.
Gitao, C.G. e D.M.O. Akabwai. 1989. Prolapso vaginal num camelo. Carta ao editor Vet. Rec., 135: 203-204.
Gupta, A.K., M.S. Chowdhary, e N.K. Barhat. 1978. A note on optimum time for service in camels (Camelus dromedarius). Ind. J. Anim. Sci., 48:324-325.
Gupta, R.C. 1992. O efeito da estação do ano na espermatogénese do camelo dromedário. Proc. Ist Int. Camel Conf., 409.
Hagemoster, W.A., J.P. Duby, J.R. Thompson. 1990. Toxoplasmose aguda num camelo. JAVMA. 196: 347.
Hegazy, A., H.I. Youseff, e S.A. Selim. 1979. Estudos bacteriológicos e histopatológicos sobre a endometrite do camelo. J. Egypt. Vet. Med. Ass., 39:81-97.
Helmy, M.M. 1991. Um método farmacológico para a sincronização do cio na camela (Camelus dromedarius). Egyptian Soc. Anim. Reprod. Fert. 3º Ann. Congresso, Cario.
Hershman, L. e R.H. Douglas. 1979. O período crítico para o reconhecimento materno da gravidez em éguas pónei. J. Reprod. Fert. Suppl., 27:395-401.
Homeida, N.A., A.B. El-Wishy, e S.T. Ismail. 1985. Anomalias testiculares no camelo de uma só cauda. Procedimentos de 1st Int. Conf. Appl. Sci., Universidade de Zagazig, Egipto. 2:438-449.
Homeida, A.M., M.G.R. Khalil, e A.A.M. Taha. 1988. Concentrações plasmáticas de progestrona, estrogénios, testosterona e atividade semelhante à da LH durante o ciclo estral do camelo (Camelus dromedarius). J. Reprod. Fertil., 83:593-598.
Heimeida, N.A., M.M. Al-Eknah, A.A. Hegazy, R.O. Ramadan, T.A. Al- Thonyyan, e A.K. Al-Haider. 1998. Estudos sobre infertilidade em camelos machos (Camelus dromedarius). Int. Meeting on Camel Production and Future Prospects, Al Ain, UAE (Abst. 75).
Jubb, K.V.F., P.C. Kennedy, e N. Palmer. 1985. O sistema genital feminino. In: Pathology of Domestic Animals. 3ª Ed. Academic Press. Nova Iorque, pp. 309311.
Kasymov, K.T., G.R. Rakhimzhanov, Z.H. Utasinov, e B. Bisenov. 1982. Recolha de sémen de camelos machos. Sbornik Nauchnykh Trudov. Kazakhskii Nauchno-Issaledvatel, skii Tekhnoligieche skii Institut Ovtsevodstva., 128-131.
Khan, A.A. 1971. Comportamento sexual do camelo macho (Camelus dromedarius) e alguns estudos sobre o sémen. Tese de Mestrado, Bikan. Univ. Mdaipur, Índia.
Khan, A.A. e I.S. Kholi. 1973. Uma nota sobre o comportamento sexual do camelo (Camelus dromedarius). Ind. J. Anim. Sci., 43:1092-1094.
Khanna, N.D., S.N. Tandon, e A.K. Rai. 1990. Reproductive status of Bikaneri camels managed under farm conditions. Is it possible to improve reproductive performance in the camel? Pro. Workshop UCDEC, Paris.
Kohli, I.S., U.K. Bisa, e N.D. Khanna, 1988. Agalactia in she camel and its response to leptaden therapy. Ind. Vet. J., 65(6):551-552.
Krass, W. 1952. Warmewasserbad und Registratur, ihre Entwicklung und Anwendung. Dtsch. Tierarztl. Wschr. 59, Beil. Fortpfl. u. Besamg. d. Haustiere, 2:60-62 u. 68-69.
Leese, M.F. 1927. A treatise on the one - humped camel. Haynes & Sons, Maidenlene, Stamford, Lines.
Leonard, A.G. 1894. The Camel. Longmans Green, Londres.
Mares, R.G. 1954. Animal husbandry, animal industry and animal disease in the Somaliland Protectorate (Criação de animais, indústria animal e doenças animais no Protetorado da Somalilândia), Br. Vet. J., 100:411.
Marie, M. e A. Anouassi. 1986. Aumento da hormona luteinizante induzido pelo acasalamento e ovulação na fêmea do camelo (Camelus dromedarius). Biol. Reprod., 35:792798.
Marie, M. e A. Anouassi. 1987. Indução da atividade lútea e da secreção de progesterona na camela de uma corcova

(Camelus dromedarius) não grávida. J. Reprod. Fert., 80:183-192.
Marrow, D.A., S.I. Roberts, e K. McEntee. 1968. Latent effect of pregnancy on post-partum estrous cycle length in dairy cattle. J. Anim. Sci., 27:1404-1407
McKinnon, A.O. e A.H. Tinson. 1992. Transferência de embriões em camelos dromedários. Proc. 1st Int. Camel Conf., 203-208.
McNeilly, A.S., R.M. Sharpe, D.W. Davidson, e H.M. Freser. 1978. Inibição da secreção de gonadotrofina por hiperprolactinemia induzida no rato macho. J. Endocr., 79:59-68
Merkt, H., B. Mousa, M.A. El-Naggar, e D. Rath. 1987. Reprodução em camelos. A Review. FAO Animal Production Health Paper.
Merkt, H., D. Rath, B. Musa, e M.A. El-Nagar. 1990. Reprodução em camelos. FAO Animal Production and Health Bulletin No. 82.
Merlian, C.P., J.V. Skies, B.W. Read, W.J. Boever, e D. Knox. 1979. Características comparativas de espermatozóides e sémen de um camelo bactriano, dromedário e Ilama. J. Zoo . Anim. Med., 10:22-25.
Minoia, P., M. Moslah, G.M. Lacalandra, T. Khorchani, e A. Zarrilli. 1992. Indução do cio e gestão da reprodução na fêmea do camelo dromedário. Proc. 1st Int. Camel Conf., 119-123.
Mobarak, A.M. e A.B. ElWishy. 1971. Útero do camelo de uma corcova (Camelus dromedarius) com referência à palpação rectal. Indian J. Anim. Sci., 41:846-855.
Moor, R.M. 1968. Efeito do embrião na função do corpo lúteo. J. Anim. Sci., 27:97-118.
Moslah, M., P. Minoia, G.M. Lacalandra, T. Khorchani, e A. Zarrilli. 1992. Estimulação hormonal da libido e da função reprodutiva no camelo dromedário macho: Clinical Observations. Proc. Ist Int. Camel Conf., 173-174.
Mukasa-Mugerwa, E. 1981. Desempenho reprodutivo. In: O Camelo (Camelus dromedarius). Uma revisão bibliográfica. Monografia ILCA. Int. Centro Internacional de Pecuária para África. pp. 11-32.
Musa, B. 1969. Alguns aspectos da reprodução na fêmea do camelo. Tese de Mestrado, Universidade de Khartoum.
Musa, B. e M.E. Abusineina. 1976. Diagnóstico de gravidez no camelo. Ata. Vet. Beograd, 26:107-110
Musa, B.E. e M.E. Abusineina. 1978a. Diagnóstico clínico da gravidez no camelo e comparação com a gravidez bovina. Vet. Rec., 102:7-10.
Musa, B. e M.E. Abusinenia. 1978b. O ciclo estral do camelo (Camel dromedarius).Vet. Rec., 103:556-557.
Musa, B., H. Merkt, H..Sieme, B.A. Hago, e H-O Hopen. 1990. A fêmea do camelo (Camelus dromedarius) e a inseminação artificial. In: 'Is it possible to improve the reproductive performance of the camel? Proc. Workshop UCDEC, Paris.
Musa, B., H. Sieme, H. Merkt, e B.E.D. Hagi. 1992. Inseminação artificial em camelos dromedários. Proc. 1st Int. Camel Conf., 179-182.
Nawito, M. 1973. Infecções uterinas no camelo. Egipto. J. Vet. Sci., 10:17-22.
Nigam, J.M., R.C. Gupta, S.K. Khar, e B.R. Shetty. 1977. Torsion of the uterus in a camel. The Haryana Veterinarian, 116:33-36.
Nigam, J.M. 1992. Distúrbios cirúrgicos do sistema urogenital masculino no camelo dromedário. Proc. Ist Int. Camel Conf., 361-364.
Novoa, C. 1970. Reprodução em camelídeos. A review. J. Reprod. Fertil., 22:320.
Nur, H.M. 1984. Alguns aspectos reprodutivos e padrões de reprodução do camelo da Somália. In: Camel Pastoralism in Somalia. Editado por M.A. Hussein. Proc. Workshop em Baydhabo, Mogadíscio. Somali Academy of Science and Arts (Camel Forum Working paper), 7:91-110.
Osman, D.I., K.A. Roniem, e M.D. Tingari. 1979. Histological observations on the testiculos of camel with special emphasis on spermatogenesis. Ata Anat., 104:164-171.
Pan, G. W., X.X. Zhao, B.H. Chen, S. Jiang, Y.M. Huang, Y-S Zu, e H.Y. Wang. 1992. O efeito indutor de ovulação do plasma seminal no camelo bactriano. Proc. 1st Int. Camel Conf., 159-161.
Perk, K. 1962. Mudanças sazonais na glandula bulbourethralis do camelo. Bull. Conselho de Investigação de Israel, 10: 37-44.
Rai, A.K., S.N. Tandon, e N.D. Khanna. 1988. Copulation time of Bikaneri male camels (Tempo de cópula dos camelos machos de Bikaneri). Ind. J. Anim. Sci., 58:1202-1203.
Rai, A.K., S.P. Agawal, V.K. Agawal, e N.D. Khanna. 1990. Indução da puberdade precoce em camelos fêmeas. É possível melhorar o desempenho reprodutivo do camelo? Proc. Workshop UCDEC, Paris.
Ramadan, R.O. 1997. Atresia vulvi em camelos (relatos de casos). J. Camel Pract. Res., 4:87-88.
Rathore, G.S. 1986. Breeding, sexual behaviour and reproduction. In: Camels and Their Management. Indian Counsil of Agricultural Research, New Dehli.
Ribadu, A.Y., D. Ogwu, C.O. Njoku, e L.O. Eduvie. 1991. An abattoir survey of female genital disorders of imported camels in Kano, Nigeria. Br. Vet. J., 147:290-292.
Saley, M. 1990. Desempenho reprodutivo do dromedário no Níger. Perspectivas de melhoramento. Proc. Do seminário "É possível melhorar o desempenho reprodutivo do camelo?". Paris. 379-386.
Schels, H.F. e D.J. Mostafawi. 1978. Diagnóstico ultrassónico da gravidez no camelo. Anim. Reprod. Sci., 1:19-23.
Shalash, M.R. e M. Nawito, 1963. Some aspects of sterility in the female camel (Alguns aspectos da esterilidade na fêmea do camelo). Deutsche Tieraztliche Wochenschrift, 70:522-524.

Shalash, M.R. 1965. Alguns aspectos reprodutivos na fêmea do camelo. Wld. Rev. Anim. Prod. 1 (4):103.
Sharma, D.K. e P.K. Pareek. 1970. Cesariana num camelo. Ceylon Vet. J., 18:46.
Short, R.V., 1969. Implantação e reconhecimento materno da gravidez. In: Ciba Foundn. Simpósio sobre Anatomia Fetal. Eds: G.E.W. Wolstenholme e M.O. Connor, e A. Churchill, Londres, pp 2-26.
Sieme, H., H. Merkt, B. Musa, H. Babreldin, e T. Willmen. 1990. Preservação líquida e por congelação do sémen de camelo utilizando diferentes extensores e métodos. É possível melhorar o desempenho reprodutivo do camelo? Proc. Workshop UCDEC, Paris.
Singh, V. e A. Prakash. 1964. Comportamento de acasalamento em camelos. Ind. Vet. J., 41:475.
Skidmore, J., W.R. Allen, M.J. Cooper, M.A. Chaudhary, M. Billah, e A.M. Billah. 1992a. The recovery and transfer of embryos in the dromedary camel: Resultados de experiências preliminares. Proc. da 1ª Conf. Int. Camel Conf., 137-142.
Skidmore, J.A., M. Billah, e W.R. Allen.1992b. Monitorização ultra-sonográfica e videoendoscópica do desenvolvimento fetal precoce no camelo dromedário. Proc. 1st Int. Camel Conf., 193-201.
Smuts, M.M.S. e A.J. Bezuidenhout. 1987. Anatomy of the Dromedary (Anatomia do Dromedário). Oxford Science Publications.
Sumar, J. 1983. Estudos sobre patologia reprodutiva em Alpacas. Tese, Estocolmo, Suécia.
Taha Ismail, S.T. 1988. Reprodução no dromedário macho (Camelus dromedarius). Theriogenology 29:1407-1419.
Tayeb, M.A.F. 1948. Estudos sobre a anatomia do ovário e do corpo lúteo do camelo. Vet. J. 104:179-186.
Tayeb, M.A.F. 1951-52. L' appareil genital male du chameau. Revue Elev. Med.
Vet. Pays trop. N. S., 5: 203
Tayeb, M. A. F. 1953. Les organes geniteux de la chamelle. Revue Elev. Med.
Vet. Pays trop. N.S. 6:17.
Tibary, A. e A. Anouassi. 1996. Alterações ultra-sonográficas do trato reprodutivo da fêmea de camelo durante o ciclo folicular e a gestação. J. Camel Pract. Res., 3:71-90.
Tibary, A. e A. Anouassi. 1997. Theriogenology in Camelidae. Abu Dhabi Printing and Publishing Company, Abu Dhabi.
Tibary, A. e M. Bakkoury. 1994. Reproduction Equine: La Jument. Actes Edition, Institut Agronomique et Veterinaire Hassan II, Marrocos.
Tingari, M.D., A.S. Ramos, E.S.E. Gaili, B.A. Rahma, e A.H. Saad. 1984. Morfologia dos testículos do camelo de uma corcova em relação à atividade reprodutiva. J. Anat., 139(1):133-143.
Tingari, M.D., M.M. El-Manna, A.T.A. Rahim, A.K. Ahmad, e M.H. Hamad. 1987. Estudos sobre o sémen de camelo. 1. Electroejaculação e alguns aspectos das características do sémen. Anim. Reprod. Sci., 12:213-222.
Tinson, A.H. e A.O. McKinnon. 1992. Ultrassonografia do trato reprodutivo da fêmea do camelo dromedário. Proc. da 1ª Conf. Int. Camel Conf., 129-135.
Wenkoff, M., 1986. Deteção de cio em bovinos. In: Current therapy In Theriogenology, (2ª ed.) W.B. Saunders Company. Ed. Morrow, D.A. pp. 158162.
Wernery, U. e Ali Amjad, 1989. Infertilidade bacteriana em camelos (Camelus dromedarius). Isolamento de Campylobacter fetus. Dtsch. Tierarztl. Wschr, 96:497498.
Wernery, U., 1991. A camela estéril com endometrite. Isolamento de Trichomonas fetus e de diferentes bactérias. J. Vet. Med. B., 38:523-528.
Wernery, U. e R. Wernery. 1992. Infecções uterinas no camelo dromedário - uma revisão. Proc. Ist Int. Camel Conf., 155-158.
Wernery, U., M. Ali, e J.E. Cooper. 1996. Aborto por Bacillus cereus num camelo dromedário de 9 anos de idade - Relato de um caso. J. Camel Pract. Res., 3(2):153-154.
Westendrof, P., L. Richter, e H. Treu. 1975. Zur teifgenfrierung von Eebersperma: Labor- und Bbesmungsergebnisse mit dem Hulsenberger Pailletten Verfahren. Dtsch. Tierarztl. Wschf. 82:261-267.
Williamson, G. e W.J.A. Payne. 1987. An introduction to Animal Husbandry in the Tropics. Londres, 3ª ed. pp. 484-518.
Willmen, T., H. Sieme, H. Merkt, M. Lechner - Doll, H-O. Hoppen, e F. Saad. 1992. Manipulação das funções reprodutivas no camelo macho - variações da concentração hormonal e da qualidade do sémen após intervenção hormonal. Proc. Ist Int. Camel Conf., p. 409.
Wilson, R.T. 1989. Reproductive performance of the one humped camel. A base empírica. Revue Elev. Med. Vet. Pays Trop., 42:117.
Xu, Y.S., H.Y. Wang, G.O. Zeng, G.T. Jiang, e Y.H. Gao. 1985. Hormone concentrations before and after semen-induced ovulation in the bactrian camel (Camelus bactrianus). J. Reprod. Fertil., 74:341-346.
Yagil, R. e Z. Etzion. 1984. Reprodução melhorada em camelos (Camelus dromedarius). Comp. Biochem. Physiol, 79a:201-204.
Yagil, R. e Z. Etzion. 1980. Padrões hormonais e comportamentais no camelo macho (Camelus dromedarius). J. Reprod. Fert., 58:61-65
Yagil, R., 1985. O Camelo do Deserto. Verlag Karger, Basileia.
Yagil, R. e C. vonCreveld. 1990. Embryotransfer technology in camels (Tecnologia de transferência de embriões

em camelos). É possível melhorar o desempenho reprodutivo do camelo? Proc. Workshop UCDEC, Paris.
Yasin, S.A. e A. Wahid. 1957. Camelos do Paquistão: A preliminary survey. Agric. Pakistan, 8:289-297.
Ywema, S. 1960. Criação de camelos. Veeteeltn Zuivelber, 3:390.
Zaki, K. e B. Mousa. 1965. A flora bacteriana do canal cervical, cornos uterinos e trompas de Falópio em vacas e camelas nativas. Fortpfl. Haust. Bd., 1:229-232.
Zhao, X.X., G.W. Pan, Y.M. Huang e B.X. Chen. 1990. Estudos sobre o fator indutor da ovulação no plasma seminal do camelo bactriano. In: "Is it possible to improve the reproductive performance of the camel?" (É possível melhorar o desempenho reprodutivo do camelo?) Proc. Workshop UCDEC, Paris.

Capítulo 10
DEFICIÊNCIAS NUTRICIONAIS

Os camelos desenvolvem-se em zonas onde a precipitação é escassa e pouco fiável, o que resulta na disponibilidade sazonal de forragens, principalmente de má qualidade. O camelo que vive no deserto é conhecido por encontrar o seu sustento em forragens que não são tocadas por outros animais ou que têm um valor nutricional demasiado baixo para eles. Os camelos têm capacidades digestivas fisiológicas que lhes permitem extrair uma nutrição adequada de quase todos os materiais vegetais. As forragens normalmente disponíveis consistem principalmente em gramíneas, folhas e ramos de arbustos e árvores. As patas compridas permitem ao camelo percorrer a vegetação dos andares superiores e inferiores, percorrendo longas distâncias por dia em busca de alimentos e água. O camelo é um navegador por natureza e, por isso, não destrói as suas fontes de alimento como fazem os herbívoros intensivos (Newman, 1975). O camelo dá uma dentada aqui e outra ali, movendo-se continuamente, percorrendo muitas vezes cerca de 50 km por dia, mesmo que haja boa comida disponível. Este método de pastoreio é benéfico para a vegetação, actuando como uma poda natural. As plantas naturalmente disponíveis e preferidas pelo camelo em detrimento de outras, pertencem às espécies Acacia, Salsola e Atriplex (Westrn, 1989). Estas plantas têm um elevado teor de sal e de água. São principalmente amargas e espinhosas, e não são apreciadas por outros animais que pastam na mesma área.

As plantas do deserto dividem-se em dois tipos biológicos gerais: (a) as perenes, que estão adaptadas à escassez de água e ao calor e (b) as anuais, que não mostram praticamente nenhuma adaptação às duras condições climáticas. A adaptação das plantas perenes ao ambiente desértico inclui o engrossamento da cobertura vegetal, a redução do tamanho das folhas e o enrolamento das folhas, especialmente das gramíneas. Muitas vezes, verifica-se mesmo o desaparecimento total das folhas. Todas estas características ajudam a reduzir as perdas de transpiração das plantas. Estas alterações também tornam as plantas praticamente não comestíveis para outros animais que não os camelos. Isto é especialmente verdade para as plantas cujas folhas evoluíram para espinhos. Os espinhos não só reduzem as perdas de transpiração das plantas como também as protegem dos animais que pastam. As plantas perenes do deserto caracterizam-se ainda pelo seu sistema radicular extenso, que é necessário para obter a humidade adequada para a planta. Por conseguinte, quanto mais seco for o clima, mais distantes as plantas ficam umas das outras. O camelo não escava as raízes, como fazem as cabras, pelo que as plantas não são afectadas pelo pastoreio. Os hábitos de pastoreio dos camelos favorecem este sistema de crescimento das plantas. As plantas anuais sofrem adaptações morfológicas e "comportamentais" no ambiente desértico. Morfologicamente, são plantas pequenas, diminuindo assim a superfície de transpiração. Comportamentalmente, têm um tempo de vida muito curto. São capazes de responder a uma única chuva, brotando e amadurecendo numa questão de dias. Estas plantas têm raízes pequenas e folhas grandes e tenras. Em anos de seca, as sementes destas plantas ficam adormecidas. Só depois das chuvas de outono é que as plantas anuais florescem e fornecem a forragem para os animais que pastam. Por conseguinte, nos períodos de seca, as sementes permanecem em estado de dormência. As plantas permanecem verdes durante cerca de 4 meses e são ainda comestíveis durante mais 4 meses quando secas (Johnson, 1969).

A ideia de mudar a criação de camelos de liberdade para encurralamento está a tornar-se lentamente aceitável. Os benefícios vão desde uma melhor produção dos camelos até à melhoria do estatuto social, sanitário, educativo e económico do pastor. Não se sabe muito sobre as necessidades alimentares, especialmente no que respeita aos alimentos necessários para o crescimento, a fertilidade, a gravidez e a lactação. Os camelos alimentados à mão comem 25-40 kg de boa forragem por dia. Esta quantidade parece ser muito superior à óptima. Conclui-se que a anatomia e a fisiologia do sistema digestivo do camelo estão adaptadas ao tipo de forragem disponível, o que confere a este animal uma vantagem sobre os verdadeiros ruminantes nas zonas áridas.

A deficiência energética é a deficiência mais comum de nutrientes, que pode afetar gravemente o desempenho dos animais. A deficiência pode ser quantitativa ou qualitativa. A deficiência quantitativa pode dever-se a condições climatéricas adversas ou ao facto de o agricultor não poder alimentar os seus animais.

Em caso de escassez de alimentos, o camelo pode diminuir a sua ingestão de alimentos, bem como reduzir a sua taxa metabólica. Nestas circunstâncias, a produção é ajustada ao consumo de energia, o que explica em parte a suposta fraca produção do camelo. Os piores efeitos verificam-se quando estados fisiológicos de elevada exigência coincidem com a estação seca. Para melhorar a produtividade global do camelo, é necessário estabelecer os requisitos nutricionais mínimos para manter o corpo do animal num estado energético estável (Guerouali e Filali, 1992).

Gihad e El-Bodevy (1992) sugeriram que as necessidades de manutenção em proteínas são inferiores às dos bovinos, ovinos e caprinos. A ureia parece ser o produto final mais importante do metabolismo do azoto nos camelos, tal como acontece com outros ruminantes. Na maioria dos animais, a ureia endógena é excretada através dos rins; contudo, nos animais herbívoros, nem toda a ureia é excretada na urina. Alguma quantidade regressa ao trato digestivo através da saliva, do epitélio do rúmen e das paredes do trato digestivo inferior. A ureia tem uma

função importante devido à presença de microrganismos no rúmen dos ruminantes. O azoto da ureia é parcialmente incorporado nas proteínas microbianas que, após proteólise no intestino delgado, estarão disponíveis para o animal hospedeiro sob a forma de aminoácidos, contribuindo assim de forma substancial para a economia de azoto do animal hospedeiro. Foi observado (Mousa et al., 1994) que, no camelo, a reciclagem era consistentemente elevada (94%) e significativamente superior à dos ovinos e caprinos, que era de 75 e 78%, respetivamente. Parece que será atingido um limite fisiológico com uma alimentação de 9,6% de proteína bruta. O aumento do nível de ingestão de proteínas não melhora a utilização. O aumento da quantidade de proteínas na ração e a concentração elevada de amoníaco no rúmen podem deprimir a entrada de ureia do sangue para o rúmen, o que aponta para o controlo regulador da degradação da ureia pelos intermediários da fermentação ruminal. O metabolismo da ureia também está intimamente relacionado com o valor energético da dieta. A privação de água durante curtos períodos é benéfica para o camelo e outros ruminantes no que respeita ao metabolismo da ureia e à utilização de energia (Mousa et al., 1983).
O efeito da privação dependerá da idade do animal, da gravidez, da deficiência concomitante de outros nutrientes e das condições ambientais. Nos animais jovens, o crescimento será retardado. Nos animais maduros, a produção será reduzida, perderão peso e a fertilidade será afetada. Nas fêmeas prenhes, a deficiência prolongada de energia pode afetar o crescimento fetal ou mesmo a morte fetal e o aborto. Uma deficiência alimentar súbita de energia nos camelos, especialmente nas camelas grávidas e lactantes, pode resultar em cetose por inanição.
A desnutrição proteico-energética ocorre em bezerros neonatais, que não são autorizados a mamar pela mãe e recebem leite de má qualidade indigesto para o bezerro recém-nascido. Os vitelos com diarreia, que recebem apenas electrólitos e permanecem privados de leite durante alguns dias, podem perder uma quantidade significativa de gordura corporal.
Os efeitos da carência de proteínas não são normalmente tão graves como os da carência de energia, pelo menos nas fases iniciais. A deficiência na ingestão de proteínas ou a má absorção nos animais jovens resulta numa redução do apetite, numa diminuição da ingestão de alimentos, numa taxa de crescimento inferior, na falta de desenvolvimento muscular e num tempo prolongado para atingir a maturidade. Nos animais adultos, há perda de peso e diminuição da produção de leite, redução das proteínas séricas totais e da albumina. Nos camelos machos, foi observada uma redução da contagem de esperma e da libido (Tibary e Anousi, 1997).
O diagnóstico baseia-se na estimativa dos teores de energia e de proteínas dos alimentos e das necessidades destes ingredientes nos camelos, em função da idade e do estado fisiológico (produção de leite, gestação, exercício, etc.). Para o tratamento da deficiência energética aguda (cetose), podem ser administrados fluidos orais, glucose e electrólitos, conforme indicado. Recomenda-se o fornecimento de alimentos de alta qualidade adequados à espécie.

DOENÇAS CAUSADAS POR CARÊNCIAS MINERAIS

Atualmente, acredita-se que 22 elementos minerais são essenciais para as formas superiores de vida animal. Estes são compostos por sete minerais principais ou macronutrientes (cálcio, fósforo, potássio, sódio, cloro, magnésio e enxofre) e 15 oligoelementos ou elementos minerais micronutrientes (ferro, iodo, zinco, cobre, manganês, cobalto, molibdénio, selénio, crómio, estanho, vanádio, flúor, silício, níquel e arsénio).
Os elementos minerais existem nas células e nos tecidos do corpo animal numa variedade de combinações químicas funcionais. A concentração de minerais varia nos diferentes tecidos. As concentrações devem ser mantidas dentro de limites bastante estreitos, ou gamas normais, para que a integridade funcional e estrutural dos tecidos seja salvaguardada e para que o crescimento, a saúde e a produtividade do animal não sejam afectados. A ingestão continuada de dietas deficientes, desequilibradas ou excessivamente ricas num mineral induz alterações na forma ou na concentração desse mineral nos tecidos e fluidos corporais, de modo a que fique abaixo ou acima dos limites admissíveis ou do intervalo normal. Em tais circunstâncias, podem desenvolver-se lesões bioquímicas, as funções fisiológicas podem ser afectadas negativamente e podem surgir perturbações estruturais de formas que variam com o elemento, o grau e a duração da deficiência ou toxicidade da dieta e a idade, sexo e espécie do animal envolvido. Os mecanismos homeostáticos do organismo podem ser accionados, o que atrasa ou minimiza o aparecimento de tais alterações induzidas pela alimentação. A prevenção definitiva das alterações exige que seja fornecida ao animal uma dieta que seja palatável e não tóxica e que contenha os minerais necessários, bem como outros nutrientes, em quantidades adequadas, proporções correctas e formas disponíveis.
A ingestão inadequada ou excessiva de um único elemento mineral é pouco comum na maioria dos ambientes naturais. São frequentemente atenuados ou exacerbados, ou seja, "condicionados" pelo grau de presença ou ausência de outros componentes alimentares, com os quais o mineral interage metabolicamente, na totalidade da dieta ou no ambiente.
No que diz respeito ao cobre, a questão do equilíbrio mineral ou dos rácios alimentares é de importância crucial devido à forte influência do molibdénio e do enxofre na retenção do cobre, mas deve reconhecer-se que a interação metabólica que afecta significativamente os requisitos mínimos e as tolerâncias máximas é generalizada e omnipresente entre os elementos minerais.
A incidência e a gravidade da má nutrição mineral no gado podem ainda ser influenciadas, direta e indiretamente, por factores climáticos, como a luz solar e a incidência da precipitação. A luz solar promove a formação de vitamina D no animal, o que facilita a absorção de cálcio e fósforo. A concentração de fósforo nas plantas forrageiras diminui com o aumento da maturidade da planta e com a queda das sementes. Em qualquer área, a duração relativa do período seco e maduro das plantas (baixo teor de fósforo nas forragens) e do período verde e

de crescimento (alto teor de fósforo nas forragens) é determinada em grande parte pela incidência da precipitação. Chuvas fortes que resultam em encharcamento também aumentam a disponibilidade de alguns minerais do solo para as plantas, nomeadamente o cobalto e o cobre, afectando assim a concentração desses elementos na erva pastada.
Existem três grandes tipos de funções para os minerais, embora não sejam exclusivas de elementos específicos e possam ser todas desempenhadas pelo mesmo elemento ao mesmo tempo. Os três tipos de funções são:
i) . Componentes estruturais dos órgãos e tecidos do corpo, como o cálcio, o fósforo, o magnésio, o flúor e o silício nos ossos, e o fósforo e o enxofre nas proteínas.
ii) . Os constituintes dos fluidos corporais e dos tecidos, tais como os electrólitos, estão envolvidos na manutenção da pressão osmótica, do equilíbrio ácido-base, da permeabilidade das membranas e da irritabilidade dos tecidos: o sódio, o potássio, o cloreto, o cálcio e o magnésio no sangue, no líquido cefalorraquidiano e no suco gástrico são exemplos dessas funções.
iii) . Catalisadores em sistemas enzimáticos e hormonais, como componentes integrais e específicos da estrutura de metaloenzimas, ou como derivados menos específicos dentro desses sistemas.
Nas metaloenzimas, o metal está firmemente ligado à porção proteica com um número fixo de átomos de metal por mole de proteína. O metal não pode ser removido sem perda de atividade enzimática e, geralmente, não pode ser substituído por qualquer outro metal, embora os átomos de zinco nativos em várias enzimas de zinco possam ser substituídos por cobalto e cádmio sem perda total de atividade, e as metaloenzimas individuais não estão confinadas a metais únicos. A superóxido dimutase, que catalisa a dismutação do radical livre superóxido, pode conter cobre e zinco, ou manganês, dependendo da sua fonte. A concentração e as actividades de muitas das associações enzimáticas de elementos minerais, em células e tecidos específicos, foram agora relacionadas com as manifestações de deficiência e toxicidade destes elementos no organismo animal. Nalguns casos, surgem distúrbios clínicos e patológicos graves em consequência de anomalias nos minerais da dieta.
Normalmente, estão disponíveis provas, a partir do trabalho experimental, para indicar os sinais clínicos e os achados de necropsia que se pode esperar que sejam produzidos por cada deficiência. Vários factores de modificação podem confundir a questão. As carências minerais foram analisadas por Faye e Bengoumi (1994) e Abu Damir (1998), em camelos.

DEFICIÊNCIA DE COBALTO

O cobalto é um oligoelemento essencial na alimentação dos ruminantes. É armazenado no corpo apenas em quantidades limitadas e não em todos os tecidos. No ruminante adulto, funciona apenas no rúmen, pelo que deve estar sempre presente nos alimentos. O cobalto é necessário para a síntese da vitamina B12 (ciancobalamina) e, em comparação com outras espécies, as necessidades de vitamina B12 são muito mais elevadas nos ruminantes. O defeito essencial da deficiência de cobalto nos ruminantes é uma incapacidade de metabolizar o ácido propiónico, que é acompanhada por uma falta de apetite e morte por inanição.

Achados clínicos

Não existem sinais específicos característicos da deficiência de cobalto. A diminuição gradual do apetite é o único sinal clínico evidente, acompanhado de perda de peso corporal e emaciação. Os animais afectados são anémicos (anemia normocrómica e normocítica). Há uma palidez acentuada das membranas mucosas e os animais afectados ficam facilmente fatigados. O crescimento e a lactação podem sofrer atrasos. Pode registar-se perda de pelo. O definhamento pode ser precipitado pelo stress do parto ou do aborto.
A estimativa do teor de cobalto ou de vitamina B12 no fígado é o teste de diagnóstico mais valioso disponível. O radioensaio da vitamina B12 no soro e no fígado pode ser utilizado como meio de diagnóstico, se for interpretado corretamente.
A presença de ácido metilmalónico (MMA) e de ácido formimino glutâmico (FIGLU) no plasma e na urina é um indicador de diagnóstico e de prognóstico. A concentração de FIGLU é considerada um indicador fiável do estado de cobalto dos borregos. Os níveis de 0,08 - 20 umol /ml na urina dos borregos afectados voltam a zero após o tratamento (Rucker e Morris, 1997). O ácido metilmalónico é normalmente metabolizado nos ruminantes por um sistema enzimático de vitamina B12. Num animal com deficiência de cobalto, o teor de metilmalónico na urina é anormalmente elevado, o que tem algum mérito como teste para detetar a presença da deficiência. Nem o MMA nem o FIGLU são constituintes normais da urina e a sua presença na urina é uma indicação positiva de deficiência de cobalto.
Este problema pode ser tratado com a administração oral de cobalto.

DEFICIÊNCIA DE COBRE

Quando o cobre é deficiente nas dietas, é designado por deficiência primária de cobre. Quando o cobre ingerido na alimentação não é utilizado nos tecidos, designa-se por deficiência secundária de cobre. Existem várias doenças nos ruminantes em que a administração de cobre é curativa, embora a quantidade de cobre na dieta seja adequada. O excesso de molibdénio na dieta é um dos factores condicionantes. Pensa-se que o zinco, o ferro, o chumbo e o carbonato de cálcio são também factores condicionantes. O sulfato inorgânico da dieta, em combinação com o molibdénio, tem um efeito profundo na absorção de cobre pelos ruminantes. O aumento do teor de sulfato na dieta pode potenciar o teor de molibdénio (tão baixo como 2 mg/kg) para reduzir a ingestão de cobre abaixo dos níveis normais. O sulfato adicional na dieta também tem um efeito depressivo na absorção de selénio (Blood e Radostits, 1989).

Muitas doenças são atribuídas à deficiência de cobre em todo o mundo, sendo os jovens mais susceptíveis à deficiência de cobre do que os animais adultos. O cobre é necessário para a síntese da hemoglobina, para a produção de eritrócitos, para a síntese e maturação do colagénio e para a síntese da melanina. É um componente da citocromo oxidase, da lisil oxidase e da superóxido dismutase, que são necessárias para os processos oxidativos no organismo (Fraser et al. 1991).

Os níveis fisiológicos de Cu no soro do camelo foram registados por muitos autores e estes níveis são comparáveis aos dos ovinos, caprinos e bovinos. A concentração plasmática normal para o camelo é considerada como sendo de 70-120 ug/dl e valores inferiores a 60 ug/dl indicam deficiência. A concentração plasmática de Cu diminui durante a gravidez (El-Tohamy et al., 1986). Isto pode ser atribuído, como é o caso dos bovinos, ao facto de o feto em desenvolvimento obter o seu cobre por transferência placentária e de, à nascença, a concentração hepática de cobre ser elevada e diminuir após o nascimento para níveis adultos nos primeiros meses. O valor do cobre também aumenta com a desidratação, mas não com a hemólise (Tartour, 1975).

A ceruloplasmina (cobre oxidase) é uma glicoproteína alfa, sintetizada predominantemente no fígado e contém >95% de cobre no plasma.

A atividade da enzima ceruloplasmina no camelo é de 31,841,4 UO. Este valor é semelhante ao registado em bovinos, ovinos e caprinos. A atividade é afetada pela idade e pelo sexo. Existe uma correlação direta entre a atividade da ceruloplasmina e a concentração de cobre no soro do camelo, tal como acontece com outros ruminantes (Abdul Rahim, 1983).

O camelo pode armazenar grandes quantidades de cobre no fígado. A concentração média de cobre no fígado é de 155 mg a 275 mg/kg de MS (Khalifa et al. 1983). No baço, a concentração de cobre é de 6,4-43 mg/kg de MS (Tartour, 1975), na cartilagem 5,9 mg/kg de MS, no osso 1,15 mg/kg de MS (Khalifa et al., 1973), nos rins 2,4 - 12,2 mg/kg de peso húmido (Abu Damir et al. 1983).

Achados clínicos

A deficiência de cobre ou a deficiência limítrofe está amplamente difundida noutros ruminantes, em países com grandes populações de camelos. Num estudo, 46% dos camelos tinham níveis de cobre no soro abaixo do valor crítico (Faye, 1989). Os sintomas de deficiência de cobre estão a ser observados em camelos jovens nos Emirados Árabes Unidos (observação pessoal), e a suplementação com cobre é praticada por rotina. Num estudo efectuado no Dubai (Wensvoort, 1992), foram registados níveis muito baixos de cobre em camelos reprodutores (43,3 ± 35,4 mg / kg MS), em animais de corrida (41 ± 40,3 mg/kg MS), em vitelos (29,7 ± 25,1 mg/kg MS) e em camelos adultos (43 ± 38,3 mg/kg MS). Pensa-se que a deficiência limítrofe de cobre é condicionada e deve-se principalmente ao elevado teor de sulfato e molibdénio na dieta e na água de beber, associado ao baixo teor de cobre na ração (Wensvoort, 1992). Abdulla et al (1988) também registaram níveis baixos de cobre no soro de camelos de corrida, que ocasionalmente apresentavam uma concentração baixa de PCV e Hb. Hastings e Gascoyne (1992) registaram anemia e perda de peso em lamas e guanacos. Foi observada em camelos uma doença de oscilação, acompanhada de pica, emaciação, discinesia, baixa concentração de cobre no sangue e cerulosplasmina, anemia hipocromática microcítica, tendência para quedas e fracturas. A doença é atribuída a uma deficiência secundária de cobre resultante de níveis elevados de molibdénio no solo e na forragem. A concentração de molibdénio nos solos e na forragem é de 4,8 ± 0,02 e 4,8 ± 0,25 mug / g (matéria seca), respetivamente. A concentração de cobre no sangue e no pelo do camelo é de 0,28 ± 0,17 mug / ml e 3,50 ± 1,0 mug / g, respetivamente. Um grande número de eritrócitos nucleados tem sido observado em bezerros de camelo, que respondem bem à administração de cobre (Wernery et al., 1999).

O diagnóstico de deficiência de cobre pode ser estabelecido através da observação de uma estimativa baixa de cobre sérico ou de ceruloplasmina, juntamente com anemia e/ou uma dieta rica em sulfato e molibdénio.

Tratamento

Recomenda-se a inclusão de cobre nos regimes alimentares dos camelos leiteiros e dos camelos de corrida, à razão de 10 mg/kg de alimento, com base na matéria seca, tal como é recomendado para o gado leiteiro (ARC, 1980, Mc Dowell, 1985, Thompson e Fowler, 1990). A margem de segurança é elevada nos camelos (Abu Damir et al., 1993). A maior parte dos alimentos preparados para animais são suplementados com sulfato de cobre. Deve ser evitada a utilização de alimentos provenientes de áreas onde os solos são ricos em sulfato.

DEFICIÊNCIA DE FERRO

Cerca de 70% do ferro corporal total é armazenado na hemoglobina, 25% no fígado, baço e medula óssea e o restante está contido na mioglobina e nos citocromos (Varley et al., 1980, Whitby et al., 1988, Schreiber, 1989). Cerca de 0,1% do ferro corporal total está contido no plasma. A maior parte do ferro no plasma está ligada a uma proteína chamada transferrina, no entanto, uma pequena quantidade de ferro está livre. No fígado, baço e medula óssea, o ferro é armazenado como ferritina, que é solúvel em água. Quando a concentração de ferro aumenta, este é armazenado patologicamente no fígado, no baço e na medula óssea sob a forma de hemossiderina insolúvel em água.

Os estados de deficiência de ferro não são muito comuns nos animais de criação, exceto nos muito jovens que estão confinados ao leite (Blood and Radostitis, 1989). Os valores normais nos camelos são comparáveis aos de outros ruminantes e cavalos (Abu Damir et al., 1993). No entanto, Faye et al., (1986) observaram um nível de ferro mais baixo nos camelos do que noutros ruminantes. Os valores de ferro no leite de camelo são mais elevados do que nas vacas, ovelhas e cabras. A capacidade total de ligação do ferro (TIBC) é a quantidade de ferro que pode combinar-se com a transferrina até à saturação total. Normalmente, apenas 33% da transferrina está saturada com ferro nos vertebrados (Dacie e Lewis, 1991). O ferro sérico x 100 / TIBC é considerado um indicador sensível da deficiência precoce de ferro. A diferença entre o ferro sérico total e a capacidade total de ligação do ferro é o ferro não ligado. O sexo ou a idade não afectam os valores totais de ferro sérico. No entanto, os camelos machos têm valores de TIBC e de concentração de saturação (SC) significativamente mais elevados do que as fêmeas (Tartour e Idris, 1970). Os valores totais de ferro sérico diminuem durante a gravidez. Os níveis de ferro também diminuem durante a nefrose, a insuficiência renal, a perda de sangue aguda e crónica, a hepatite aguda e outras infecções agudas e crónicas e doenças malignas (Varley et al., 1980). Não há registo de anemia por deficiência de ferro e é pouco provável que ocorra em camelos não desmamados e criados naturalmente. O teor de ferro no esplénico dos camelos é inferior ao de outros ruminantes, sendo superior ao do fígado. O teor de ferro no fígado do feto é mais elevado do que no adulto (Abu Damir, 1998).

Etiologia

A ocorrência de deficiência primária de ferro é raramente observada em ruminantes em pastoreio. No entanto, pode ocorrer em criação intensiva, secundária a hemólise intervascular, absorção e metabolismo defeituosos do ferro, infecções crónicas e hemorragias crónicas (devido a úlceras, infestação parasitária e tumores). Os parasitas comuns envolvidos são Haemonchus longistipes, espécies de Trichuris e espécies de Trichostrongylus (Faye et al., 1986). A tripanossomíase, uma doença muito comum nos camelos, causa anemia hemolítica e consequente deficiência de ferro. A sarna, causada por Sarcoptes scabie (cameli), é uma doença comum nos camelos (Higgins, 1986). Os ácaros alimentam-se da linfa do camelo. A procura de ferro por parte do parasita parece ser muito elevada. Foram registados valores baixos de ferro (41ug/100 ml) em camelos afectados pela sarna. Uma forte infestação de carraças tem um efeito semelhante.

Achados clínicos

A deficiência de ferro resulta em anemia, que é geralmente hipocrómica e microcítica. A anemia acompanhada de hipoferremia é um achado comum em camelos de corrida nos Emirados Árabes Unidos, apesar dos esforços contínuos para suplementar o ferro. É possível que a anemia se deva a uma deficiência de cobre secundária a níveis elevados de sulfato e molibdénio; no entanto, alguns camelos com fraco desempenho nas corridas respondem bem ao tratamento com ferro. Observa-se um baixo nível de ferro sérico em associação com condições inflamatórias nos camelos. Isto pode dever-se a um aumento da atividade dos macrófagos, que foi estimulada em resposta a uma doença (Manefield e Tinson, 1996).

Diagnóstico

O diagnóstico da deficiência de ferro no camelo baseia-se na baixa concentração sérica de ferro (<50 ug/dl), na anemia hipocrómica microcítica, na baixa hemoglobina e na diminuição da ferritina sérica com baixa concentração de saturação.

Tratamento

O tratamento pode ser administrado por via oral ou, sempre que necessário, por via parentérica. São preferidas as preparações orgânicas de ferro, ou seja, dextrano de ferro, complexo de ferro-sorbitol-ácido cítrico, sacarato ou gluconato de ferro. Os medicamentos devem ser utilizados de acordo com as instruções do fabricante.

DEFICIÊNCIA DE IODO

O iodo é essencial para a síntese das hormonas da tiroide, ou seja, a tiroxina (T4) e a triiodotironina (T3). Estas hormonas são necessárias para o processo de oxidação nas células, para a reprodução, o crescimento e a diferenciação, para as funções neuromusculares e para o tegumento dos mamíferos. A deficiência de iodo, para além de perturbar as funções acima mencionadas, provoca o aumento da tiroide (bócio).

Etiologia

As causas do bócio são a deficiência primária de iodo, substâncias biterogénicas e defeitos metabólicos na homeogénese da tiroide. Níveis elevados de rubídio, arsénio e fluoretos também podem causar bócio. O grau da doença depende da natureza e da duração da exposição ao agente causador (Underwood, 1977). O peso relativo da tiroide de todos os animais domésticos, incluindo o camelo, é de cerca de 0,1 gm / kg de peso corporal.

Abdel Wahab e Hamza (1970) registaram um peso médio de 52,7 g de glândulas tiróideas frescas de camelos saudáveis. A hormona estimulante da tiroide desencadeia a retenção de iodo nas glândulas tiroide e a subsequente secreção de hormonas da tiroide. Abdel Wahab e Osama (1971) referiram uma menor acumulação de iodo radioativo nos camelos do que nos ovinos e caprinos. O rastreio da tiroide através de iodo radioativo é amplamente utilizado em seres humanos para diagnosticar bócio, tecidos extra-tiróides concentradores de iodo e para detetar nódulos de aumento ou diminuição da absorção de iodo na glândula (Guiles, 1991). Este método também pode ser utilizado em animais, incluindo camelos. Venkatesh e Deshpande (1996) comunicaram valores do teor de iodo da tiroide e da tiroglobina de camelos.

Achados clínicos

Foi registado bócio clínico e subclínico em camelos adultos das regiões de Darfur e Kodafan, no Sudão. As glândulas tiróides afectadas sobressaem do lado do pescoço. Pode ser unilateral ou bilateral. Também se observa anemia normocítica e normocrómica em camelos afectados por bócio (Abu Damir et al., 1990).

No exame post mortem, os tiróides apresentam-se pálidos ou acastanhados, mais pesados, aumentados de tamanho simétrica ou assimetricamente. A superfície de corte pode ser lisa, rugosa ou cística. Ao corte, escorre um líquido gelatinoso ou aquoso amarelado. As alterações histopatológicas das glândulas tiróides estão geralmente correlacionadas com as observadas no bócio coloidal noutras espécies. Os folículos estão normalmente aumentados numa extensão variável e encontram-se cheios de coloide ou vazios. Observa-se hiperplasia celular, raramente metaplasia e, frequentemente, fibrose do tecido conjuntivo interfolicular, o que resulta numa distorção da morfologia folicular. Observam-se níveis séricos baixos de T3 e T4 nos camelos afectados.

A deficiência de iodo pode causar distúrbios reprodutivos nos camelos. Os vitelos recém-nascidos de mães com deficiência de iodo são fracos e, normalmente, bócio. Verifica-se uma elevada taxa de mortalidade neonatal. Também foi observada perda de libido nos camelos machos.

Diagnóstico

O diagnóstico imediato da carência de iodo no camelo, tal como noutros animais, baseia-se na presença de um aumento não maligno e não inflamatório da glândula tiroide, juntamente com uma diminuição dos níveis séricos das hormonas tiróideas (T3 e T4 totais e T3 e T4 livres) e uma diminuição da concentração de iodo no leite (<10 ug /100 ml). São detectadas concentrações excecionalmente elevadas de colesterol no leite de camelos afectados sem bócio clínico.

Tratamento

A dosagem para o tratamento deve ser calculada com muito cuidado, uma vez que uma dosagem excessiva pode causar intoxicação. Para a prevenção, devem ser dadas lambidelas de sal de iodo. A utilização de iodo nos fertilizantes também ajuda. O iodeto de potássio é preferido para tratar e prevenir a doença.

DEFICIÊNCIA DE SELÉNIO

O selénio é um componente da enzima glutatião peroxidase (GSHPX) nos eritrócitos. Tanto a GSHPX como a vitamina E interrompem o processo de oxidação, que mata as células e os tecidos. A doença, que resulta de uma deficiência de selénio ou de vitamina E, é designada por doença do músculo branco ou doença da magreza. A carência de selénio e de vitamina E provoca também retenção da placenta nos bovinos, diátese exsudativa, encefalomalácia, fibrose pancreática nos pintos e perturbações reprodutivas em todas as espécies (Blood e Radostits, 1989).

A glutatião peroxidase catalisa a remoção do peróxido de hidrogénio na presença de glutatião reduzido (GSH) que, por sua vez, muda para a forma não reduzida (GSSG) e, em seguida, o GSH é regenerado pela enzima glutatião redutase.

Foi registada uma concentração de 82-175 ng /ml de selénio no soro de camelos adultos saudáveis. (Hamliri et al., 1990). Os eritrócitos dos dromedários têm uma concentração mais baixa de GSH (77,5 ± 4,5 mg %) e uma atividade intermédia da glutationa redutase (4,1 UI/g Hb), em comparação com outros animais e com o homem. No entanto, Agar e Suzuki (1982) verificaram que a GSH nos eritrócitos dos camelos não é diferente da dos búfalos (74 ± 2,83 mg, camelo versus 80,9 ± 4,3 mg, búfalo), mas a taxa de regeneração da GSH é significativamente mais elevada no camelo (0,162 ± 0,009 mmol /min /g Hb versus 0,082 ± 0,011 mmol /min /g Hb). Não se sabe se a baixa concentração de GSHPX nos eritrócitos do camelo tem algum efeito sobre a taxa de remoção de peróxidos e, por conseguinte, sobre a etiologia da doença do músculo branco.

Foram registados níveis médios de vitamina E de 1,44 + 0,47 mg/ml para 6 grupos de camelos mantidos em diferentes condições: As fêmeas reprodutoras, que não receberam suplementos vitamínicos, apresentaram a concentração mais baixa de vitamina E (0,9 + 0,23 mg/ml). A concentração de vitamina E em camelos que receberam um suplemento vitamínico contendo 5 g de vitamina E durante 9 dias aumentou de 1,2 - 2,15 mg/ml. Geralmente, o nível sérico de vitamina E no dromedário (0,4-1,5 mg/ml) é semelhante ao do camelo bactriano (Higgins e Kock, 1986). A concentração de selénio em vários órgãos dos camelos é a seguinte (mg/kg de MS): rins 6,7; pulmões 3,89; glândulas supra-renais 2,39; gânglios linfáticos 1,77; intestino grosso 1,23, abomaso 0,81; cérebro 0,8; e coração 0,73 (Awad e Berschneider, 1977).

A deterioração da vitamina E nas pastagens secas pelos raios ultravioleta é de especial importância na etiologia da doença, especialmente em áreas onde a concentração de selénio nas pastagens é crítica ou marginalmente deficiente. Níveis elevados de ácidos gordos polinsaturados na dieta são outro fator contribuinte. A miopatia clínica é observada em bovinos alimentados com pastagens com níveis elevados de ácidos linolénicos e baixos de ácidos linoleicos (Rice et al. 1983).

Achados clínicos

As deficiências de selénio e/ou vitamina E causam doenças agudas ou crónicas do músculo branco nos ruminantes, incluindo o camelo (Manefield e Tinson, 1996). É especialmente importante nos animais jovens (Hamliri et al., 1990). A doença pode causar uma mortalidade elevada, até 30%, nos vitelos de camelo. Nos camelos adultos, observa-se um fraco desempenho nas corridas, perturbações cardíacas e respiratórias e uma redução da fertilidade, tanto nos machos como nas fêmeas. Nos animais jovens, observa-se letargia, anorexia, aumento da frequência cardíaca e respiratória, perturbações locomotoras e exaustão durante o exercício (Manefield e Tinson, 1996). A morte pode também ocorrer após stress, na sequência de fibrilhação cardíaca. Também foram observadas mortes súbitas em casos peri-agudos (Zhang et al, 1986).

As lesões da deficiência de vitamina E/selénio incluem degeneração e necrose do miocárdio, do diafragma, dos músculos intercostais e do músculo gastrocnémio. Também foram registados graus variáveis de mineralização do miocárdio, hidropericardite, hiperemia ventricular e congestão e/ou edema dos pulmões. A secção do diafragma e do músculo gastrocnémio revelou degeneração e necrose com perda de estrias das fibras musculares e o miocárdio mostrou degeneração hialina com picnose nuclear ou cariólise. Também foi registado algum grau de calcificação, fibrose e proliferação celular do miocárdio (Finlayson et al., 1971; Decker e Mc Dermid, 1977; e Manefield e Tinson, 1996).

Musa e Tageldin (1994) descreveram a "doença do inchaço dos camelos dromedários" e atribuíram-na a uma deficiência relativa de vitamina E e selénio condicionada pelo stress. O edema moderado a grave dos membros, do abdómen ventral, do pescoço e dos testículos é caraterístico da doença. As lesões microscópicas incluem degeneração focal do miocárdio e perda de miofibrilas, dilatação capilar, inchaço das células endoteliais e espessamento da túnica média das grandes artérias.

O diagnóstico nos camelos baseia-se nas lesões e nas baixas concentrações séricas de selénio e/ou vitamina E, bem como na baixa atividade da glutationa peroxidase no sangue. A CPK é útil nas fases iniciais da doença. A elevada atividade da GOT, da LDH e da SD e o aumento da concentração de ácido linolénico no soro (ácidos gordos altamente poli-insaturados nos alimentos) podem ajudar no diagnóstico.

Tratamento

Uma mistura combinada de selénio e alfa-tocoferol pode ser usada para o tratamento. O fornecimento de <0,5 mg /kg de MS de selénio (Hamliri et al., 1990) e <100 mg de vitamina E nas rações é adequado.

DEFICIÊNCIA DE ZINCO

A deficiência de zinco causa paraqueratose, alopecia, perda de lã, crescimento anormal do casco, claudicação e falta de frieza nos ruminantes. Pouco trabalho foi feito em relação ao zinco em camelos e a deficiência clínica não é conhecida.

A concentração média de Zn no soro de 93,4 + 4,2ug/100 ml foi registada por El-Tohamy et al (1986). Foram encontrados valores um pouco mais elevados (104,8 + 9,5 ug/100 ml) por Abu Damir et al. (1993). A gama de valores é semelhante à registada noutros animais (Underwood, 1977).

Foram registados níveis de zinco no plasma mais elevados em camelos adultos do que em camelos jovens. No sangue hemolítico, os níveis de zinco aumentam e também o valor aumenta no material de recolha contaminado. Valores de 143+ 4.8, 187.0+ 23.95 e 112.00 + 12.5 mg/kg, respetivamente, foram encontrados no fígado, coração e baço (Awad e Breschneider, 1977). A deficiência de zinco é observada comparativamente rara em condições de campo.

Achados clínicos

Os sintomas observados em vários animais são paraqueratose; anorexia e crescimento atrofiado, imunodeficiência mediada por células e função reprodutiva prejudicada (Underwood, 1977). O zinco sérico é baixo (<60-80 ug/100 ml). Embora não tenham sido registados casos clínicos em camelos, há indicações de que prevalece uma deficiência ou uma deficiência limítrofe. Abdulla et al. (1988) registaram níveis muito baixos de zinco sérico (41 ug /100 ml) em camelos. Wensvoort (1992) referiu que as pastagens dos EAU são também deficientes em zinco (1,2-21,88 mg/ kg de peso seco), o que é muito inferior às recomendações da ARC para o gado (30 mg/kg DM). Pensa-se que este facto é também uma causa da baixa fertilidade dos camelos.

Tratamento

Os camelos com deficiência de zinco respondem prontamente à injeção de uma preparação de zinco. Manefield e Tinson (1996) afirmaram que são necessários 18-20 mg de sulfato de zinco para manter os camelos em boa saúde. A ARC (1980) recomenda a adição de 30-50 ppm de zinco na alimentação de animais domésticos para um crescimento e produção óptimos.

DEFICIÊNCIA DE CÁLCIO

Cerca de 99% do cálcio do corpo está presente nos ossos. O cálcio é mobilizado para o sangue quando necessário. O metabolismo do cálcio é regulado pela hormona paratiroide, calcitonina e vitamina D. O cálcio plasmático total reflecte o estado do cálcio nos animais. No entanto, o cálcio ionizado é biologicamente mais importante. O nível plasmático crítico de cálcio é de 8 mg/dl, que é o mesmo que noutros ruminantes (Mc Dowell, 1985). Tanto a vitamina D como a calcitonina estão elevadas nos camelos desidratados (Yagil, 1985). A concentração de cálcio também se eleva significativamente após o exercício (Snow et al., 1988). Os níveis de cálcio diminuem com o longo tempo de separação do soro e durante a parasitemia tripanossómica ativa (Boid et al., 1986). A deficiência simples de cálcio é rara nos ruminantes. Só ocorre quando o pasto contém menos de 0,2% de cálcio. Várias doenças podem ocorrer devido a uma deficiência de cálcio ou a uma perturbação da relação cálcio/fósforo.

Hipocalcemia

A hipocalcemia, vulgarmente conhecida como paresia parturiente ou febre do leite em bovinos, é uma doença metabólica. Ocorre mais frequentemente em fêmeas adultas após o parto e após a ordenha. Não é muito comum, mas foi registada em camelos (Straten, 1998).

Uma depressão do cálcio ionizado nos fluidos dos tecidos é o defeito bioquímico básico na paresia parturiente. Os iões de cálcio são conhecidos por manterem o tónus muscular. Os níveis de cálcio sérico descem em todas as vacas adultas aquando do parto devido ao início da lactação. As síndromes hipocalcémicas também são observadas noutras alturas que não as relacionadas com o parto. Pode fazer parte de um excesso de ingestão precoce ou ligeiro de hidratos de carbono fermentáveis (Blood and Radostitis, 1989).

Os sintomas observados nos camelos são os mesmos que os registados nos bovinos: A primeira fase da doença é uma breve excitação e tetania. A segunda fase é de reclinação, depressão da consciência e atonia do rúmen. A temperatura corporal está normal ou diminuída. Os níveis normais de cálcio sérico nos camelos são de 9,5 - 11,5 mg/dl (Wernery e Kaaden, 1995). Na hipocalcemia, os níveis podem descer para 2,41-3,94 mg/dl (Straten, 1998).

A condição pode ser tratada com a administração I/V de borogluconato de cálcio 500 ml.
Wilson (1984) relatou esta condição em vitelos de camelo do Quénia.
Esta doença também é observada em vitelos de camelo nos Emirados Árabes Unidos e no Sultanato de Omã. A doença é caracterizada por taxidade óssea (principalmente nas pernas dianteiras), com claudicação, abdução das pernas, flexão do osso rádio-ulnar e malformação das articulações.
A doença resulta da alimentação com alimentos grosseiros de baixa qualidade, pobres em cálcio e/ou fósforo. Isto pode não ser verdade no caso dos vitelos em aleitamento, em que uma série de factores podem ser incriminados. A deficiência de cobre pode ter um papel importante. É necessária mais investigação para explorar a etiologia.

DEFICIÊNCIA DE FÓSFORO

O nível crítico de fósforo no plasma dos camelos é de 4-4,5 mg/dl, o que é idêntico ao registado noutros ruminantes. A concentração de fósforo é elevada quando o animal é jovem e aumenta com a alimentação à base de cereais, a hemólise e a filtração renal deficiente. A deficiência de fósforo é global (Reid e Horvath, 1980).
A deficiência de fósforo é caracterizada por pica (falta de apetite). A infestação parasitária causa hipofosfatemia secundária (Bansal et al., 1971; Kapur e Sharma, 1972; Sharma e Satija, 1974). Nesta situação, os animais comem grandes quantidades de lama, areia, pedaços de pedra e tijolos em vez da alimentação normal. Os animais estão emaciados, com pelo áspero, corcunda reduzida, olhos encovados e membranas mucosas pálidas, com diarreia ou obstipação. As concentrações séricas de cálcio, fósforo e proteínas totais são baixas. A anemia macrocítica, hipocrómica, também é acompanhada. Uma forte infestação por parasitas, acompanhada de uma redução da ingestão de alimentos, pode esgotar o cálcio, o fósforo e o magnésio do camelo.
Uma doença conhecida como *Kraft foi observada* em camelos (Durand e Kchouk, 1958; Kchouk e Durand, 1958) em áreas de solos calcários, pobres em fósforo, com uma grande relação cálcio/fósforo no solo (25:1) e na pastagem (11:1 ou mais). A doença é caracterizada por fracturas espontâneas dos ossos dos membros, dores articulares intensas, claudicação, relutância em mover-se e morte por inanição. As lesões histológicas nos ossos longos, costelas e vértebras, e a química do sangue são sugestivas de raquitismo.
De acordo com a nossa observação pessoal, os casos de hematúria idiopática em camelos de corrida respondem bem à administração de fósforo intravenoso.

MAGNÉSIO

O magnésio é abundante na maioria dos alimentos comuns e constitui cerca de 0,05% do peso corporal total dos animais. Cerca de 60-70% encontra-se no esqueleto. O teor normal de magnésio no soro do camelo é de 1,8-2,4 mg/100 ml.
Nos ruminantes, o principal local de absorção de Mg é a porção reticulo-ruminal do trato digestivo. O magnésio tem muitas funções fisiológicas diversas. O Mg no esqueleto é importante para a integridade dos ossos e dentes. Está presente principalmente como ião Mg, na forma de $Mg(OH)_2$, contido no invólucro hidratado da superfície do cristal de apatite. O magnésio é o segundo catião mais importante, depois do K, dos fluidos intracelulares. Embora apenas cerca de 1% do magnésio total esteja no fluido extracelular (plasma sanguíneo e fluido intersticial), este magnésio banha as células do corpo e é de grande importância. Quando este ião no líquido extracelular desce substancialmente abaixo do normal, as consequências são bastante graves (por exemplo, tetania).
O magnésio é um componente ativo de vários sistemas enzimáticos nos quais o pirofosfato de tiamina (TPP) é um cofator. A fosforilação oxidativa é grandemente reduzida na ausência de Mg. É também um ativador essencial para as enzimas de transferência de fosfato mioquinase, difosfopiridina-nucleótido quinase e creatina quinase. Também ativa a carboxilase do ácido pirúvico, a oxidase do ácido pirúvico e a enzima de condensação para as reacções do ciclo de Kreb. O magnésio parece também facilitar a reação da transcetolase na derivação das pentoses monofosfato.
A nível intracelular, o Mg está predominantemente associado às mitocôndrias. Neste contexto, o seu papel principal é o de ativador de enzimas. O magnésio está envolvido de forma vital no metabolismo dos hidratos de carbono e dos lípidos, como catalisador de um vasto conjunto de enzimas. É essencial para a respiração celular e, em determinados tecidos, encontra-se complexado com o difosfato de adenosina (ADP) e o monofosfato de adenosina (AMP). É evidente que o Mg é importante em quase todas as funções do organismo, uma vez que o ATP é necessário em numerosas funções diferentes, como as contracções musculares, na fosforilação da oxidação e muitas outras.
O magnésio está envolvido na síntese proteica através da sua ação na agregação ribossómica, do seu papel na ligação do ARN mensageiro aos ribossomas 70S e na síntese e degradação do ADN. É também essencial para a formação de AMP cíclico e de outros segundos mensageiros. O magnésio desempenha um papel importante na transmissão neuromuscular, actuando em alguns pontos de forma sinérgica com o Ca, enquanto noutros, como antagonista.
As funções do Mg podem ser demonstradas pelas diversas propriedades fisiológicas alteradas durante uma deficiência, que incluem o crescimento, a imunidade e a alergia, a contração muscular, a sobrevivência dos glóbulos vermelhos, a ocorrência de neoplasias, o metabolismo dos tecidos ricos em colagénio e o metabolismo do Na e do K. Foi também sugerido o seu papel na reprodução.
As suas necessidades diárias nos camelos não são conhecidas. Recomenda-se uma concentração de até 0,20% na dieta de vacas leiteiras (NRC, 1989).

Achados clínicos

A tetania da erva (hipomagnesemia) é uma perturbação metabólica complexa dos ruminantes, afetada pela composição mineral das espécies forrageiras, pelas propriedades do solo, pelas práticas de fertilização, pela estação do ano, pela temperatura, pela espécie animal, pela raça e pela idade. A ocorrência desta doença não foi registada em camelos. A tetania das gramíneas é bastante rara em animais que consomem predominantemente leguminosas, uma vez que estas são geralmente mais ricas em Mg do que as gramíneas. A doença é caracterizada por convulsões em vez de tetania. El-Magawry (1998) diagnosticou hipomagnesemia em seis camelos do Egipto que sofriam de manifestações nervosas graves. Este facto foi confirmado por análises bioquímicas do soro.

Tratamento

As fêmeas que desenvolvem tetania devem receber tratamento médico imediato através de injecções I/V ou enemas. O tratamento pode incluir a injeção subcutânea de uma dose única de 400 ml de uma solução a 25% de MgSO4 ou a injeção I/V de uma dose semelhante de lactato de magnésio.

ENXOFRE

A escassez de aminoácidos contendo enxofre (S) é um problema mundial na alimentação animal. O enxofre faz parte dos aminoácidos metionina, cistina e cisteína, e ocorre nos tecidos animais em muitas formas de sulfato. Um destes compostos é o sulfato de condroitina, um componente importante da cartilagem, dos ossos, dos tendões e das paredes dos vasos sanguíneos. O anticoagulante sanguíneo heparina é um éster de ácido sulfúrico de um polissacrídeo. O enxofre entra nas vias metabólicas ao nível da oxidação do sulfato ou do sulfureto. As formas de S devem ser oxidadas a sulfato ou reduzidas a sulfeto antes de serem utilizadas pelos ruminantes. As reduções de sulfato e a oxidação de sulfeto constituem um processo chamado ciclo de S. É em grande parte um processo microbiano, mas tanto os animais como as plantas fazem alguma aplicação do ciclo.

Os compostos que contêm enxofre têm funções metabólicas vitais em todas as células vivas. A metionina, a cistina e a cisteína são aminoácidos que contêm S. As enzimas hepáticas são capazes de produzir cistina e cisteína a partir da metionina; mas a metionina é necessária para todos os animais vivos. A metionina pode ser desmetilada para formar homocisteína, depois combinada com serina para formar cistationina, que após clivagem produz cisteína e homoserina. Assim, a cisteína e a cistina são aminoácidos não essenciais, mas uma grande parte das necessidades de aminoácidos S dos animais pode ser satisfeita pela cistina e pela cisteína.

Os aminoácidos S são incorporados em cadeias polipeptídicas. Os grupos sulfidrilo livres participam na ligação de hidrogénio e as ligações dissulfureto covalentes entre as moléculas de cisteína ajudam a manter a configuração espacial da estrutura terciária da molécula de proteína. As ligações dissulfureto contribuem para a atividade biológica das enzimas e de muitas proteínas. Os grupos sulfidrilo fornecem locais para a ligação de hidrogénio e locais para a ligação de grupos protéticos de enzimas a substratos e para a ligação de substratos a locais activos de enzimas.

A hemoglobina, os citocromos, as coenzimas A, a coenzima M, o ácido lipóico (coenzima envolvida na descarboxilação do ácido pirúvico e de outros cetoácidos), a S- adenosil-metionina (agente metilante na síntese de substâncias que contêm metilo, como a N-metil nicotinamida, a creatina, a colina, a epinefrina, a anserina e a glicocamina), o glutatião e a heparina contêm S.

Os micróbios do rúmen podem incorporar S inorgânico em compostos orgânicos. As forragens contêm quantidades significativas de sulfato inorgânico. A incorporação de sulfato inorgânico em aminoácidos contendo S pelos micróbios do rúmen é uma parte importante da sua função.

O Molebdenum (Mo) dietético diminui o armazenamento de Cu no fígado. O sulfato inorgânico na ração potencia o antagonismo Cu-Mo. Também foi demonstrado que o sulfato influencia a excreção de Mo na urina e o nível no sangue. A utilização do Cu é limitada pela diminuição da solubilidade do Cu no trato digestivo devido à participação do sulfureto de Cu insolúvel. Sugere-se que, quando o tiomolbidato, que não é complexado com o Cu no rúmen, é absorvido pelo sangue, reage com o Cu plasmático, fazendo com que o Cu dos tecidos seja mobilizado. Foi também sugerido que existe uma relação antagónica entre o Se e o S da dieta. Os estudos de campo mostraram uma distrofia muscular considerável em borregos nascidos de ovelhas alimentadas com alfafa e feno de erva com elevado teor de Se e S.

A toxicidade do enxofre nos ruminantes é mais provável de ocorrer quando os animais são alimentados com dietas suplementadas com substâncias com elevado teor de S, como o sulfato de amónio para fornecer NPN ou o sulfato de cálcio para fornecer cálcio. É indicado que o sulfureto de hidrogénio formado a partir do sulfato pela flora intestinal é a causa do envenenamento. O sulfureto reduz a atividade ruminal e provoca perturbações nervosas e respiratórias. Parece que 0,4% de S é um nível máximo tolerável de S como sulfato de sódio para ovinos. Não existem dados disponíveis para camelos.

DEFICIÊNCIA DE SÓDIO E CLORO (SAL COMUM)

O sódio e o cloro (Cl), para além do potássio, mantêm a pressão osmótica e regulam o equilíbrio ácido-base. Estes electrólitos nos fluidos corporais estão envolvidos a nível celular no metabolismo da água, na absorção de nutrientes e na transmissão de impulsos nervosos. O estado ácido-base é determinado pelas diferenças entre a ingestão total de catiões e aniões e a sua excreção. O sódio representa mais de 90% do total de catiões e o Cl, dois terços dos iões ácidos. O sódio e o Cl são cruciais para a manutenção de uma relação normal entre o volume de fluidos e a pressão osmótica. O sódio tem um papel importante na transmissão de impulsos nervosos e na manutenção de contracções musculares e cardíacas adequadas. Na respiração e na regulação do pH sanguíneo, o

Cl é transferido entre o plasma e os eritrócitos através de um processo conhecido como transferência de cloro. O sódio e o Cl ajudam a controlar a passagem de nutrientes para o interior das células e a saída de produtos residuais. Os iões de sódio têm de estar presentes no lúmen do intestino delgado para a absorção de açúcares e aminoácidos. A insuficiência de sódio diminui a utilização de proteínas e de energia. Os electrólitos da dieta afectam a absorção de cálcio e a sua possível mobilização na parturição. As dietas ácidas resultam numa maior absorção de Ca, enquanto as dietas com excesso de catiões, incluindo as que contêm tampões dietéticos, reduzem a disponibilidade de Ca. A absorção das vitaminas solúveis em água (riboflavina, tiamina e ácido ascórbico) pode estar associada ao sódio. A absorção de água nos intestinos pode também estar intimamente ligada ao transporte de iões Na (McDowell, 1992).

O cloro é o principal anião do fluido extracelular e encontra-se também nas secreções gástricas, onde o ácido clorídrico é importante na digestão das proteínas. Encontra-se também em concentrações bastante elevadas na bílis, no suco pancreático e nas secreções intestinais. O cloro é essencial para a ativação da amilase intestinal. Sabe-se que o camelo necessita de cerca de 140 g de sal por dia para se manter em óptimas condições. Se o camelo não estiver a pastar em arbustos que contenham sal, deve ser-lhe dado sal à vontade (Perk, 1939).

Etiologia

Um excesso de potássio agrava uma deficiência de sódio, tal como um excesso de sódio aumenta os efeitos da deficiência de potássio. A depleção corporal de sal ocorre devido à diarreia e aos vómitos, com uma menor absorção destes nutrientes. Os animais com lesões nos rins ou nas glândulas supra-renais têm uma maior depleção destes elementos. É mais provável que ocorra uma deficiência alimentar de sódio em animais jovens de crescimento rápido alimentados com dietas à base de cereais ou forragens inerentemente pobres em sódio, durante a lactação como consequência das perdas de sódio (e também de Cl) no leite e durante o tempo quente, especialmente em camelos que treinam intensamente (o sódio e o Cl perdem-se no suor).

Achados clínicos

O primeiro sinal de deficiência de sódio é uma pica ou desejo de sal manifestado por lamber a madeira, o solo ou o suor de outros animais. Uma carência prolongada provoca perda de apetite, diminuição do crescimento, aspeto pouco saudável, redução da produção de leite e perda de peso. Sinais mais pronunciados de deficiência de sódio incluem tremores, incoordenação, fraqueza e arritmia cardíaca, que podem levar à morte. Os efeitos da deficiência de Na e Cl em camelos não estão muito documentados. De acordo com Perk (1938), os camelos passam frequentemente fome de sal e é provável que esta fome esteja relacionada com a causa de lesões cutâneas necróticas e claudicação obscura.

POTÁSSIO

O potássio (K) desempenha a mesma função no interior da célula que o Na desempenha no plasma e no fluido intersticial, ou seja, a manutenção da relação ácido-base e do equilíbrio osmótico adequado. O sódio, o K e o Cl são os três principais electrólitos do corpo e funcionam para manter o equilíbrio catião-anião. O sódio é o principal catião extracelular, fornecendo mais de 90% do total de catiões no plasma e no fluido intersticial, enquanto o K, o principal catião intracelular, fornece aproximadamente 75% do total de catiões dentro da célula. Dentro de cada compartimento celular, a carga líquida é igual a zero e a electroneutralidade é mantida. O teor normal de K no soro dos camelos é de 3,5-6,0 mmol/l.

O transporte ativo, no qual é necessária energia, regula a concentração de electrólitos específicos nos compartimentos extracelular e intracelular. A separação intracelular-extracelular de Na e K é efectuada por uma bomba Na/K. A manutenção destes gradientes de concentração é importante para o transporte de substratos para dentro e para fora da célula, bem como para a regulação da pressão osmótica.

O potássio contribui com 50% da osmolalidade do fluido intracelular, enquanto o Na e o Cl contribuem com 80% da osmolalidade extracelular. A difusão da água mantém o equilíbrio em ambos os lados da membrana. Se a concentração das moléculas no exterior da célula for superior à concentração intracelular, a célula perde água e desidrata, enquanto o volume do líquido extracelular aumenta e desenvolve-se um edema.

A principal base nos tecidos do corpo é o potássio e desempenha um papel importante na regulação do equilíbrio ácido-base. O pH extracelular é mantido num intervalo estreito (7,4±0,05). A manutenção deste intervalo é um processo complexo que envolve a respiração, o tamponamento do sangue, a excreção e a reabsorção renal. O potássio é importante para o transporte de oxigénio e para a capacidade de transporte de dióxido de carbono do sangue. O potássio é também importante na transmissão dos impulsos nervosos às fibras musculares e na contratilidade do próprio músculo. Existe um equilíbrio iónico entre K^+, Na^+, Ca^+, e Mg^+. Estes iões afectam a função capilar e celular e a excitabilidade do nervo e do músculo. O potássio actua como um travão na regulação do ritmo cardíaco e suprime os batimentos cardíacos. Também ajuda a prevenir a tetania, as convulsões e a marcha instável.

O potássio funciona como um cofator em vários sistemas enzimáticos. Estes incluem a transferência e utilização de energia, a síntese proteica e o metabolismo dos hidratos de carbono. Alguns dos sistemas enzimáticos que são activados pelo K incluem a adenosina trifosfato, a hexoquinase, a anidrase carbónica, a amilase salivar, a quinase pirúvica e a frutoquinase.

O potássio também afecta a absorção de aminoácidos pelas células, influenciando assim o crescimento.

De acordo com Mc Dowell (1992), as espécies ruminantes necessitam de K entre 0,5 e 1,0%, expresso por unidade de alimento animal tal como é fornecido (aproximadamente 90% de matéria seca). Os animais em lactação necessitam de mais K. O stress tende a aumentar a perda urinária de K, e as doenças com febre ou diarreia aumentam ainda mais a perda de K.

A concentração de potássio é maior nas folhas das plantas e menor nas sementes. A concentração média de K no suor dos camelos é de 4,0 mM/litro e a concentração de sódio é de 9,5 mM/litro. Este facto deve-se ao elevado teor de potássio das plantas (Mc Farlane, 1964). Os níveis séricos de potássio no sangue são de 3,5-5,5 mM/litro (Wernery et al., 1999).

Achados clínicos

Para todas as espécies estudadas, a redução do apetite é um dos primeiros sinais de deficiência de K. Com a depleção de K no corpo, há um crescimento deprimido, fraqueza muscular, rigidez e paralisia.

Os ruminantes são muito mais susceptíveis de desenvolver deficiências de K do que os monogástricos, uma vez que têm maiores necessidades alimentares de K do que as outras espécies. Os animais leiteiros têm maiores necessidades de K. Os ruminantes que consomem dietas ricas em concentrado são mais susceptíveis de desenvolver deficiências de K. Vários tipos de stress para os ruminantes resultaram em necessidades mais elevadas de K.

A deficiência contínua de K resulta em acidose intracelular, degeneração de órgãos vitais e perturbações nervosas. A perda de potássio acompanha a diarreia persistente. Os animais jovens com diarreia desenvolvem acidose e um défice de K mais rapidamente do que os animais adultos.

Não é provável que ocorra toxicose por potássio em condições naturais. Foram registados níveis máximos de tolerância alimentar de 3%. Os achados clínicos da toxicose por K incluem insuficiência cardíaca, edema, fraqueza muscular e morte (NRC, 1980).

HIPERGLICEMIA

O nível normal de glucose sérica nos camelos é de 5-8 mM/litro. O camelo é capaz de diminuir o limiar renal de glucose durante a privação de água. Este fenómeno permite que o animal retire água do sangue para manter o volume plasmático. O nível de glucose pode subir até 72 mM/litro e o nível de insulina até 40 UI (normal 14 UI). A hiperglicemia associada a um nível baixo de ferro sérico é indicativa de doença sistémica. A hiperglicemia também ocorre após o exercício e a desidratação.

CARÊNCIAS VITAMÍNICAS

Sabe-se que as vitaminas têm um papel vital em numerosas funções do organismo. As necessidades vitamínicas dos ruminantes podem aumentar para fazer face às várias tensões imunitárias e metabólicas impostas durante o exercício intenso. Existe uma escassez de informação sobre as necessidades vitamínicas dos camelos. Snow et al. (1992) registaram os níveis plasmáticos de diferentes vitaminas.

VITAMINA A

Na natureza, a vitamina A está largamente presente como ésteres lipídicos nos tecidos animais e como formas provitamínicas de vitamina A nas plantas. As concentrações de beta-caroteno da maioria dos animais são inferiores aos níveis de deteção (5 ug /litro). Postula-se que os carotenóides ingeridos sofrem uma conversão acentuada em vitamina A na parede intestinal, e qualquer quantidade que possa passar a conversão intestinal é armazenada no fígado. Nas plantas e nos procariotas, os carotenóides funcionam como mediadores de processos relacionados com a energia fotográfica

capturando a energia da luz. Os carotenóides também extinguem o oxigénio singlete e podem atuar como antioxidantes e pró-oxidantes.

O estado nutricional geral e a integridade das microvilosidades intestinais afectam a biodisponibilidade e a digestão da vitamina A e dos carotenóides. No interior das células-alvo, a vitamina A, como retinol, interage com proteínas de ligação celular que funcionam para controlar o seu metabolismo subsequente, por exemplo, a oxidação em retinal e em ácido retinóico. Algumas destas proteínas de ligação celular também fazem parte da super família de factores transcricionais glucocorticóides-retinóides-tiroxina. É o papel destas proteínas na transcrição e regulação que torna a vitamina A importante para tantas facetas da regulação celular.

Os principais papéis da vitamina A são a diferenciação celular, o crescimento dos tecidos e a visão. Na visão, a vitamina A, como componente da rodopsina, facilita a transferência eficiente de energia dos fotões de luz para sinais electroquímicos. Na deficiência alimentar de vitamina A, a sensibilidade do aparelho visual é diminuída, de modo que a luz de baixa intensidade não é percebida, levando à condição clínica de nictalopia ou cegueira nocturna. Em resposta a doses muito baixas de retinóides, as células epiteliais sofrem uma "diferenciação terminal". Os derivados da vitamina A controlam a expressão de várias proteínas importantes para a formação do muco e a integridade do citoesqueleto, como a queratina e a transglutaminase, bem como a taxa de ciclagem celular. Em resposta a um nível anormalmente baixo de retinóides, as células perdem a sua forma colunar normal, tornam-se achatadas ou escamosas e aumentam o seu conteúdo citosólico de queratina. Na derme, este processo resulta numa camada exterior protetora, escamas e outras superfícies especializadas. No entanto, quando a função primária da célula epitelial é proporcionar uma superfície húmida ou absorção, a sobrequeratinização escamosa leva à perda de integridade funcional. A falta de secreção mucosa protetora facilita o estabelecimento de infecções nos pulmões e noutros tecidos que dependem de uma barreira mucosa. No intestino, a queratinização induz a descamação prematura dos enterócitos e a má absorção.

Opacidade da córnea devido a deficiência de vitamina A. O animal respondeu à suplementação de vitamina A e D

Para uma manutenção óptima, a dose para muitos animais varia entre 100-200 U.I. por quilograma de peso corporal por dia (uma U.I. é igual a 0,3 ug de retinol). A concentração plasmática de vitamina A em camelos é de 422 ± 102 ug / l, conforme relatado por Snow et al. (1992).

VITAMINA E (Alfa-tocoferol)

As principais fontes alimentares de tocoferóis são os óleos vegetais. Os tocoferóis são únicos entre as vitaminas, uma vez que actuam principalmente a nível químico como antioxidantes, ou seja, não servem como cofactores nem parecem estar diretamente envolvidos como um fator específico na regulação celular. A vitamina E protege principalmente os ácidos gordos insaturados dos fosfolípidos das membranas celulares. A fração quinona do tocoferol é capaz de extinguir os radicais livres, tais como os radicais livres de hidrogénio, o superóxido, os radicais hidroxilo e outras espécies de radicais derivados dos lípidos.

As membranas celulares contêm vitamina E numa concentração de aproximadamente 1 mg por 5-10 g de membrana lipídica, uma concentração suficiente para retardar a oxidação dos lípidos das membranas. Os lípidos das membranas estão constantemente envolvidos no processo de renovação e reparação. Ao prolongar o tempo de início de uma reação em cadeia dos radicais livres, a vitamina E dá tempo para substituir os lípidos membranares danificados através do processo normal de renovação celular.O estado nutricional da vitamina E é difícil de avaliar. Vários factores podem influenciar a concentração de tocoferóis nas células. A vitamina E actua como a última linha de defesa contra a oxidação lipídica, residindo principalmente nas membranas lipídicas. Consequentemente, enzimas como a superóxido dismutase, a catalase, a glutationa peroxidase e sistemas relacionados de defesa contra os oxidantes podem moderar a necessidade absoluta de vitamina E. Além disso, a ingestão elevada de gorduras alimentares polinsaturadas aumenta as necessidades de vitamina E devido à sua eventual deposição nas membranas celulares e à sua maior suscetibilidade à oxidação.As concentrações plasmáticas de vitamina E nos camelos foram de 1,4 ± 0,47 ug /l, relativamente baixas do que as registadas noutros animais. Os níveis são potencialmente perigosos para os ruminantes; por conseguinte, estes devem ser suplementados com vitamina E.

BIOTINA

A biotina intervém nas reacções de carboxilação enzimática como cofator das enzimas que fixam o CO_2: a acetil-CoA carboxilase, essencial para a síntese dos ácidos gordos; a propionil-CoA carboxilase, que participa no metabolismo dos ácidos gordos de cadeia ímpar; e a piruvato carboxilase, que participa na formação do oxaloacetato, uma etapa obrigatória importante na glicólise inversa e na gliconeogénese. A biotina está também envolvida como coenzima na carboxilação do beta-metilcrotonil-CoA (um produto do metabolismo da leucina). Nos alimentos, a biotina encontra-se em concentrações mais elevadas nos cereais, incluindo soja, arroz, cevada, aveia, milho e trigo.

As concentrações plasmáticas de biotina nos camelos foram de 328 ± 91 ug /l, semelhantes às registadas nos cavalos, mas inferiores às dos bovinos. Pensa-se que a síntese de biotina ocorre no rúmen. A administração oral de biotina evita a degradação ruminal.

ÁCIDO ASCÓRBICO

O ácido ascórbico funciona principalmente como cofator das monooxigenases microssomais (hidroxilases) e das oxidases. Na maioria dos animais, o ácido ascórbico é sintetizado a partir da glucose no fígado ou nos rins. O ácido ascórbico é o agente redutor mais potente disponível para as células e é de importância geral como antioxidante, devido ao seu elevado potencial redutor. No entanto, em algumas condições, o ácido ascórbico pode também atuar como um pró-oxidante. Como agente redutor celular, o ácido ascórbico desempenha uma série de funções muito importantes. Serve de cofator para oxidações de função mista que resultam na incorporação de oxigénio molecular em vários substratos. Um exemplo inclui a hidroxilação da prolina no colagénio, na elastina, no complemento Clq e na acetilcolina esterase. As hidroxilases (monooxigenases) e algumas hidroxilases dependentes de P450 que efectuam a hidroxilação de esteróides, fármacos e outros xenobióticos também utilizam o ácido ascórbico como redutor. Além disso, as etapas de hidroxilação na biossíntese da carnitina e a hidroxilação da tirosina na formação de catecolaminas representam outras funções catalíticas importantes do ácido ascórbico. A maioria das enzimas envolvidas nestes processos são enzimas que requerem metais, em que o papel do ácido ascórbico é manter o metal (normalmente Cu ou Fe) num estado reduzido. O ácido ascórbico também influencia o metabolismo da histamina nalguns animais, em especial nos seres humanos. Existe uma correlação inversa entre o ácido ascórbico e os níveis séricos de histamina.Para manter as funções que requerem ascorbato, a maioria dos animais gera 10-60 mg de ácido ascórbico por Kcal utilizada no decurso do metabolismo normal. A concentração de ácido ascórbico no plasma do camelo foi de 4,5 ± 1,3 ug /l, o que é semelhante à dos bovinos. É provável que as necessidades de ácido ascórbico do camelo sejam satisfeitas pela síntese hepática. Não se regista qualquer aumento do ácido ascórbico no plasma após administração oral. O ácido ascórbico é rapidamente destruído no rúmen. No entanto, em determinadas circunstâncias, pode ocorrer alguma absorção através da parede ruminal e a partir dos intestinos.

ÁCIDO FÓLICO E VITAMINA B12

São necessários para a síntese de timidilato, que é essencial para a divisão e proliferação celular. A necessidade de ácido fólico varia entre 1-10 mg por kg de dieta para a maioria dos animais. Existem algumas condições em que as necessidades de ácido fólico são condicionalmente elevadas, como quando os agonistas naturais ou farmacológicos do ácido fólico estão presentes na dieta. O melhor exemplo é o metotrexato, que acaba por inibir a proliferação e a regeneração de células que se replicam rapidamente. A divisão celular é bloqueada na fase S devido a uma síntese de ADN deficiente. Consequentemente, medicamentos como o metotrexato são amplamente utilizados na quimioterapia do cancro. As carências de vitamina B12 e de ácido fólico produzem sinais clínicos de anemia macrocítica e dessincronização do crescimento e do desenvolvimento, devido à importância do ácido fólico para a síntese de purinas e de ADN. As carências crónicas de ácido fólico ou de vitamina B12 podem também promover a doença do fígado gordo e influenciar indiretamente a estabilidade da maturação da matriz extracelular, provocando elevações anormais da homocisteínaAs concentrações plasmáticas de ácido fólico foram de 7,6 ± 3,3 ug /l, que são semelhantes às registadas no cavalo. Não se regista qualquer aumento do ácido fólico no plasma após administração oral. Existe uma destruição extensiva / absorção microbiana do ácido fólico no rúmen.

TIAMINA

Nas células, a tiamina apresenta-se sob a forma de pirofosfato (TPP) ou de trifosfato (TPPP). Existem dois tipos gerais de reacções em que o pirofosfato funciona como coenzima coordenada com magnésio para reacções activas de transferência de aldeído. Um exemplo é a descarboxilação de alfa-cetoácidos, designada por reação de trans-cetolase. A descarboxilação dos alfa-cetoácidos ocorre duas vezes no ciclo do ácido tricarboxílico (TCA): na conversão do ácido pirúvico em acetil-CoA e na conversão do alfa-cetoglutarato em succinil-CoA. A outra reação do pirofosfato é a facilitação da transformação dos "cetóis" (fosfatos de cetose) na via das pentoses. Nesta via, o NADP é reduzido a NADPH, um agente redutor essencial para as reacções de síntese. Uma deficiência de tiamina prejudica o metabolismo dos hidratos de carbono devido a uma regulação deficiente do TCA. Outras perturbações na via dos hidratos de carbono relacionados com as pentoses fosfato conduzem a uma diminuição da produção de NADPH, o que afecta os processos de síntese, como a biossíntese de ácidos gordos. A TPPP predomina no tecido neural e no cérebro. No cérebro, propõe-se que a TPPP esteja envolvida em processos de sódio, ou seja, o fluxo de iões de sódio através das membranas celulares neuronais. Este aspeto do metabolismo da tiamina pode estar relacionado com o controlo neuromuscular. A caraterística predominante da deficiência de tiamina é a polioencefalomalácia. As lesões primárias do cérebro são hemorragias da substância cinzenta periventricular e patologia dos núcleos colículos inferiores, vestibular medial e geniculado lateral. Foi demonstrada uma relação entre a produção excessiva de sulfureto de hidrogénio no rúmen de ovinos e bovinos e a polioencefalomalácia. Níveis elevados de taninos reduzem a biodisponibilidade da tiamina nos géneros alimentícios.As concentrações de tiamina no plasma dos camelos foram de 39 ± 11,5 ug /l. A concentração de tiamina no sangue dos camelos de corrida foi inferior à dos camelos reprodutores. Este facto pode dever-se ao aumento do stress do exercício/treino nos camelos de corrida ou à diminuição da síntese no rúmen devido ao aumento do teor de cereais na alimentação. A deficiência de tiamina pode ocorrer em ruminantes (Rammell e Hill, 1986). Se a tiamina for administrada em doses elevadas por via oral, é provável que ocorra absorção.

REFERÊNCIAS

Abdulla, O.M., I.A. Wasfi, e F.A. Gadir. 1988. Parâmetros normais do camelo da raça árabe. 1. Hemograma, enzimas e minerais. Comp. Bioch. Physiol., 90a: 237239.

Abdul Rahim, A.G. 1983. A relação entre as concentrações de Cu e Zn séricos e as actividades das enzimas séricas cobre oxidase e fosfatase alcalina do dromedário. J of Arid. Environ., 6:265-268.

Abdel Wahab, M.F. e A.E. Hamza. 1970. Thyroxin content in thyroid glands of domestic animals. Parte IV. Atividade tiroideia de camelos, bovinos, ovinos e caprinos no Sudão. Endokrinologie, 56:206-212.

Abdel Wahab, M. F. e A.M. Osama. 1971. Iodine metabolism in domestic animals in Sudan using I^{131}. Endokinologie, 56:198-206.

Abu Damir, H. 1998. Deficiências, toxicidades e desequilíbrios minerais em camelos: A review. Vet. Bull, 68:

1103-1119.
Abu Damir, H., G. Tartour, e S.E.I. Adam. 1983. Mineral contents in livestock in Eastern Sudan. Trop. Anim. Hlth. Prod., 15:15-16.
Abu Damir, H., M.E.S. Barri, M.H. Tageldin, e O.F. Idris. 1990. Bócio coloidal clínico e subclínico em camelos adultos na região de Kordofan, Sudão. Br. Vet. J., 146:219-227.
Abu Damir, H., N.I. El Dirdiri, S.E.I. Adam, J.A. Salih, e O.F. Idris. 1993. Envenenamento experimental por cobre no camelo. J. Comp. Path., 108:191-208.
ARC. 1980. Conselho de Investigação Agrícola. The Nutrient Requirements of Ruminal Livestock. Revisão técnica. Common Wealth Agricultural Bureaux.
Agar, N.A. e T. Suzuki. 1982. Metabolismo dos glóbulos vermelhos em búfalos e camelos. J. Exper. Zool. 223:25-28.
Awad, Y.L. e F. Berschneider. 1977. Selenium content of internal organs of the camel. Egipto. J. Vet. Sci., 14:71-75.
Blood, D.C. e O.M. Radostits.1989. Medicina Veterinária. 7th ed. Bailliere Tindall, Londres.
Bansal, S.R., O.P. Gautam, S. Sarup, e M.J.W. Hibbs. 1971. Studies in pica camels. Some aspects of etiology, hematology, biochemistry, and therapeutics. Haryana Agr. Uni., J. Res., 1:82-89.
Boid, R., T.W. Jones, e A.G. Luckins. 1986. Doenças protozoárias do camelo. In: The Camel in Health and Disease. Ed. Higgins, A.J. Bailliere Tindall, Londres, pp. 4159.
Dacie, J.V. e S.M. Lewis. 1991. Practical Hematology. 7th Edition. Churchill Livingston, Edinburgh.
p. 414.
Decker, R.A. e A.M. Mc Dermid. 1977. Miopatia nutricional num camelo jovem.
J. Zoo Anim. Med., 8: 20-21.
Durand, M. e M. Kchouk. 1958. Le (Krafft) unde Osteopathie dystrophique du dromedaire. Archives des Instituts Pasteur Tunis, 35:107-152.
El-Magawry, S. 1998. Relatório preliminar sobre hipomagnesémia em camelos "Camelus dromedaries". Int. Meeting on Camel Production and Future Perspectives, Al Ain, UAE (Abstr. 16).
El Tohamy, M.M., A. Salama, e A.E.M. Youssef. 1986. Constituintes do sangue em relação ao estado produtivo do camelo. Bettrage Zur Tropischen Lund wirtschaft und Veterinarmedizun, 24:425-430.
Faye, B. 1989. Statut Nutritionnel du betail dans la Republique de Djibouti Rapport de Mission. Ministério da Cooperação, p. 112.
Faye, B. e M. Bengoumi. 1994. Trace elements in camels, a review. Biological Trace Elements Research 41:1-11.
Faye, B., C. Grillet, e A. Tessema.1986. Teneur en oligoelements dans les fourrages et le plasma des ruminants domestiques en Ethiopia. Rev. Elev. Med. Vet. Trop., 39:227-237.
Finlayson, R., I.F. Keymer, e V.J.A. Manton. 1971. Cardiomiopatia calcificada em camelos jovens. J. Comp. Path., 81:71-77.
Fraser, M.C., J.A. Bergeron, A. Mays, e S.E. Aiello. 1991. The Merk Veterinary Manual. 7th Edition. Merk and Co., Inc. Rahway, N.J., U.S.A.
Gihad, E.A. e T.M. El-Bodevy. 1992. Necessidades proteicas de manutenção dos camelos. Proc. 1st Int. Camel Conf. p. 412.
Guiles, H.J. 1991. Função da tiroide. In: Clinical Chemistry, Principles, Procedures, and Correlations (Química Clínica, Princípios, Procedimentos e Correlações). 2nd Edition. Editado por Bishop, M.L. et al., Lippincott Co., Philadelphia. Pp. 509-525.
Guerouali, A. e R.Z. Filali. 1992. Requisitos de manutenção do camelo dromedário. Proc. 1st Int. Conf., 251-254.
Hamliri, A., K. Khallaayoune, D.W. Johnson, e M. Kessabi. 1990. The relationship between the concentration of selenium in the blood and the activity of glutathione peroxidase in the erythrocytes of the dromedary camel. Vet Res. Comm., 14:27-30.
Hastings, B.E. e S.C. Gascoyne. 1992. Níveis de minerais vestigiais no Guanaco. Vet. Rec., 131:14-15.
Higgins, A.J. 1986. Ectoparasitas comuns do camelo e seu controlo. In: The Camel in Health and Disease. Editado por A.J. Higgins. Baillere Tindall, Londres. Pp. 72-91.
Higgins, A.J. e R.A. Kock. 1986. Um guia para o exame clínico, contenção química e medicação do camelo. In: The Camel in Health and Disease (O camelo na saúde e na doença). Editado por A.J. Higgins. Baillere Tindall, Londres. Pp. 21-40.
Johnson, D.L. 1969. A natureza do nomadismo. Um estudo comparativo das migrações pastoris no Sudoeste Asiático e no Norte de África. Department of Geography Research Papers, Universidade de Chicago, n.º 118.
Kapur, I.S. e R.K. Sharma. 1972. A study on effectiveness of thiabendazole in treatment of pica in camels. Haryana Veternarian, 11:11-15.
Kchouk, M. e M. Durand. 1958. Quelque dosage chimique dans le sang des dromedaires en Tunisie. Archives Instituts Pasteur Tunis, 35:3-37.
Khalifa, H., M.T. Fouad, Y.L. Awad, e M.E. Georgy. 1973. Aplicação de R.A. cinzento rápido à determinação espectrofotométrica de cobre no fígado de camelos egípcios. Microchemical J., 18:536-542.
Khalifa, H., M.T. Fouad, Y.L. Awad, e M.E. Georgy. 1983. Aplicação de R.A. cinzento rápido à determinação fotométrica de cobre nos camelos egípcios. Micro chemical J., 28:580-585.

Manefield, G.W. e A.H. Tinson. 1996. Camels, a Compendium. University of Sydney Post Graduate Foundation in Veterinary Science, Sydney, Austrália.
McDowell, L.R. 1985. Deteção do estado mineral de ruminantes em pastoreio. In: Nutrition of Grazing Ruminants in Warm Climates (Nutrição de Ruminantes em Pastoreio em Climas Quentes). Ed. McDowell, L.R. Academic Press, Nova Iorque. Pp. 339-357.
McDowell, L.R. 1992. Minerals in Animal and Human Nutrition. Academic Press, Londres. Pp. 78-97.
Mousa, H.M., A.M. Abbas, M Lechner-Doll, e W.V. Engelhardt. 1994. Urea recycling in camelids compared with true ruminants at different protein levels (Reciclagem de ureia em camelídeos comparada com ruminantes verdadeiros em diferentes níveis de proteína). J. Camel Pract. Res., 1:122-124.
Mousa, H.M., K.E. Ali, e I.D. Hume.1983. Efeito da privação de água no metabolismo da ureia em camelos, ovelhas do deserto e cabras do deserto alimentadas com erva seca do deserto. Comp. Biochem. Physiol., 74a:715-720.
Musa, B.E. e M.T. Tageldin. 1994. Doença do inchaço dos camelos dromedários. Vet. Rec., 135:461.
Newman, D.M.R. 1975. O camelo - o seu potencial como fornecedor de proteínas na Austrália árida. In: Reid, Proc. 3rd World Conf. Anim., Sydney University Press, Sydney. Pp. 95-106.
Perk, E.F. 1939. A ingestão de sal em relação à necrose cutânea e à artrite de camelos com uma corcova (Camelus dromedarius) na Somalilândia Britânica. Vet. Rec., 51: 13551360.
Perk, E.F.1938. A relação da fome de sal com a necrose contagiosa e a claudicação em camelos. Vet. Rec., 50: 409-410.
Rammell, G.G. e J.H. Hill. 1986. A review of thiamine deficiency and its diagnosis, especially in ruminants. N.Z. Vet. J., 34:202-204.
Reid, R.L. e D.J. Horvath. 1980. Química do solo e problemas minerais em explorações pecuárias. A review. Anim. Feed Sci. Tech., 5:95-167.
Rice, D.A., S. Kennedy, e C.H. McMurray. 1983. Reprodução experimental de miopatia nutricional em ruminantes jovens. In: Trace Elements in Animal Production and Veterinary Practice. Ed. Suttle et al. British Soc. Anim. Prod., Publicação Ocasional, 7:129.
Rucker, R.B. e J.G. Morris. 1997. As vitaminas. In: Clinical Biochemistry of Domestic animals. Ed. J.J. Kaneko, J.W. Harvey, e M.L. Bruss. Academic Press, San Diego, pp. 733-734.
Schreiber, W.E.1989. Metabolismo do ferro, da porfirina e da bilirrubina. In: Química Clínica, Teoria, Análise e Correlação. 2nd edition. Ed. Kaplan, L.A e A.J. Pesce. Mosby Company, St. Louis, EUA. Pp. 496-511.
Sharma, S.S. e K.C. Satija. 1974. Trail with promintic in clinical cases of pica in camels. Ind. Vet. J., 51: 231-232.
Snow, D.H., A. Billah, e A. Ridah.1988. Efeitos do exercício máximo na composição sanguínea do camelo de corrida. Vet. Rec., 123:311-312.
Snow, D.H., A. Billah, A. Ridah, e M. Frigg. 1992. Plasma concentrations of some vitamins in camels. Proc. 1st Int. Camel Conf., pp. 335-338.
Straten, M.V. 1998. Hipocalcemia em duas fêmeas de camelo: relato de um caso. J. Camel Pract. Res., 5:287.
Tartour, G. 1975. Estado do cobre nas pastagens do gado e no solo no Sudão ocidental.
Tropical Animal Health and Production, 7:87-94.
Tartour, G., e O.F. Idris. 1970. Ferro sérico e capacidade de ligação do ferro sérico no dromedário. J. Zool., 161:351-354.l
Tibary, A. e A. Anouassi. 1997. Theriogenology in Camelidae. Abu Dhabi Printing and Publishing Company, Abu Dhabi.
Thompson, J.K. e V.R. Fowler. 1990. The evaluation of minerals in the diets of farm animals. In: Feedstuff Evaluation. Ed. Wiseman, J. e D.J.A. Cole. Butterworth, Londres. Pp. 235-259.
Underwood, E.J. 1977. Trace elements in Human and Animal Nutrition. 4th edition. Academic Press, Nova Iorque.
Varley, H., A.H. Gowenlock, e M. Bell.1980. Practical Clinical Biochemistry.
Vol. 2, 5th edition. William Heineman Medical Books, Londres. Pp. 1-44.
Venkatesh, S.G. e V. Deshpande. 1996. Iodine content of camel Thyroid and Thyroglobin. Ind. J. Anim. Sci., 66:788-789.
Wensvoort, J. 1992. Observações sobre a concentração de cobre no fígado e a dieta de camelos de corrida. Proc. 1st Int. Camel Conf., 319-322.
Wernery, U. e O.R. Kaaden. 1995. Infectious Diseases of Camelids. Blakwell Wissenschafts-Verlag, Berlim.
Wernery, U., M.E. Fowler, e R. Wernery. 1999. Color Atlas of Camelid Hematology. Blackwell Wissenschafts-Verlag, Berlim.
Westrn, A.R. 1989. The Flora of the United Arab Emirates. An Introduction. Universidade dos Emirados Árabes Unidos, EAU.
Whitby, L.G., I.W. Percy-Robb, e A.F. Smith. 1988. Lecture Notes on Clinical Chemistry. 4th edition. Blackwell Scientific Publications, Oxford. Pp. 275-293.
Wilson, R.T. 1984. O Camelo. 1st edition. Longman Group Ltd., Londres.
Yagil, R. 1985. O Camelo do Deserto. Comparative Physiological Adaptation. Karger, Basel.
Zhang, C.L., J.L. Su, e X.Q. Fen. 1986. Um estudo sobre a doença da oscilação (deficiência de selénio) dos camelos. Chinese J. Vet. Med., 12:17-18.

Capítulo 11
DOENÇAS INFECCIOSAS

As doenças infecciosas desempenham um papel proeminente ao afetar negativamente a produção animal. A prevenção, o diagnóstico e o tratamento são vitais para o maneio destes animais. Os camelos são susceptíveis a muitas doenças infecciosas (Higgins, 1983), algumas das quais foram amplamente investigadas porque afectam todas as espécies de animais de criação, como o carbúnculo bacteriano, a raiva, a tuberculose, a brucelose, a pasteurelose, a necrobacteriose, a varíola e a micose. São também susceptíveis a algumas das doenças que afectam os ruminantes, como a febre aftosa, a pleuropneumonia bovina contagiosa e o edema maligno, e a algumas das que afectam os equídeos, como o mormo, o estrangulamento e a encefalomielite infecciosa equina (Buchnev et al., 1987). Não tem havido muita investigação sobre as doenças infecciosas específicas dos camelos, e algumas nem sequer foram investigadas. As doenças que se encontram habitualmente nos camelos são discutidas nas páginas que se seguem.

DOENÇAS VIRAIS DOS CAMELOS

O camelo é resistente a muitas doenças virais mortais, como a peste bovina e a peste equina africana (Wernery e Kaaden, 1995). Só foram registadas algumas doenças virais dos camelos. Estas incluem: raiva, varíola do camelo, ectima contagioso, papilomatose, gripe e diarreia por rotavírus (Hedger et al., 1980). Foi detectado um grande número de anticorpos virais no soro do camelo (Abu Elzehin, 1985; Bildfell et al., 1996; Mousa et al., 1987 e Olaleye et al., 1989). Estes resultados não confirmam se estes anticorpos são produzidos em consequência de uma doença ou não.

RAIVA

A raiva é uma doença altamente fatal dos animais de sangue quente, incluindo os camelos. A doença é causada pelo lyssavirus, que pertence à família Rhabdoviridae.

A raiva é prevalente na maioria dos países do mundo, exceto em alguns países insulares, onde a doença foi eliminada através de medidas de quarentena rigorosas. A fonte de infeção é sempre um animal infetado e o método de propagação é quase sempre através da mordedura de um animal infetado, embora a contaminação de feridas cutâneas por saliva fresca possa resultar em infeção. Tradicionalmente, o cão e, em menor grau, o gato, têm sido considerados os principais animais de origem. No entanto, a fauna nativa, incluindo raposas, lobos, coiotes, morcegos vampiros, etc., pode atuar como principal fonte de infeção. Kumar e Jindal (1997) registaram a ocorrência de raiva em camelos dromedários da Índia e Afzal et al. (1993) nos Emirados Árabes Unidos. O padrão epidemiológico da Raiva nestes camelos foi intrigante. A história de mordidas não pôde ser rastreada e nenhuma ferida foi vista. No entanto, todos estes animais foram mantidos e pastaram numa localidade que abriga vida selvagem incluindo raposas, chacais e mangustos.

Após a mordedura de um animal raivoso, o vírus multiplica-se nas fibras musculares estriadas. Depois disso, as junções neuromusculares são afectadas, através das quais o vírus entra no sistema nervoso. Depois de ter entrado na terminação nervosa, o vírus invade o cérebro por movimento passivo dentro dos axónios, através da medula espinal.

As lesões da raiva são produzidas no sistema nervoso central e o vírus desloca-se do local da infeção através dos nervos periféricos. Este padrão de propagação é responsável por um período de incubação tão variável. O período de incubação é mais curto quando se aproxima o local da mordedura da cabeça do que quando se trata de mordeduras nas extremidades. Na necropsia, foram observadas inclusões nos neurónios (Richard, 1979; Bah et al., 1981; Ata et al., 1993; Wernery e Kumar, 1993; Afzal et al., 1993).

Raiva - paralisia facial. História conhecida de mordedura por uma raposa

Achados clínicos

Os sintomas mais comuns nos camelos são inquietação, hiperexcitabilidade, mordedura agressiva, coçar, morder-se a si próprio, babar saliva, tremor muscular, cólicas seguidas de paralisia (geralmente nas patas traseiras), bocejo e morte subsequente (Higgins, 1986; Gahlot, 1994; Ahuja et al., 1994), num prazo de 3-7 dias. É provável que, quando o vírus invade o cérebro, a irritação dos centros superiores produza mania, excitação e convulsões. A paralisia pode dever-se à destruição dos neurónios da coluna vertebral. A morte é geralmente devida a paralisia respiratória. Pensa-se que o envolvimento do sistema nervoso autónomo seja a causa dos sinais clínicos de salivação, indigestão, pica, paralisia do ânus e da bexiga e aumento da libido. Foi também demonstrada a presença do vírus praticamente em todos os neurónios, na córnea, nas glândulas salivares e em muitos outros órgãos, que poderia ter chegado a estes locais por centrifugação ao longo dos nervos periféricos. A passagem do vírus ao longo do nervo olfativo para as papilas gustativas e outros órgãos sensoriais da orofaringe é considerada a causa da natureza altamente infecciosa da saliva, e não das glândulas salivares.

O diagnóstico baseia-se num exame cuidadoso do tecido cerebral no laboratório. O teste de anticorpos fluorescentes em esfregaços de impressão do cérebro, a pesquisa histológica de corpos de Negri nos neurónios e a inoculação intracerebral da emulsão cerebral de um animal raivoso em ratos desmamados são os testes fiáveis sugeridos para o diagnóstico da raiva.

Camelo afetado pela raiva - paralisia da pata traseira

Tratamento

A ferida da mordedura deve ser imediatamente lavada com água e sabão. A vacinação pós-exposição pode ser útil. Não se deve tentar tratar o animal raivoso. Para efeitos de controlo, os cães vadios deveriam ser eliminados e os cães de companhia deveriam ser vacinados regularmente. Os camelos, que estão expostos à fauna selvagem, também deveriam ser vacinados regularmente.

CÓLERA DOS CAMELOS

A varíola do camelo é uma das doenças virais mais importantes (Al Ani e Al Saliby, 1988; Chauhan e Kaushik, 1987). Foi registada em todas as partes do mundo onde os camelos são mantidos (Krupeuko, 1972, Moallin, 1986, Pfeffer et al. 1996; Tulepbaev, 1971; Wernery et al., 1997). O agente causador é um vírus da ortopoxia "Orthopox Cameli". Parece haver várias estirpes antigénicas distintas do vírus da varíola dos camelos. Os vírus da varíola ovina e da vaccinia não são patogénicos para os camelos. A importância zoonótica da doença continua por estabelecer (Jezek et al. 1983). A doença é altamente contagiosa. A transmissão é principalmente horizontal, no entanto, as crostas, os utensílios, os utensílios, os panos, as zonas de pastagem e os seres humanos contaminados também podem transmitir a doença. A doença afecta sobretudo os animais jovens, que, uma vez recuperados, ficam com imunidade para toda a vida. O período de incubação é de cerca de 3 a 15 dias. Os dromedários também são susceptíveis de serem infectados com ectima contagioso. A diferenciação entre a varíola do camelo e o ectima contagioso requer um exame serológico e virológico (Azwai et al, 1996).

Achados clínicos

O poxvírus do camelo provoca lesões na pele e nas mucosas. O

Lesões de varíola na cara do camelo

Lesões de varíola na parte de trás da coxa

As lesões progridem de pápulas para vesículas e pústulas e, eventualmente, formam-se crostas. Durante a fase vesicular, observa-se prurido (Kriz, 1982). Nesta doença, as lesões desenvolvem-se nas narinas, lábios, pálpebras e boca. Nos casos agudos, pode haver pirexia, anorexia, diarreia e podem estar presentes lesões em todo o corpo, incluindo na traqueia e nos pulmões (Wernery et al., 1997). Em casos graves, pode também ocorrer edema da cabeça, do pescoço e das pernas (Manefield e Tinson, 1996). A mortalidade não é normalmente muito elevada. Nos casos agudos, pode atingir 28% (Jezek et al., 1983). Foram produzidas várias vacinas, com diferentes graus de sucesso (Hafez et al., 1992; Kaaden et al., 1992).

ECTIMA CONTAGIOSO

O ectima contagioso do camelo é uma doença amplamente disseminada nos camelos (Gitao, 1994) e é causada pelo vírus parapox epiteliotrópico da família Poxviridae (Munz et al. 1986). A doença afecta principalmente os camelos jovens e produz lesões localizadas. A ocorrência de lesões generalizadas é pouco frequente. Ao contrário da varíola do camelo, as lesões do ectima contagioso são ligeiras e autolimitadas e curam espontaneamente (Dashtseren et al. 1984). O ectima contagioso do camelo é difícil de diferenciar clinicamente da varíola do camelo. As lesões estão principalmente confinadas à pele à volta dos lábios e das narinas. Os animais gravemente afectados estão geralmente emaciados e têm os lábios inferiores pendentes, por vezes toda a cabeça fica inchada. As lesões cutâneas noutras áreas consistem em massas nodulares de tamanho variável e estão dispersas em diferentes locais, mas são mais pronunciadas nos aspectos mediais das patas dianteiras e traseiras (Osheik et al., 1990). As lesões bucais são frequentemente feridas ao pastar arbustos espinhosos e árvores, e muitas vezes há uma infeção bacteriana secundária, causando dor. O animal deixa de se alimentar e fica emaciado. A claudicação também pode ser observada devido à presença de lesões nas patas. A taxa de morbilidade pode atingir 100% nos camelos jovens, em comparação com 10 a 20% nos camelos adultos. A taxa de mortalidade é considerada nula, embora possam ocorrer algumas mortes por infeção mista (Wernery e Kaaden, 1995). Parece não existir uma vacina fiável. No entanto, Azwai et al. (1995) estudaram as respostas imunitárias dos camelos ao ectima contagioso. As lesões devem ser tratadas com uma pomada anti-séptica.

PAPILLOMA

As verrugas (infeção viral por pamiolloma) ocorrem frequentemente em seres humanos e animais em todo o mundo. Entre os animais, os bovinos e os equinos são os mais afectados. As verrugas são causadas pela família papova viridae. O vírus parece afetar também os camelos (Khalafalla et al., 1998). Munz et al. (1990) e Wernery (1992) relataram a ocorrência de papilomatose em diferentes partes de África e da Ásia. A taxa de morbilidade é bastante elevada. Não está estabelecido o desenvolvimento de imunidade ao longo da vida após a recuperação da doença. A importância zoonótica e o seu modo de transmissão não são claros (Dioli e Stimmel - Mayr, 1992). Os nódulos característicos estão principalmente confinados à cabeça, ao pescoço, aos ombros ou ao úbere. As lesões são geralmente de longa duração e indolores. As lesões podem ser removidas cirurgicamente. A utilização de vacinas autógenas também pode ser útil.

DIARREIA VIRAL BOVINA

Foi observado um surto de doença reprodutiva no rebanho de investigação de camelos da Faculdade de Medicina Veterinária da Universidade do Cairo, no Egipto. Os síndromes clínicos foram aborto, nados-mortos, síndrome do vitelo fraco, dificuldade respiratória neonatal precoce e diarreia hemorrágica. Histologicamente, a depleção linfoide e a vasculite foram os achados mais marcantes na maioria dos tecidos. Neurite ótica, camada molecular cerebral subpovoada e ectopia de células de Purkinje foram as características histológicas da síndrome oculocerebelar. O vírus da diarreia vírica bovina citopática foi isolado dos vitelos de camelo ainda nascidos e dos gânglios linfáticos cervicais superficiais mesentéricos e caudais dos camelos que morreram de diarreia hemorrágica no 20º dia pós-natal. O vírus foi identificado por imunofluorescência indireta utilizando um antissoro marcado com isoticianato de fluorescência e um teste de neutralização do vírus. A microscopia eletrónica revelou partículas semelhantes ao BVDV no citoplasma das células renais bovinas Maden Darby inoculadas com homogenatos de tecidos dos vitelos. Este foi o primeiro relato de um surto de BVD em camelos dromedários (Hegazy et al., 1998).

DOENÇAS BACTERIANAS

ANTHRAX

Trata-se de uma doença septicémica peraguda que ocorre em quase todas as espécies de mamíferos, incluindo o homem. Caracteriza-se por morte súbita, ausência de rigor mortis, exsudação de sangue alcatroado e não coagulado dos orifícios naturais do cadáver e esplenomegalia. A doença é prevalente em todas as regiões habitadas por camelos.

Etiologia

O Bacillus anthracis é o agente causador, que é um bastonete Gram positivo grande, não móvel e formador de esporos. Os endosporos do Bacillus anthracis podem sobreviver no solo até 50 anos em zonas endémicas. O Bacillus anthracis possui uma toxina proteica tripartida codificada por plasmídeo com factores de proteção letal e de edema. A toxina é leucocida, aumenta a permeabilidade vascular e produz trombina capilar causando choque. A cápsula polipeptídica é antifagocítica. Para ser totalmente virulento, o B. anthracis tem de produzir tanto a toxina tripartida como a cápsula. As principais vias de entrada dos endosporos são a ingestão do solo durante o pastoreio ou de alimentos contaminados e a infeção de feridas. A transmissão por picada de insectos pode ser importante, especialmente durante um surto de carbúnculo.

Achados clínicos

Nos casos peri-agudos, os camelos podem morrer sem apresentarem quaisquer sintomas. Nos casos agudos, há febre alta, diarreia, cólicas, inchaço e dificuldade respiratória. No cadáver, há uma descarga de sangue escuro e alcatroado dos orifícios naturais. O rigor mortis não se desenvolve e o sangue não coagula. Há um aumento do baço juntamente com outras lesões de septicemia (Barakat, et al., 1976). A decomposição da carcaça inicia-se muito rapidamente. A necropsia de animais suspeitos de terem morrido de carbúnculo é proibida. A carcaça deve ser queimada ou enterrada profundamente no solo. Para confirmação do diagnóstico, pode ser efectuada uma cultura da secreção dos orifícios naturais.

Tratamento

Nos casos menos agudos, o tratamento pode ser tentado através da injeção de estreptopenicilina ou de oxitetraciclina antes do início do choque. Também pode ser administrada uma injeção simultânea de anti-soros. A doença pode ser prevenida por vacinação. Em caso de surto, a propagação da doença pode ser evitada através de uma quarentena rigorosa.

INFECÇÕES POR CORYNEBACTERIUM

As Corynebacterium spp. são organismos ubíquos e são responsáveis por muitas doenças animais. São a causa primária ou apresentam-se como invasores secundários. Podem causar metrite, artrite, bursite, orquite, mastite, pielonefrite, cistite, balanopostite, linfadenite caseosa, linfangite, dermatite pastular, pneumonia, etc. em diferentes espécies de animais, incluindo camelos (Hassanein et al., 1984, Barbour et al., 1985).

O Corynebacterium pseudotuberculosis causa linfadinite caseosa ou pseudotuberculose em ovinos, caprinos e camelos. A prevalência da doença é bastante elevada e foi registada em muitos países do mundo (Esterabadi et al., 1975; Domenech et al. 1977; Hoste et al., 1985; Bergin, 1988, Radwan et al. 1989; Purohit, 1985; Sadykov e Dadabaev, 1976; Afzal et al., 1996). Outros microrganismos também foram registados como causadores de lesões semelhantes às da pseudotuberculose (Domenech et al., 1977; Radwan et al., 1989). Esta infeção é transmitida por ingestão, inalação ou diretamente através de feridas.

Achados clínicos

É uma doença crónica e caracteriza-se pela formação de abcessos, estando normalmente envolvidos gânglios linfáticos (tanto externos como internos). No entanto, as lesões internas ocorrem raramente em camelos (Radwan et al., 1989). A forma cutânea generalizada também é rara (Eldisougi, 1984). Normalmente, são afectados camelos com mais de 5 anos de idade e, mais frequentemente, são afectados os gânglios linfáticos cervicais, subescapulares e inguinais. O tamanho da lesão varia, mas normalmente são bastante grandes (tamanho de laranja), indolores e frias. O pus é cremoso, espesso e amarelado. Também foi registada uma linfadenopatia generalizada sem formação de abcessos (Radwan et al., 1989).

Tratamento

A doença pode ser tratada através da administração parentérica de antibióticos, de preferência eritromicina, e através de intervenção cirúrgica e curativo das lesões. Não foram efectuados ensaios relativos à utilização de vacinas em camelos.

NECROSE CUTÂNEA CONTAGIOSA

Cross (1917) e Leese (1927) consideraram a necrose contagiosa da pele como uma das doenças mais importantes dos camelos, que se caracteriza pela formação de inchaços quentes e dolorosos, que supuram e descamam, deixando uma lesão cutânea circunscrita crua. Peck (1939) considerou que a etiologia da necrose cutânea contagiosa estava relacionada com uma dieta incorrecta e que a deficiência de sal comum estava provavelmente em causa.

Cross (1917) encontrou estreptococos no pus das lesões. Curasson (1936) isolou Streptothrix. Edelsten e Pegram (1974) descobriram que o Streptococcus agalactiae (grupo B) foi a principal bactéria isolada das lesões. Eles também isolaram estreptococos coagulase positiva das lesões. Domenach et al. (1977) encontraram estreptococos (grupo B) isolados ou em associação com Staphylococcus sp., Corynebacterium sp. e Lactobacillus sp. nas lesões. Wernery e Kaaden (1995) chamaram a doença de pioderma. Yaqoub e Mohamed (1996) isolaram Staphylococcus sp., Streptococcus sp., Corynebacterium sp., Nocardia cameli e Erysipelothrix sp. das lesões. Os Streptococcus sp. foram, no entanto, os mais comuns.

Achados clínicos

De acordo com Yaqoub e Mohamed (1996), as lesões começam como pequenos nódulos, que mais tarde aumentam de tamanho. No início, as lesões são dolorosas. O centro das lesões fica então necrosado e separa-se do tecido saudável circundante e descama, deixando uma úlcera (5-7 cm) que permanece durante muito tempo. Nesta fase, o animal sente comichão. As lesões observam-se sobretudo na raiz do pescoço, na cabeça, no flanco, na região glútea, na raiz da cauda e na parte medial das coxas. A temperatura corporal e as frequências cardíaca e respiratória permanecem normalmente normais. Existe uma controvérsia relativamente ao envolvimento dos gânglios linfáticos. Cross (1917) e Leese (1927) referiram que os gânglios linfáticos à volta das partes afectadas ficam inchados, quentes e dolorosos. No entanto, de acordo com Yaquob e Mohamed (1996), o sistema linfático não é normalmente afetado.

MASTITE

A inflamação da glândula mamária (mastite) é uma das doenças mais importantes dos animais domésticos, especialmente dos bovinos, búfalos, ovinos e caprinos. De acordo com Leese (1927), a mastite é rara em camelos. No entanto, Hafez et al. (1987) sugeriram que a doença nas camelas não é provavelmente invulgar. Além disso, Quandil e Quder (1984) referiram, nos Emirados Árabes Unidos, que a maioria das bactérias isoladas de alguns casos de mastite em camelos fêmeas eram as que causam a mastite das vacas. Barbour et al. (1985) mostraram que em muitos casos de infeção com uma variedade de bactérias os organismos estavam presentes em menos de 3 x 10^3 /ml de leite e apenas um número muito pequeno de casos excedeu este nível. Sugeriram que existe um limite para a multiplicação bacteriana no úbere do camelo, provavelmente devido ao seu complexo sistema imunitário. É também possível que a anatomia do ducto duplo da teta do camelo o proteja de alguma forma contra infecções (Manefield e Tinson, 1996). A prática da ordenha manual em vez da ordenha mecânica pode também ser uma razão para os camelos não serem muito susceptíveis à infeção da glândula mamária.

Foi registado um grande número de espécies bacterianas que causam mastite em camelos. Estas incluem Escherichia coli, Klebsiella pneumoniae, Staphylococcus aureus, Streptococcus sp., Pseudomonas sp., Pasteurella hemolytica, Corynebacterium sp. e Clostridium sp. (Quandil e Quder, 1984; Hassanein et al., 1984; Mostafa et al., 1987; El-Jakee, 1998). Abdurahman (1996) e Abdurahman et al. (1995) sugeriram métodos para o diagnóstico de mastite em camelos.

Achados clínicos

Os sintomas variam de acordo com a gravidade da condição, que depende do agente causador (Ramdan et al., 1987). A mastite subclínica parece ser mais comum (Barbour et al., 1985; Mostafa et al., 1987). Em casos menos graves, foram observados vários graus de alterações inflamatórias. Um ou mais tetos podem ser afetados. As alterações no leite incluem descoloração, floculação, alteração na viscosidade, ou pode haver pus no leite, dependendo do agente causador (Hassanain et al. 1984). Também pode ser observada uma mastite gangrenosa peraguda, que normalmente resulta na descamação do quarto afetado (Kapur et al., 1982).

Tratamento

Depende do tipo de sinais. Geralmente, a doença pode ser tratada com preparações intramamárias, contendo um ou mais antibióticos, sugeridos pelo teste de sensibilidade antibacteriana. A cortisona, a oxitocina e as enzimas (quimotripsina) também podem ajudar, dependendo da natureza do caso. Esta terapêutica pode ser complementada com a administração parentérica de antibióticos, massagem com agentes contra-irritantes ligeiros e fomentação (quente ou fria, conforme necessário). Na mastite gangrenosa, recomenda-se a amputação do úbere. Em caso de formação de abcessos, é necessária a drenagem do pus através do canal da teta ou do exterior. Na mastite crónica, por vezes, o tecido fibroso tem de ser removido para facilitar o fluxo do leite e do exsudado inflamatório.

Mastite numa camela de dez anos de idade após o parto

PASTEURELLOSIS

Os organismos de Pasteurella spp. são responsáveis por causar diferentes doenças em várias espécies animais, causando sobretudo septicemia e afectando o sistema respiratório.

As pasteurellae são pequenos bastonetes Gram-negativos (0,2 um por até 2,0 um) ou cocobacilos. Não são móveis, não formam esporos e são anaeróbios facultativos. Os tipos ou serogrupos de P. multocida foram identificados com base em diferenças nas substâncias capsulares (polissacáridos). Foram designados por A, B, D, E e F. A Pasteurella multocida tipo A causa o complexo da febre do transporte, o complexo da pneumonia enzoótica (em vitelos), a pleuropneumonia e a mastite em bovinos e ovinos. A Pasteurella multocida do tipo B é responsável pela septicemia hemorrágica epizoótica em quase todos os ruminantes. O tipo E causa septicemia hemorrágica epizoótica em bovinos e búfalos em África. A Pasteurella hemolytica tipo A é responsável pela febre dos transportes, pneumonia, septicemia e mastite em bovinos e ovinos. A Pasteurella hemolytica tipo F causa pneumonia em ovinos. A P. caballi causa pneumonia em cavalos. A Pasteurella granulomatis provoca uma doença granulomatosa fibrinosa no gado Barazilian. Os vírus partilham as pasturellae na causa da febre dos transportes.

Os camelos são também susceptíveis de serem infectados por Pasteurella spp. Foi comunicada a ocorrência de pasteurelose em camelos em diferentes partes do mundo (Fazil e Hoffmann, 1981; Mustafa, 1987; Schwartz e Dioli, 1992; Momin et al., 1987; Hassan e Mustafa, 1985; e Richard, 1979). Awad et al. (1976) sugeriram que os camelos são menos susceptíveis à infeção por P. multocida em comparação com outros ruminantes. Hassan e Mustafa (1985) registaram um surto de paseurelose no Sudão, em que morreram mais de 50 camelos. Pensa-se que o stress é de grande importância para o início da pasteurelose.

Achados clínicos

Há uma grande variação nos sinais clínicos observados em camelos, conforme observado por diferentes trabalhadores. Os sintomas observados nos camelos são o aumento da temperatura, lacrimação, salivação excessiva, cessação da ruminação, inapetência, pulso e respiração rápidos (Awad et al., 1976). Momin et al. (1987), ao relatarem um surto de pasteurelose em camelos, observaram inchaço nas regiões da garganta com dificuldade em respirar e morte. Higgins (1986) sugeriu três tipos de doença, nomeadamente a forma aguda, a forma peraguda e a forma abdominal. Schwartz e Dioli (1992) referiram os sinais de pasteurelose em camelos como pirexia, taquicardia e taquipneia, anorexia, inchaço doloroso do pescoço, gânglios linfáticos cervicais aumentados, fezes semelhantes a alcatrão e urina cor de chocolate. A morbilidade nos camelos é considerada baixa, mas a mortalidade pode atingir 80% (Schwartz e Dioli, 1992). Os camelos também são susceptíveis à infeção por P. pestis (Sotnikov, 1973) e esta ocorre na Mongólia, China, Índia, Irão, África e URSS. Pensa-se que as pulgas são a causa da propagação da doença (Higgins, 1986).

Tratamento

O tratamento baseia-se na experiência clínica. A maioria dos animais afectados recupera em 24 horas se for tratada com quase todos os antibacterianos comuns (penicilina, oxitetraciclina, trimetoprim-sulfonamidas e cloranfenicol). Para a prevenção de doenças, é necessário minimizar os efeitos das causas predisponentes (stress) e vacinar os animais.

DOENÇAS CAUSADAS POR ESPÉCIES DE CLOSTRIDIUM

Os clostrídios patogénicos estão normalmente presentes no solo e na água. Também se encontram no conteúdo intestinal de animais normais e só causam doenças em circunstâncias especiais. Os clostrídios produzem exotoxinas potentes que são responsáveis pelo desenvolvimento da doença. Cada exotoxina tem o seu efeito específico no sistema animal. De seguida, apresentam-se as doenças mais comuns causadas por diferentes espécies de clostrídios.

TETANUS

Trata-se de uma doença altamente fatal para os animais e os seres humanos e caracteriza-se por hiperestesia, tetania e rigidez dos músculos. O camelo parece ser relativamente resistente ao tétano. No entanto, a ocorrência da doença tem sido registada (Rabagliati, 1920; Morcos, 1965). É causada pelo Clostridium tetani, que é um organismo que forma esporos e é capaz de sobreviver no solo durante muitos anos. Os organismos Clostridium tetani estão normalmente presentes nas fezes de animais, especialmente cavalos, e no solo contaminado por essas fezes. A porta de entrada é normalmente através de feridas de punção profundas, mas os esporos podem permanecer adormecidos nos tecidos durante algum tempo e produzir doença clínica apenas quando as condições dos tecidos favorecem a sua proliferação. Por esta razão, o portal de entrada é muitas vezes difícil de determinar. Os endosporos entram nos tecidos traumatizados ou nas feridas cirúrgicas, especialmente após a castração ou a atracagem, através do umbigo ou no útero após a distocia. A presença de anaeróbios facultativos e de tecido necrótico cria condições anaeróbias e os esporos de C. tetani germinam. As células vegetativas multiplicam-se no local de entrada e produzem a tetanospasmina patente. Esta viaja através dos nervos periféricos ou da corrente sanguínea para os receptores gangliosídeos dos terminais nervosos motores e, eventualmente, para as células do corno ventral da medula espinal, afectando assim muitos grupos de músculos a vários níveis. A toxina actua de forma pré-sináptica nos neurónios motores, bloqueando a inibição sináptica e causando uma paralisia espástica e os espasmos tetânicos característicos. A tetanospasmina liga-se especificamente aos gangliosídeos no tecido nervoso e, uma vez ligada, não pode ser neutralizada pela antitoxina. A morte resulta geralmente de asfixia devido a espasmos dos músculos da garganta.

Achados clínicos

Os sinais notificados para os camelos são semelhantes aos notificados para outros animais, ou seja, hiperestesia (reação excessiva a estímulos externos), protrusão da terceira pálpebra, tremores musculares e rigidez dos músculos (aspeto de cavalo de serra). Nos camelos, os membros posteriores estão afastados quando estão de pé, com o abdómen para cima. Andar, recuar e virar é difícil, no entanto, o camelo pode deitar-se facilmente (Marcos, 1965).

Tratamento

A resposta ao tratamento é geralmente fraca. Devem ser feitas tentativas para eliminar o organismo, o que pode ser conseguido através da administração de penicilina ou de outro antibiótico adequado em grandes doses. Neutralizar a toxina através da administração de antissoro (administrado por via parentérica e à volta da ferida). O relaxamento dos músculos pode ser conseguido através da administração de clorpromazina ou de outro relaxante muscular. O animal deve ser mantido num local escuro e calmo.

O controlo pode ser tentado através da aplicação de anti-sépticos nos ferimentos (acidentais, castração, atracagem) e da injeção de antissoro por via subcutânea para obter imunidade passiva.

BOTULISMO

Trata-se de uma intoxicação altamente fatal causada pela ingestão das toxinas do Clostridium botulinum, que prolifera na matéria orgânica em decomposição e permanece viável durante muitos anos. Ocasionalmente, a doença pode ser causada por uma infeção das feridas pelo organismo. Existem cinco tipos de C. botulinum (A, B, C, D e E) antigenicamente distintos. Em condições climáticas favoráveis, de calor e humidade, o organismo prolifera e segrega toxinas altamente letais que, quando consumidas pelos animais, causam a doença. A incidência da doença aumenta em áreas onde o fósforo é deficiente no solo e os animais comem substâncias orgânicas ricas em fósforo. Os materiais orgânicos podem albergar toxinas de C. botulinum. As toxinas absorvidas através da corrente sanguínea, ligam-se às células susceptíveis e suprimem a libertação de acetilcolina nas junções mioneurais. Isto resulta em paralisia flácida, causando a morte do animal devido a insuficiência circulatória e respiratória.

A incidência da doença em camelos é rara. Provost et al. (1975) registaram a ocorrência da doença em camelos.

Achados clínicos

Os sintomas incluem dificuldade em manter-se de pé, paralisia dos quartos traseiros e morte em poucas horas. Os sinais aparecem normalmente 3-17 dias depois de os animais terem acesso ao material tóxico, dependendo a variação da quantidade de toxina absorvida. Os casos peri-agudos morrem sem mostrar sinais. Nestes casos, a toxina pode ser detectada no sangue através de testes de inoculação em ratos (Blood and Radostits, 1989).

Não há lesões detectáveis na necropsia, no entanto, qualquer material anormal presente no estômago pode ser suspeito de ser sugestivo desta doença. Clinicamente e na necropsia, a doença assemelha-se a paresia parturiente / hipocalcemia. Devem ser consideradas muitas outras doenças do sistema nervoso aquando do diagnóstico.

Tratamento

Os soros específicos ou polivalentes podem ser de alguma ajuda nas fases iniciais da doença. A purga pode ser útil. Por vezes, são administrados estimulantes do sistema nervoso central. Os outros animais do grupo deveriam ser vacinados. A eliminação higiénica das carcaças é aconselhável para evitar a contaminação.

GANGRENA GASOSA CLOSTRIDIA

A síndrome da doença pode variar desde uma simples infeção da ferida, celulite anaeróbia até à gangrena gasosa grave e fatal. Os clostrídios causadores de gangrena gasosa incluem C. chauvoei, C. septicum, C. novyi tipo A, C. sodellii e C. perfringens tipo A. As infecções podem ser endógenas ou exógenas. As infecções endógenas ocorrem frequentemente com C. chauvoei no pernilongo. Os endosporos são ingeridos e passam normalmente de forma inofensiva através do trato intestinal, mas ocasionalmente os esporos passam do intestino através dos vasos linfáticos e da corrente sanguínea para massas musculares, geralmente músculos dos quartos traseiros, mas por vezes nos músculos cardíacos. O traumatismo na zona onde os esporos estão alojados provoca necrose dos tecidos e, consequentemente, condições anaeróbias que favorecem a germinação dos esporos e o fornecimento de aminoácidos e outros nutrientes às células vegetativas. É produzida uma toxina, seguida de danos localizados e, finalmente, uma toxemia terminal e bacteriémia. Nas infecções exógenas, os esporos são introduzidos nas feridas, onde podem germinar no material necrótico anaeróbico e a toxina é produzida pelas células vegetativas.

De acordo com a literatura antiga, os agentes causadores da gangrena gasosa raramente eram isolados dos camelos. Foram registadas infecções por Clostridium chauvoei em dromedários (Gatt Rutter e Mack, 1963).

CLOSTRIDIA HISTOTÓXICA QUE AFECTA O FÍGADO

O Clostridium novyi tipo B é comum no solo e no trato intestinal normal dos herbívoros. Produz a doença negra "hepatite necrótica" nos ovinos. O Clostridium novyi tipo D (C. hemolyticum), presente no trato digestivo dos ruminantes, no fígado e no solo, é a causa da hemoglobinúria bacilar nos bovinos. A toxina alfa produzida pelo C. novyi tipo B é letal, necrosante e mediada por fagos. A toxina beta produzida pelo C. novyi tipo B e D é uma fosfolipase e é responsável pela crise hemolítica e pela morte na hemoglobinúria bacilar. Não há registo de ocorrência da doença em camelos.

COMPLEXO DE ENTEROTOXEMIA

As enterotoxemias clostridiais são intoxicações agudas altamente fatais que afectam quase todos os animais domésticos, em especial os jovens. As doenças são causadas pelas principais exotoxinas (enterotoxinas) de C. perfringens de tipo B, C e D e, ocasionalmente, de tipo A e E. O Clostridium nordelli também pode causar um complexo de enterotoxemia.

Foram descritas entero-toxemias agudas e subagudas, bem como enterite hemorrágica devido a C. perfringens, tipo A, C e D, em camelos (Moebuu et al. 1966; Ipatenko, 1974; Chauhan et al., 1985; Gameel et al., 1986) e em camilídeos sul-americanos (Fowler, 1989).

Foram descritos nos Emirados Árabes Unidos surtos agudos de enterotoxemias, degenerescência do miocárdio e doença do rim em polpa em camelos reprodutores e de corrida (Wernery et al., 1991; Seifert et al., 1992; Wernery et al., 1992). Segundo Wernery e Kaaden (1995), a tripanossomíase pode ser um fator predisponente para os surtos de enterotoxemias. Um aspeto adicional no desenvolvimento de clostridioses em camelos dromedários é a quantidade de imunoglobinas séricas nos camelos jovens. Os camelídeos têm uma placenta epiteliocorial, pelo que o vitelo obtém uma proteção passiva contra a doença através da absorção intestinal do colostro. Embora o vitelo recém-nascido seja imunocompetente à nascença, a produção endógena de anticorpos não é suficiente para produzir um nível protetor de imunoglobulinas no primeiro mês de vida. Mesmo após a ingestão de colostro, os níveis de globulina diminuem após o sétimo dia e atingem o nível mais baixo entre o 20th e o 30th dia pós-parto. As perdas mais elevadas, devidas à enterotoxemia por C. perfringens, ocorrem durante este período (Unger-Waron et al. 1987; Hannant et al., 1992). Pensa-se também que a deficiência de vitamina E / selénio é um fator predisponente na causa das infecções clostridiais (Wernery e Kaaden 1995).

Achados clínicos

Os camelos afectados apresentam transpiração, tremores musculares, ataxia, hiperestesia, convulsões e morte (Wernery e Kaaden 1995). De acordo com Ipatenko (1974), os sintomas de enterotoxemia em camelos bactrianos incluem excitação, cambaleio, convulsões e morte. Sanousi e Gameel (1993) observaram diarreia amarelada, pastosa, e morte, em camelos lactentes, na Arábia Saudita.

Pensa-se que as dietas ricas em proteínas ou hidratos de carbono, as mudanças bruscas de clima e o manuseamento dos animais (por exemplo, transporte, pesagem) são factores predisponentes (Chauhan et al., 1985).

Os tipos C e D de Clostridium perfringens foram incriminados na causa da enterotoxemia do camelo na Rússia (Ipatenko, 1974). Chauhan et al., (1985) descreveram um surto de enterotoxemia em camelos na Índia causado por C. perfringens tipo A em associação com C. novyi. Gameel et al. (1986) isolaram C. perfringens tipo A juntamente com C. sordellii e Aeromonas hydrophila de camelos com gastroentrite hemorrágica no Sudão. Foi observado um surto de enterotoxemia na Arábia Saudita (Sanousi e Gameel, 1993).

Encefalomalácia causada por toxinas do tipo D de Clostridium perfringens

As lesões na enterotoxémia, tal como encontradas por Sanousi e Gameel (1993), foram hidrotórax, congestão pulmonar e edema. Foi também observado exsudado serofibrinoso no saco pericárdico. O epicárdio apresentava estrias castanho-amareladas, o endocárdio era esbranquiçado e o miocárdio era mole e tinha um aspeto granular calcário. A cavidade peritoneal continha uma quantidade considerável de líquido serofibrinoso. Observou-se congestão e petéquias no abomaso. Os intestinos, particularmente o jejuno e o íleo, estavam congestionados, ligeiramente edematosos e apresentavam hemorragias irregulares da mucosa e, nalguns casos, ulceração. Observou-se uma congestão acentuada nos gânglios linfáticos da mucosa, no fígado, nos rins e no cérebro. Wernery et al. (1992) registaram uma degeneração grave do miocárdio e rins polpudos em vitelos dromedários com 4-6 semanas de idade.

Tratamento

A administração de anti-soros hiper-imunes é o único tratamento suscetível de ser útil. Doses de 25 ml de antissoro de Clostridium perfringens tipo C foram utilizadas com sucesso em vitelos. A administração oral de penicilina também pode ajudar. Os agentes quelantes também podem ajudar. A vacinação, de preferência com toxoide ou bacterina específicos do tipo, é a única medida preventiva disponível (Blood and Radostits, 1989). No caso de surtos, as mães devem ser vacinadas para proteger a sua descendência. Isto deve ser feito pelo menos 2 semanas antes do parto.

LEPTOSPIROSE

A ordem dos espiroquetas inclui as famílias Spirochaetaceae e Leptospiraceae. Os géneros mais importantes nos animais e nos seres humanos são Serpulina, Treponema, Borrelia (Spirochaetaceae) e Leptospira (Leptospiraceae). O género Leptospira está atualmente dividido em duas espécies, L. interrogans (parasita) e L. biflexa (saprófita). As leptospiras estão presentes nos túbulos dos rins dos mamíferos e são excretadas na urina, frequentemente durante vários meses. Caracteristicamente, um hospedeiro reservatório apresenta sinais clínicos mínimos ou nenhuns. Todos os animais domésticos, incluindo os camelos (Shigidi, 1974), a caça selvagem, os roedores, bem como o homem, são susceptíveis de infeção. A ocorrência de leptospirose parece ser insignificante nos camelos.

Não existe nenhum relatório sobre a apresentação clínica da leptospirose em camelos.
Krepkogorskaya (1956) isolou Leptospira nos órgãos do camelo. A presença de anticorpos aglutinantes para vários serovares de leptospira em camelos foi registada em vários países (Werney e Kaaden, 1995; Sebek, 1974 e Moch et al, 1975).

SALMONELOSE

As Salmonellae habitam os intestinos do homem e dos animais em todo o mundo. A maioria dos animais infectados tornam-se excretores subclínicos. As Salmonellae podem sobreviver durante 9 meses ou mais no ambiente em locais como o solo húmido, a água, as fezes e os alimentos para animais. A infeção de camelos, bem como de outros animais, com várias espécies de Salmonellae pode resultar em doenças clínicas graves e constitui sempre um vasto reservatório para a infeção dos seres humanos. O género Salmonella compreende uma única espécie que foi dividida em mais de 2000 serótipos com base no antigénio somático (O), flagelar (H) e, ocasionalmente, capsular (Vi). O género foi dividido em 7 subgrupos. O subgrupo 1 contém a maior parte das salmonelas que são agentes patogénicos significativos para os animais, tendo a maioria recebido nomes como, por exemplo, dublin, typhimurium, etc.
A transmissão é normalmente feita por via oral, mas pode ocorrer através das membranas mucosas da conjuntiva e do trato respiratório superior.
Existem vários relatórios sobre a ocorrência de salmonelose em camelos (Curasson, 1918; Olitzki e Ellanbogen, 1943; Donatien e Boue, 1944; Bruner e Moran, 1949; Kwaga, 1985; Cheyne et al., 1977; Pegram e Tareke, 1981; Refai et al., 1984; Yassien, 1985; Wernery, 1992). As Salmonellae colonizam o intestino delgado distal ou o cólon antes de iniciarem a doença entérica. Os ácidos orgânicos voláteis produzidos pela flora intestinal normal bloqueiam normalmente o acesso aos locais de fixação exigidos pelas espécies de Salmonella. A perturbação da flora intestinal normal por factores como a terapia com antibióticos, a dieta e a privação de água aumenta a suscetibilidade do hospedeiro à infeção. A redução do peristaltismo, o stress devido ao transporte e a sobrelotação também predispõem à colonização do intestino pelas salmonelas. A fixação das salmonelas é normalmente efectuada através de fímbrias. Algumas estirpes que produzem enterite e diarreia parecem ser capazes de formar enterotoxinas e citotoxinas.
As estirpes invasivas que produzem septicemia são capazes de escapar à destruição pelo hospedeiro e de se multiplicarem nos macrófagos do fígado e do baço, bem como intravasculares. Qualquer uma das salmonelas, em animais não imunes que são fagocitadas, tendem a sobreviver dentro dos fagócitos. A multiplicação dos organismos no corpo leva a uma endotoxemia grave. Os factores predisponentes são o transporte, a nutrição, o parto, a sobrelotação, a cirurgia e a medicação (Blood e Radostits, 1989).

Achados clínicos

Nos camelos, a salmonelose pode ser entérica ou septicémica. A salmonelose crónica é caracterizada por diarreia, perda de peso e morte em poucas semanas (Fazil e Hafmann, 1981). Cheyne et al. (1977) relataram a falta de saciedade e ataques intermitentes de diarreia em dois animais gravemente doentes pouco antes da morte por salmonelose. Um dos camelos, que estava doente há apenas 24 horas, estava reclinado, com uma temperatura rectal de 102,5° F, uma frequência de pulso de 50 por minuto e uma respiração rápida. Os gânglios linfáticos pré-escapulares e submaxilares estavam aumentados e eram facilmente palpáveis, os músculos da cabeça e do pescoço contorciam-se continuamente e as fezes eram predominantemente líquidas, mas com alguns grânulos duros. O segundo camelo estava doente há 5-6 dias e encontrava-se em muito mau estado. A temperatura rectal era inferior a 98° F, o pulso era fraco e a respiração difícil. Os gânglios linfáticos superficiais estavam grosseiramente aumentados e as membranas mucosas visíveis estavam congestionadas. As fezes eram pretas, líquidas e mal cheirosas. O animal morreu no dia seguinte. No exame post mortem, os gânglios linfáticos mediastínicos, mesentéricos e periféricos estavam profunda e irregularmente congestionados. Ambos os camelos apresentavam gastroenterite hemorrágica.

Tratamento

O tratamento precoce com antibióticos de largo espetro e sulfonamidas e a terapia com fluidos e electrólitos é altamente eficaz. A escolha dos fármacos a utilizar depende de um teste de sensibilidade aos fármacos em cada caso de surto, mas, caso contrário, pode ser aplicada a seguinte generalização. Os antibióticos de eleição são a gentamicina, a ampicilina, o cloranfenicol e a enrofloxacina. A combinação de antibióticos com sulfonamidas também pode ajudar.
A prevenção da introdução, no efetivo, de animais portadores e de alimentos contaminados pode controlar a doença. A doença também pode ser controlada através do abate dos animais portadores, da utilização profiláctica de antibióticos, da desinfeção das explorações e dos utensílios e da imunização.

COLIBACILOSE

A colibacilose causada por Escherichia coli (E. coli) ocorre em todas as espécies de animais recém-nascidos. A Escherichia coli é um habitante natural do intestino grosso e do intestino delgado inferior de todos os mamíferos. A Escherichia coli é excretada nas fezes e pode sobreviver em partículas fecais, pó e água durante semanas e meses.
As causas predisponentes são de grande importância e determinam, em grande medida, a ocorrência ou não dos sinais clínicos da doença. Os recém-nascidos que recebem imunidade passiva insuficiente do colostro estão predispostos à infeção. Isto pode dever-se a uma deficiência quantitativa ou qualitativa de imunoglobulinas. A

falta de higiene permite frequentemente a acumulação de estirpes patogénicas no ambiente do animal jovem. Uma grande dose de E. coli patogénica pode ultrapassar a imunidade colostral. Os neonatos, com menos de uma semana de idade, são particularmente susceptíveis, uma vez que a flora intestinal normal não está completamente estabelecida, têm um sistema imunitário ingénuo e os receptores para a adesão de E. coli estão presentes na primeira semana de vida nos vitelos bovinos (não se sabe se nos vitelos camelos).

As estirpes de Escherichia coli, normalmente consideradas como não patogénicas, podem causar infecções oportunistas em locais do corpo como as glândulas mamárias (mastite) e o útero (metrite). As estirpes de Escherichia coli que causam enterite foram classificadas como E. coli enterotoxigénica (ETEC) que possui as adesões fimbriais K88, K99 ou outras. A produção destes factores de colonização está correlacionada com a produção de enterotoxinas. Estas estirpes causam a maioria dos casos de colibacilose neonatal. As estirpes enteroinvasivas (EIEC) aderem às células do intestino delgado distal.

A infeção por Escherichia coli em bezerros dromedários foi descrita por vários autores. Schwartz e Dioli (1992) relataram uma morbilidade de 30% em vitelos dromedários neonatais na África Oriental. Sem intervenção veterinária imediata, a mortalidade pode atingir os 100%.

Achados clínicos

Os vitelos de camelo que sofrem de colibacilose apresentam anorexia, disenteria, dores abdominais e desidratação. A morte ocorre em poucos dias (Chauhan et al., 1986; Rombol, 1942). Wernery e Kaaden (1995) observaram uma febre entre 40° C e 41° C seguida de morte em 2-3 dias. Na autópsia, estes últimos autores referem também uma palidez extrema de toda a carcaça, uma inflamação da mucosa intestinal e a presença de areia no compartimento 1. Em casos graves de disenteria por E. coli, um exsudado fibrinoso cobre os órgãos abdominais. Nos camelos adultos, a E. coli foi recuperada de casos esporádicos e está envolvida na infeção do útero, da uretra, da bexiga, dos rins, do trato gastrointestinal e das glândulas mamárias. Ibrahim et al. (1998) registaram a doença do edema em camelos, causada por E. coli, no Barém. A doença apareceu subitamente num grupo de camelos. A incidência da doença foi de 50% ou mais e a taxa de mortalidade aproximou-se dos 90% dos animais afectados. Não se registou qualquer aumento da temperatura corporal durante a evolução da doença. Os animais afectados apresentavam um andar relutante e doloroso. Alguns animais apresentavam sinais nervosos evidentes. O edema começou na parte inferior do corpo, ou seja, no abdómen, no úbere e na zona do peito. A distensão do intestino com líquido, nas fases finais da doença, era o sinal clínico caraterístico. Normalmente, os animais afectados morriam em consequência de insuficiência cardíaca devido à pressão anormal exercida sobre o coração em consequência da sobrecarga de volume sustentada sobre o coração devido à presença de uma grande quantidade (100-150 litros) de líquido de edema. As lesões indicavam insuficiência cardíaca.

Tratamento

É aconselhável fornecer substâncias facilmente absorvíveis, tais como misturas de glicose e electrólitos. Deve também ser administrada fluidoterapia parentérica. Os antibióticos de eleição são o cloranfenicol, o sulfato de neomicina, as sulfonamidas, as misturas trimetoprim-sulfonamida, a nitrofurazona, a ampicilina e as enrofloxinas. Pode ser utilizado qualquer um dos antimicrobianos acima mencionados, mas deve ser interrompido após 3 dias sucessivos de tratamento para evitar a eliminação de demasiadas espécies da flora intestinal normal sensível aos medicamentos.

No que diz respeito ao controlo da doença, deve tentar-se reduzir a exposição dos vitelos recém-nascidos através do cumprimento de todas as medidas de higiene. O fornecimento de colostro adequado e o aumento da resistência específica do recém-nascido através da vacinação. A vacinação materna também se revelou útil no controlo da colibacilose em vitelos de camelo (Strauss, 1991).

TUBERCULOSE

Trata-se de uma doença granulomatosa infecciosa crónica da maioria das espécies animais, incluindo os camelos. Littlewood (1888) relatou-a pela primeira vez em camelos.

A tuberculose pode ser causada por Mycobacterium bovis, M. tuberculosis e M. avium e resulta no desenvolvimento progressivo de tubérculos em vários órgãos do corpo (Bush et al., 1986). A doença é de grande importância zoonótica (Seifert, 1992). A inalação é a porta de entrada mais comum, no entanto, a entrada dos organismos pode ser efectuada por ingestão. A virulência do organismo parece residir nos lípidos da parede celular. Pensa-se que os micosídeos, os fosfolípidos e os sulfolípidos protegem os bacilos da tuberculose contra a fotocitose. Os glicolípidos provocam uma resposta granulomatosa e aumentam a sobrevivência das micobactérias fagocitadas. Em animais previamente não expostos, ocorre a multiplicação local das micobactérias e a resistência à morte fagocitária permite a multiplicação intracelular e extracelular contínua. As células hospedeiras infectadas e as micobactérias podem atingir os gânglios linfáticos locais e, a partir daí, podem passar para o ducto torácico com disseminação geral. Após a primeira semana de introdução da bactéria, a resposta imunitária mediada por células começa a modificar a resposta do hospedeiro e os macrófagos activados são capazes de matar algumas micobactérias. A agregação de macrófagos contribui para a formação de um tubérculo. Uma camada fibrosa pode encapsular a lesão. A necrose caseosa ocorre no centro da lesão e pode evoluir para calcificação ou liquefação.

A tuberculose não é muito comum nos camelos, que normalmente vivem em condições nómadas. A doença é normalmente observada nos camelos mantidos em confinamento, especialmente quando são mantidos juntamente com gado (El-Afifi et al., 1953; El Mossalami et al., 1971; Damodaran et al., 1969, Schillinger, 1987, Wernery e Kaaden, 1995).

Achados clínicos
Os sintomas nos camelos são a debilidade progressiva e a tosse. Encontram-se nódulos caseosos nos pulmões, fígado, baço e gânglios linfáticos. Foram observadas massas granulomatosas com caseificação nos gânglios linfáticos mediastínicos e na cavidade pleural (Pellegrini, 1942). Foi também descrita uma alteração do padrão das proteínas séricas nos camelos (Donchenko e Donchenko, 1978). As alterações hematológicas que ocorrem nos camelos são as mesmas (Fedchenko, 1971) que noutros animais (Blood e Radostits, 1989). O diagnóstico do efetivo pode ser feito através de um teste intradérmico de tuberculina nos camelos (Kennedy e Bush, 1983).
A utilização de isoniazida, combinação de estreptomicina e ácido paraaminossalicílico pode ser tentada para o tratamento de animais valiosos.

PARATUBERCULOSE

Caracteriza-se por enterite granulomatosa crónica em ruminantes, incluindo camelos (Chauhan et al., 1986; Amand, 1974; Radwan et al. 1991; Esterabadi et al., 1975). É causada por três estirpes de Mycobacterium paratuberculosis. A doença não é muito comum nos dromedários.
O fenómeno imunitário mediado por células parece estar envolvido na patogénese desta doença. Os organismos são encontrados dentro de macrófagos que são incapazes de os matar, na submucosa da área ileocecal e nos gânglios linfáticos adjacentes. A membrana mucosa torna-se espessada e permanentemente ondulada devido à infiltração celular. Há diarreia profusa e perda de proteínas.
O diagnóstico pode ser efectuado através de testes alérgicos (Khon, 1983).
A estreptomicina é o medicamento mais eficaz (50 mg / kg de peso corporal) para o tratamento.

BRUCELOSE

A brucelose é uma doença de importância zoonótica e é caracterizada por abortos no final da gravidez e infertilidade tanto nas fêmeas como nos machos. As espécies de Brucella são bactérias intracelulares facultativas, que podem sobreviver e multiplicar-se no interior das células do sistema macrofágico. É bastante comum nos camelos. Foi registada em todas as partes do mundo onde os camelos são mantidos (Hamada et al., 1963; Abu Damir et al., 1989; Waghela et al., 1978; Andreani et al., 1982; Domenech, 1977; Okoh, 1979; Radwan et al., 1995; Gameel et al., 1993; Afzal e Sakhir, 1994; Chukwu, 1985; Kagunya e Waiyaki, 1978; Kudi et al., 1997; Zowghi e Ebadi, 1988). A doença é causada pela infeção com Brucella sps. (B. abortis, B. melitensis, B. suis, B. ovis, B. canis), em especial a B. abortis. A transmissão faz-se por contacto direto ou indireto com excrementos infecciosos. A via de infeção é frequentemente por ingestão, mas pode ocorrer transmissão venérea. Menos frequentemente, a infeção pode ocorrer através da conjuntiva ou por inalação. As brucelas possuem uma endotoxina que contribui para a patogénese, assim como um hidrato de carbono da parede celular superficial que é responsável pela ligação aos linfócitos B. Logo após a entrada no hospedeiro, as brucelas são engolidas por células fagocíticas. Nestas últimas células, os organismos sobrevivem, multiplicam-se e são transportados para os gânglios linfáticos regionais. Os organismos passam para o ducto torácico e depois, através da corrente sanguínea, para os órgãos parenquimatosos e outros tecidos, como as articulações. Podem desenvolver-se focos granulomatosos nos tecidos com supuração e caseificação ocasionais. A brucelose é essencialmente uma doença de animais sexualmente maduros, sendo os locais de predileção o trato reprodutivo de machos e fêmeas, especialmente o útero grávido. Os factores alantóicos estimulam o crescimento da maioria das brucelas. Estes factores incluem o eritritol. O eritritol, possivelmente a hormona esteroide, e outras substâncias estão presentes na placenta e no trato genital masculino dos animais. Ocorre uma reação piogranulomatosa nas placentas afectadas e o aborto ocorre a partir do meio da gestação. Podem nascer recém-nascidos aparentemente normais, mas infectados, mas a infeção é de duração limitada nestes animais. As fêmeas geralmente abortam apenas uma vez, após o que se desenvolve um certo grau de imunidade, mas os animais permanecem infectados e um grande número de brucelas pode ser excretado no fluido fetal em partos subsequentes.
A maioria dos relatórios sobre brucelose em camelos utiliza métodos serológicos de identificação (Chichibabin, 1971). Foi observado (Wernery e Wernery, 1990) que a incidência em dromedários de corrida nos EAU é mais elevada do que nos camelos reprodutores e é atribuída à alimentação dos camelos de corrida com leite de vaca cru. A menor incidência de infeção nos camelos reprodutores em comparação com os camelos de corrida deve-se, supostamente, à recuperação espontânea entre os dromedários não reprodutores (Fazil e Hofmann, 1981; Gatt Rutter e Mack, 1963; Ostrovidov, 1954a e b). Pode ocorrer um diagnóstico incorreto da brucelose quando se baseia apenas na serologia, o que se deve à reatividade cruzada com outras bactérias (Osman e Adlan, 1987; Vanstraten et al., 1997). Embora o isolamento do organismo seja difícil, ele foi isolado do leite e dos gânglios linfáticos.
O tratamento da brucelose nas vacas tem sido geralmente mal sucedido devido ao sequestro intracelular do organismo nos gânglios linfáticos, na glândula mamária e nos órgãos reprodutores. Considera-se que os insucessos do tratamento não se devem ao desenvolvimento de resistência antimicrobiana, mas sim à incapacidade do medicamento de penetrar na barreira da membrana celular. A utilização de oxitetraciclina de ação prolongada a 20 mg/kg de peso corporal, por via intramuscular, a intervalos de 3-4 dias, durante cinco tratamentos, em combinação com estreptomicina, diariamente, durante 7 dias consecutivos, foi considerada parcialmente bem sucedida no tratamento de vacas infectadas (Blood e Radostits, 1989).

PESTE DE CAMELO

O organismo causal é a Yersinia pestis. Os factores de virulência das espécies de Yersinia incluem proteínas antifagocíticas da membrana externa, uma exotoxina codificada por plasmídeo, uma bacteriocina, uma coagulase e um fator fibrinolítico, todos eles correlacionados com a virulência. As estirpes virulentas de Y. pestis resistem à fagocitose e são capazes de crescer no interior dos macrófagos. Pensa-se também que a endotoxina contribui para os danos nos tecidos e para os sinais clínicos da peste. Os sintomas nos camelos variam. Pode haver uma doença vaga, aumento dos gânglios linfáticos, abcessos cutâneos generalizados, septicemia ou pneumonia (Manefield e Tinson, 1986).

Existe uma vasta literatura que atribui aos camelos a responsabilidade pela propagação da peste aos seres humanos (Fedorov, 1960; Wu et al., 1936; Pollitzer, 1954). Foram comunicados surtos de peste na Índia, no Irão, no Iraque, em África e na Rússia (Sotnikov, 1973). Há relatos contraditórios sobre a suscetibilidade dos camelos à peste. Fedorov (1960) sugeriu que, embora os camelos variassem ligeiramente em termos de suscetibilidade à peste, o mecanismo da sua infeção era o mesmo que o dos roedores e dos seres humanos susceptíveis à peste. As carraças e as pulgas que se alimentaram recentemente de roedores afectados pela peste septicémica podem infetar os camelos. Christie et al (1980) referiram que 19 seres humanos foram infectados com peste por contacto com a morte de camelos e cabras doentes.

O organismo da peste é suscetível à maioria dos antibióticos habitualmente utilizados. O organismo é sensível às tetraciclinas, aos aminoglicosídeos e às sulfonamidas. O tratamento deve ser tentado com antibióticos e terapia de apoio.

DOENÇAS FÚNGICAS

INFESTAÇÃO POR COELHO (Dermatofitose)

Os dermatófitos são um grupo de fungos estreitamente relacionados que utilizam a queratina para o seu crescimento. Tendem a limitar-se ao tegumento superficial, incluindo o estrato córneo externo da pele, unhas, garras e pêlos de animais e do homem. Tradicionalmente, os dermatófitos são colocados nos fungos Imperfecti, mas o estado perfeito foi descrito. São conhecidas mais de 38 espécies de dermatófitos. As que afectam os animais são classificadas num dos dois géneros Microsporum ou Trichophyton. As espécies de dermatófitos que afectam os animais são conhecidas como ectothrix, uma vez que as hifas septadas que invadem a pele e os pêlos se fragmentam em artrósporos e estes formam uma bainha à volta das estruturas infectadas (Gupta et al., 1970).

A capacidade dos dermatófitos para hidrolisar a queratina pode causar alguns danos na epiderme e nos folículos pilosos. O mecanismo pelo qual causam lesões é através de uma reação de hipersensibilidade do hospedeiro aos produtos metabólicos dos fungos. O hospedeiro inicia uma resposta inflamatória que é prejudicial para o fungo, pelo que os dermatófitos se afastam perifericamente em direção à pele normal. O resultado são as lesões circulares de alopecia, comummente observadas, com cicatrização no centro e inflamação nos bordos. (Polyakov e Ivanov, 1985, Sarkisov et al., 1989; Khamiev, 1981, Kamel et al., 1977).

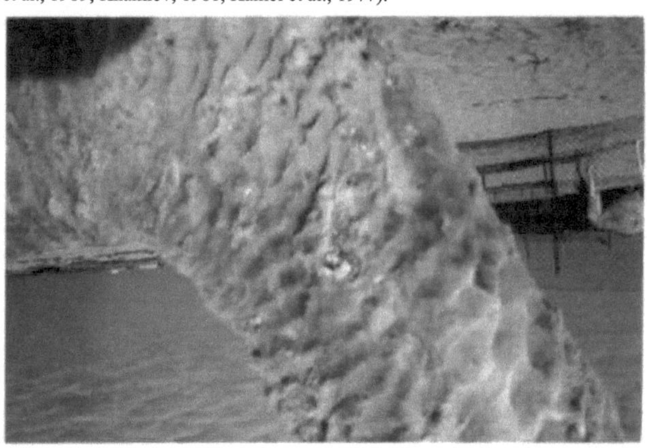

Lesões de infestação por anelídeos

A micose (dermatofitose) é uma doença muito comum nos camelos jovens. O pico de incidência ocorre no primeiro ano de idade. A maioria dos camelos é infetada por espécies de Trichophyton (T. mentagrophytes e T. verrucosum), mas a infeção por Microsporum congolensis, Aleurisma lugdunese, Penicillum vinaceum, Pseudeurotium spp, Pseudoarachniotus spp., Allescheria spp. e Mycelia sterial (Gitao, 1992; Chatterjee et al., 1978; El Timawy et al., 1988 e Khamiev, 1982). Os surtos estão associados às chuvas de inverno e no final do verão, quando a humidade é elevada. A doença tem importância zoonótica e os tratadores de camelos são frequentemente afectados pela doença.

Achados clínicos

As lesões cutâneas iniciais apresentam-se sob a forma de áreas de alopecia circulares e crostosas, com 1-2 cm de diâmetro. As lesões geralmente coalescem. Os camelos jovens são mais gravemente afectados e quase todo o corpo do animal é envolvido. Nos animais idosos, as lesões são localizadas. A doença é auto-limitada em vitelos de camelo bem alimentados. A taxa de morbilidade é muito elevada, atingindo 100% nos camelos jovens. A infeção por D. congelensis causa uma reação inflamatória exsudativa, resultando num abaulamento da epiderme de crescimento lento para fora do cório, permitindo assim o crescimento de uma nova camada de células epidérmicas (Seifert, 1992). A secagem do exsudado seroso forma uma crosta que é uma caraterística distintiva desta doença. Quando as crostas são removidas, é revelada uma área avermelhada húmida. Losos (1986) e Gitao et al. (1990) descreveram duas formas de dermatofitose: Uma forma precoce ou aguda e uma forma crónica. Os pêlos compridos nas proximidades do exsudado ficam emaranhados, produzindo o caraterístico efeito "pincel". Os seres humanos podem entrar em contacto com a doença através da manipulação de animais, lã e peles de animais infectados.

Micose num camelo macho de 3 anos de idade

A maior parte dos fungos que causam a micose produzem determinados metabolitos quando crescem nos pêlos e na pele, que fluorescem num verde-maçã vivo à luz ultravioleta (366 nm) de uma lâmpada de Wood. O pelo deve ser arrancado e deve obter-se material do bordo da lesão para efetuar o diagnóstico. O método de preparação húmida com KOH, examinado com uma objetiva de baixa potência (com o condensador ligeiramente baixado), pode revelar a presença de esporos. As raspas ou os pêlos também podem ser cultivados em meios especiais (ágar dextrose sabouraud de Emjon) para identificação e teste de sensibilidade.

Tratamento

Estão disponíveis vários medicamentos fungicidas, para uso tópico. Estes incluem: pomada de sulfato de cobre a 10%, preparações de iodo, ácido propiónico, natamicina (Mycophyte, Myofarm), enilcozolum (Imaverol, Jenssen), preparações de mercúrio (Sporyl, Richter Pharma) e Halamid (Intervet). O iodeto de sódio 500 mg / ml (Sodide, Parnell) administrado por injeção dá bons resultados. Todos os medicamentos devem ser utilizados de acordo com as instruções do fabricante.

REFERÊNCIAS

Abu Damir, H., M.H. Tageldin, S.J. Kenyon, e O.F. Idris. 1989. Isolamento de Brucella abortus de camelos dromedários infectados experimentalmente no Sudão. Um relatório preliminar. Vet. Res. Comm., 13:403-406.

Abu Elzehin, E.M.E 1985. Blue tongue in camels: a serological survey of the onehumped camel (Camelus dromedarius) in the Sudan. Rev. Elev. Med. Vet. Pays Trop., 38(4):438-442.

Abdurahman, O.A.S. 1996. Deteção de mastite subclínica no camelo bactriano (camelus-bactrianus) através da contagem de células somáticas e do teste da mastite da Califórnia. Vet. Res. Comm., 20(1):9-14.

Abdurahman, O.A.S., H. Agab, B. Abbas, e G. Astrom. 1995. Relações entre infeção do úbere e células somáticas no leite de camelo (Camelus-Dromedarius). Ata Vet. Scand., 36(4):423-431.

Afshar, A. 1979. Br. Vet. J., 135:142.

Afshar, A. e H. Kayvanfar. 1974. Ocorrência de anticorpos precipitantes contra o vírus da língua azul em soros de animais de criação no Irão. Vet. Rec., 94:233-235.

Afzal, M., I.A. Khan, e R. Salman. 1993. Sintomas e patologia clínica da raiva no camelo. Vet. Rec., 133:220.

Afzal, M. e M. Sakkir. 1994. Pesquisa de anticorpos contra vários agentes de doenças infecciosas em camelos de corrida em Abu Dhabi, Emirados Árabes Unidos. Rev. Sci. Tech. Off. Int. Epiz., 13(3):787-792.

Afzal, M., M. Sakir, e M.M. Hussain. 1996. Infeção por Corynebacterium pseudotuberculosis e linfadenite (Taloa ou Mala) no camelo. Trop. Anim. Hlth Prod., 28:158-162.

Ahuja, A., S.K. Purohit, J.S. Yadav, e A.P. Singh. 1994. Suspeita de raiva em camelo (relato de caso). J. Camel Pract. Res., 1:89-90.

Al Ani, M.O.A. e R.A. Al Salihy. 1988. Camel pox in Iraq. Bull. Sante Prod. Anim. Afr., 36:396-397.
Amand, W.B. 1974. Paratuberculose Mycobacterium paratuberculosis num camelo dromedário. A. Proc. Amer. Ass. Zoo Vet., 150-153
Andreani, E., A. H. Salim, e A.M. Arush. 1982. Investigação serológica e bacteriológica sobre brucelose em ruminantes domésticos da República Democrática da Somália. Revue Elev. Vet. Med. Pays Trop., 35(4):329-333.
Ata, F.A., M.H. Tageldin, H.S. Al Sumry, e S.S.I. Al-Ismaily. 1993. Rabies in the Sultanate of Oman (Raiva no Sultanato de Omã). Vet. Rec., 132:68-69.
Awad, F.I., A.A. Salem, e A.A. Fayed. 1976. Estudos dos sinais clínicos observados em animais infectados experimentalmente com Pasteurella multocida tipo I. Egipto. J. Vet. Sci., 13(1):53-56.
Azwai, S.M., S.D. Carter, e Z. Woldehiwet. 1995. Anticorpos monoclonais contra IgG, IgM e cadeias leves de camelo (Camelus-Dromedarius). Vet. Immunol. Immunopath, 45:175-184.
Azwai, S.M., S.D. Carter, Z. Woldehiwet, e U. Wernery. 1996. Serologia da infeção por Orthopoxvirus cameli em camelos dromedários: Analysis by ELISA and western blotting. Comp. Immun. Microbiol. Inf. Dis., 19:65-78.
Bah, S.O., G. Chamoiseau, M.L.O. Biha, e S.M.O.A. Fall. 1981. Un foyer de rage Cameline en Mauritanie. Rev. Elev. Med. Vet. Pays Trop., 34(3):263-265.
Barakat, A.A., E. Sayoub, e A.A. Fayed. 1976. Investigação de um surto de carbúnculo em camelos no deserto ocidental. J. Egypt. Vet. Med. Ass., 36:183-186.
Barbour, E.K., N.H. Nabbut, W.M. Frerichs, H.M. Al Nakhli, e A.A. Al Mukayel. 1985. Mastite em Camelus dromedarius na Arábia Saudita. Trop. Anim. Hlth. Prod., 17(3):173-179.
Bergin, T.J. 1988. Corynebacterium pseudotuberculosis e "mala" (linfadenite) em camelos. In: FAO. O camelo: Investigação para o desenvolvimento. Actas do Seminário do Kuwait, Kuwait, 1986/10/20-23, Roma (ITA), FAO, 1988, pp. 145-150.
Bildfell, R., C. Yason, D. Haines e M. Mcgowan. 1996. Herpesvirus encephalitis in camel. J. Zoo Wildlife Medicine, 27(3):409-415.
Blood, D.C. e O. M. Radostits. 1989. Veterinary Medicine. 7th edn. Bailliere Tindall, Londres.
Bruner, D.W. e A.B. Moran. 1949. Salmonella infections of domestic animals (Infecções por Salmonella em animais domésticos). Cornell Vet., 39(1):53-63
Buchnev, K.N., S. Tulepbaev, e A.R. Sansyzbaev. 1987. Doenças infecciosas dos camelos na URSS. Rev. Sci. Tech. Off. Int. Epiz., 6(2):487-495.
Bush, M., R.J. Montali, L.G. Phillips, D.K. Nichols, e P.A. Holobaugh, 1986. Tuberculose em camelos bactrianos. Proc. A Meet. Am. Ass. Zoo Vet., pp. 22-23.
Chatterjee, A., P. Chakraborty, D. Chattopadhyay, e D.N. Sengupta. 1978. Isolamento de Trichophyton schoenleinii de um camelo. Ind. J. Anim. Hlth., 17(1):79- 81.
Chauhan, R.S. e R.K. Kaushik. 1987. Isolamento do vírus da varíola do camelo na Índia. Br. Vet. J., 143(6):581-582.
Chauhan, R.S., R.C. Kulshreshtha, e R.K. Kaushik. 1985. Um relatório de enterotoxemia em camelos na Índia. Ind. Vet. J., 62(10):825-827.
Chauhan, R.S., R.K. Kaushik, S.C. Gupta, K.C. Satiya, e R.C. Kulshreshtha. 1986. Prevalência de diferentes doenças em camelos (Camelus dromedarius) na Índia. Camel Newsletter, 3:10-14.
Chauhan, R.S., S.C. Gupta, K.C. Satija, e R.C. Kulshreshtha. 1987. Bacterial flora of upper respiratory tract in apparently healthy camels. Ind. J. Anim. Sci., 57(5):424- 426.
Cheyne, I.A., R.G. Pegram, e C.F. Cartwright. 1977. Um surto de salmonelose em camelos no nordeste da República Democrática da Somália. Trop. Anim. Hlth. Prod., 9(4):238-240.
Chichibabin, E.S. 1971. Brucelose em camelos. 1. Comparação de testes serológicos.
Trudy Kazakh. Naucho-issled. Vet. Inst., 14:25-27.
Christie, A.B., T.H. Chen, e Sanford S. Elberg. 1980. Plague in camels and goats: Their role in human Epidemics. J. Infect. Dis., 141(6):724-726.
Cross, H.E. 1917. The camel and its diseases. Balliere, Tindall and Cox, Londres
Chukwu, C.C. 1985. Brucelose em África. 1. A prevalência. Bull. Anim. Hlth. Prod. Afr., 33(3):193-198.
Curasson, G. 1918. Une maladie du dromadaire analogue au farcin du boeuf. Bull. Soc. Cent. Med. Vet., 71: 491-491. (Suplemento ao Rec. med. Vet. 94).
Curasson, G. 1936. Traite de pathologie exotique veterinaire et comparee. Vol. II. Vigot, Freres, Paris.
Damodaran, S. e R. Ramakrishnan. 1969. Tuberculose em animais em Madras. In: Terceira Conferência Internacional sobre os impactos globais da microbiologia aplicada. Bombaim, Índia, S.I., S. n., 1-86.
Dashtseren, T.S., B.V. Solovyev, F.Varejka, e A. Khokhoo. 1984. Camel contagious ecthyma (pustular dermatitis). Ata Virol, 28:122-127.
Dioli, M. e R. Stimmel-Mayr. 1992. Doenças importantes do camelo. In: The One Humped Camel in Eastern Africa. A Pictorial Guide to Diseases, Health Care and Management. Eds. H.J. Schwartz e M. Dioli, Verlag Josef Margraf Scientific Books, pp. 155-164.
Donchenko, A.S. e V.N. Donchenko. 1978. Mudança de proteínas no soro sanguíneo de camelos e bovinos saudáveis e doentes com tuberculose.vest. sel. Khoz. Nauki. Alma-Ata., 2:73-76.

Domenech, J. 1977. Enquete serologique sur la brucellose du dromadaire en Chad. Revue Elev. Med. Vet. Pays Trop., l 30(2):141-142.
Domenech, J., T.G. Guidot, e D. Richard. 1977. Les maladies pyogenes du dromadaire en Ethiope. Symptomatologie-Etiologie. Rev. Elev. Med. Vet. Pays Trop., 30(3):251-258.
Donatien, A. e A. Boue. 1944. Une epizootie de ghedda dans la rregion d'Qued Guir (Sahara oranais). Arch. Inst. Pasteur Alger, 22(3):171-174.
Edelsten, R.M. e R.G. Pegram. 1974. Necrose cutânea contagiosa de camelos da Somália associada a Streptococcus agalactiae. Trop. Anim. Hlth. Prod., 6:255-256.
El-Afifi, A., R. Zaki, e H.F. Farrag. 1953. Incidência e tipificação da tuberculose em camelos no Egipto. Vet. Med. J,. 1:1-6.
Eldisougi, M.I. 1984. Uma nota sobre as doenças dos camelos na Arábia Saudita. In: Cockrill, W.R. The camelid : an all purpose animal. Workshop sobre camelos, Cartum (SDN), 18-20 de dezembro de 1979.
El-Jakee, J. 1998. Microbiological Studies on Mammary Glands of One-Humped She-Camels in Egypt (Estudos microbiológicos das glândulas mamárias de camelos de uma só cauda no Egipto). J Camel Pract. Res., 5:243-246.
Elmossalami, E., M.A. Siam, e M. EL Serany. 1971. Estudos sobre lesões semelhantes à tuberculose em camelos abatidos. Zbl. Vet. Med., 18(4):253-261.
El-Timawy, A.M., I. Seddik, e M. Atia. 1988. Camel ringworm in upper Egypt. Assiut Vet. Med. J., 20(39): 53-59.
Esterabadi, A.H., F. Entessar, H. Hedayati, A.A. Narimani, e M. Sadri. 1975. Isolamento de Corynebacterium pseudotuberculosis de camelo no Irão. Archs Inst. Razi., 27:61-66.
Fazil, M.A. e R.R. Hofmann. 1981. Haltung und Krankheiten des Kamels. Tieraerztl. Praxis, 9:389-402.
Fedchenko, V.A. 1971. Tuberculose em camelos. II. Alterações hematológicas. Trudy Kazakh, nauchno. -isslal. Vet. Inst., 14:57-61.
Fedorov, V.N. 1960. Peste em camelos e sua prevenção na URSS. Bull. W.H.O., 23:275-281.
Fowler, M.E. 1989. Medicine and surgery of South American Camelides. Iowa State Uni. Press.
Gahlot, T.K. 1994. Suspeita de raiva em camelo (Relato de caso). J. Camel Pract. Res., 1:89.
Gameel, A.A., S.M. El Sanousi, B.E. Musa, e E.E. El Qwni. 1985. Associação de Clostridium perfringens tipo A. Clostridium soredellii e Aeromonas hydrophilia com enterite hemorrágica em camelos (Camelus dromedarius). In: Relatório anual, outubro de 1985, Projeto de investigação sobre camelos, Cartum (SDN), Conselho Nacional de Investigação.
Gameel, A.A., S.M. El-Sanousi, B.E. Musa, e E.E.EL-Owni. 1986. Association of some pathogenic bacteria with haemorrhagic enteritis in camels. Camel research paper, Camel Research Unit, University of Khartoum, Sudan, 50-55 (no. SRC 12).
Gameel, S.E.A.M., S.O. Mohamed, A.A. Mustafa, e S.M. Azwai. 1993. Prevalence of camel Brucellosis in Libya (Prevalência da brucelose do camelo na Líbia). Trop. Ani. Hlth. Prod., 25(2):91-93.
Gatt Rutter, T.E. e R. Mack. 1963. Doenças dos camelos. Vet Bull. 33:119-124.
Gitao, C.G., J.O. Evans, e D.J. Atkins. 1990. Infeção natural por dermatophilosis congolensis em camelos (Camelus Dromedarius) do Quénia. J. Comp. Path, 103:307313.
Gitao, C.G. 1992. Dermatofilose em camelos (Camelus dromedarius Linnaeus, 1758) no Quénia. Rev. Sci. Tech. Off. Int. Epiz., 11(4):1079-1086.
Gitao, C.G. 1994. Surtos de ectima contagioso em camelos (Camelus dromedarius) no distrito de Turkana, no Quénia. Rev. Sci. Tech. Off. Int. Epiz., 13(3):939-949.
Gupta, P.K., R.P. Singh, e I.P. Singh. 1970. Um estudo da dermato-micose micótica em animais domésticos e galinhas. Ind. J. Anim. Hlth., 9(1):85-89.
Hamada, S., H.El-Sawah, I. Sherif, M. Joussef, e M. Hidik. 1963. Salmonella dos gânglios linfáticos mesentéricos de bovinos, búfalos e camelos abatidos. J. Arab. Vet Med. Ass., 23(4):272-277.
Hafez, A.M., S.A. Razig, S. El Amrousi, e R.O. Ramadan. 1987. Estudos sobre mastite em animais de criação em Al - Hasa. I. Estudos analíticos. Assiut Vet. Med. J., 19(37):140-145.
Hafez, S.M., A.Al-Sukayran, D. Dela Cruz, K.S. Mazloum, A. M. Al-Bokmy, A. Al-Mukayel, e A.M. Amjad. 1992. Desenvolvimento de uma vacina viva contra a varíola do camelo em cultura de células. Vaccine Vol., 10(8):533-537.
Hannant, D., J. A. Mumford, U. Wernery, e J. M. Bowen. 1992. Elisa para IgG de camelo e medição da transferência colostral. Proc. Ist Int. Camel Conf., 93-95.
Hassanein, A., A.S. Soliman, e M. Ismail. 1984. Um caso clínico de mastite em camelo (Camelus dromedarius) causada por Corynebacterium pyogenese. Assiut Vet. Med. J., 12(23):239-241.
Hassan, A.K.M. e A.A. Mustafa. 1985. Isolamento de Pasteurella multicoda tipo B de um surto de septicemia hemorrágica em camelos no Sudão. Revue Elev. Med. Vet. Pays trop., 38(1):31-33.
Hedger, R.S., T.R. Barnett, e D. F. Gray. 1980. Algumas doenças virais dos animais domésticos no Sultanato de Omã. Trop. Anim. Hlth. Prod., 12:107-114.
Hegazy, A.A., L.S. Fahmy, M.S. Saber, T.A. Aboellail, A.A. Yusif e C.C.L. Chase. Bovine virus diarrhea virus infection causes reproductive failure and neonatal mortality in the dromedary camel. Int. Meeting on Camel Production and Future Perspectives, Al Ain, UAE (Abst. 126).

Higgins, A.J. 1983. Observações sobre as doenças do camelo árabe (Camelus dromedarius) e o seu controlo: A review. Vet. Bull, 53(12):1089-1100.
Higgins, A. 1986. The camel in health and disease (O camelo na saúde e na doença). Bailliere Tindall. London.
Hoste, C., B. Peyre, DE. Fabregues, e D. Richard. 1985. Le dromadaire et son elevage. Elev. Med. Vet. Pays trop., 145-146.
Ibrahim, A.M., A.A. Abdelghafar, M.E. Fadlalla, M.N. Nayel, B.A. Ibrahim, e A.S. Adam. 1998. Doença do edema em camelos fêmeas no Bahrein. J. Camel Pract. Res., 5:167-169.
Ipatenko, N.G. 1974. Enterotoxemia infecciosa dos camelos. Vet. Bull, 44:1481-1484.
Jezek, Z.; B. Kriz; V.Rothbauer. 1983. A varíola dos camelos e o seu risco para a população humana. J. Hyg. Epidem. Microbiol. Immmun., 27:29-42
Kaaden, O.R, A. Walz, C.P. Cerny, e U. Wernery. 1992. Progresso no desenvolvimento de uma vacina contra a varíola do camelo em : Proc. Ist Int. Camel Conf., 47-49.
Kagunya, D.K.J. e P.G. Waiyaki. 1978. A serological survey of animal brucellosis in the north-eastern province of Kenya. Kenya Vet., 2(2):35-38.
Kamel, Y.Y., M.A. Ahmed, e A.A. Ismail. 1977. Dermatófitos em animais, aves e no homem. 1. Animais como reservatório potencial de dermatófitos para o homem. Assiut Vet. Med. J., 7:149-159.
Kapur, M.P., B.M. Khanna, e R.P. Singh. 1982. Um caso de mastite peraguda numa camela associada a Klebsiella pneumaniae e Escherichai coli. Ind. Vet. J., 59(8):650-651.
Kennedy, S. e M. Bush. 1983. Avaliação do teste da tuberculina e da transformação de linfócitos em camelos bactrianos. In : Montali, R.J. Mycobacterial infections in zoo animals. Washington (EUA), Smithsonian institution press, n.p., en anglais.
Khalafalla, A.I., Z. Abbas, e M.E.H. Mohamed. 1998. Camel papillomatosis in the Sudan. J. of Camel Pract. and Res., 15(1):157-159.
Khamiev, S.K. 1981. Sinais clínicos de micose em camelos bacterianos e dromedários. Veterinariya, 7:38-39.
Khamiev, S.K. 1982. Epidemiology of ringworm (Trichophyton infection) among camels in Kazakhstan. Veterinariya, 9:42.
Khon, F.K. 1983. Diagnóstico alérgico da paratuberculose do camelo. Biul. Vses Inst. Eksp Vet. Moskva, 50:26-28.
Krepkogorskaya, T.A. 1956. Izvest. Akad. Nauk Kazakh. SSR (Physiol. Med) 7,80 (Absr. In Bull. Inst. Pasteur 58, No. CZ355.
Kriz, B. 1982. Um estudo sobre a varíola do camelo na Somália. J. Comp. Path., 92:1-8.
Krupeuko, S.S. 1972. Varíola do camelo causada pelo vírus da vaccinia. Veterinariya, 8:61-62
Kumar, A. e N. Jindal. 1997. Raiva num camelo - Relato de um caso. Trop. Anim. Hlth. Prod., 29(1):34
Kwaga, J.K.P., 1985. Prevalência de salmonelas em camelos na Nigéria. Vet. Rec., 117(11):291.
Kudi, A.C., D.J.U. Kalla, M.C. Kudi, e G.I. Kapio. 1997. Brucellosis in Camels. Journal of Arid Environments, 37(2):413-417.
Leese, A.S. 1927. A treatise on the one-humped camel in health and disease. Vol. II, Vigot, Feres, Paris.
Littlewood, W. 1888. Camel tuberculosis. Off. Gaz. Egipto.
Losos, G.J. 1986. Infectious Tropical Diseaes of Domestic Animals (Doenças Infecciosas Tropicais dos Animais Domésticos). The Bath Press. Avon.
Moch, R.W., E.E. Ebner, I.S. Barsoum, e B.A.M. Botros. 1975. Leptospirose na Etiópia: Um estudo serológico em animais domésticos e selvagens. J. Trop. Med. Hyg., 78(2):38-42.
Manefield, G.W. e A.H. Tinson. 1996. Camels, A Compendium. Fundação de Pós-Graduação em Ciências Veterinárias da Universidade de Sydney.
Moallin, A.S.M. 1986. Revisão das infecções virais do dromedário. In: Hayles, L.B. Proceedings of the first national veterinary symposium, Mogadishu (SOM), 12-15 Oct. 1986. Roma (ITA), FAO. p 9.
Moch, R. W., E.E. Ebner, J.S. Barsoum, e B.A. M. Botros. 1975. Leptospirose na Etiópia: uma pesquisa serológica em animais domésticos e selvagens. J. Trop. Med. Hyg., 78(2):38-42.
Moebuu, Aynurzana, Dashdava, e N.G. Ipatenko. 1966. Infectious enterotoxemia of camels in Mongolia, caused by Cl. Perfringens tipo C. Veterinariya, Moscovo, 43(11):32-35.
Momin, R.R., D.K. Pethkar, T.N. Jaiswal, e V.M. Jhala. 1987. An outbreak of pasteurellosis in camels. Indian vet. J., 64(10):896-897.
Morcos, M.B. 1965. Tratamento do Tétano no Camelo. Vet. Med. Rev., 2:132-134.
Mostafa, A.S., A.M. Ragale, E.E. Safwat, Z. El-Sayed, J. Mervat, A. El-Rehaman, N.A. El-Danaf, e M.T. Shouman. 1987. Exame do leite cru de camelo para deteção de mastite subclínica. J. Egypt Vet. Med. Ass., 47:117-128.
Mousa, A.A., A. Daoud, A. Omar, N. Metwally, M. EL-Nimr, e J.W. Mc Vicar. 1987. Isolamento do vírus da febre aftosa de camelos com síndromes de doença ulcerativa. J. Egypt Vet. Med. Ass., 47 (1&2):219-229.
Munz, E., D. Schillinger, M. Reimann, e H. Mahnel. 1986. Diagnóstico por microscopia eletrónica de Ecthyma contagiosum em camelos (Camelus dromedarius). Primeiro relatório da doença no Quénia. J. Vet. Med., 33b:73-77.
Munz, E., A.S.M. Moallin, H. Mahnel, e M. Reimann. 1990. Camel papillomatosis in Somalia. J. Vet. Med.,

37b:191-196
Mustafa, I.E. 1987. Doenças bacterianas do camelo e do dromedário. 55 SG/21 In: OIE. 55c Sessão geral do OIE, Paris (FRA), 1987/05/18-22 Paris (FRA), OIE, p. 31.
Okoh, A.E.J. 1979. A survey of brucellosis incamels in Kano, Nigeria. Trop. Anim. Hlth Prod. 11(4):213-214.
Olaleye, O.D, S.S. Baba, e S.A. Omolabu. 1989. Estudo preliminar de anticorpos contra vírus respiratórios em camelos de abate (Camelus dromedarius) no nordeste da Nigéria. Rev. Sci. Tech. Off. Int. Epiz., 8(3): 779-783.
Olitzki, L. e V. Ellenbogen. 1943. Uma estirpe de salmonela isolada de camelos na Palestina. J. Comp. Physiol. Ther., 53(1):75-79.
Osheik, A. Ali, S.A.M. Kheir, H. Abu Damir, e M.E.S. Barri. 1990. Camel contagious Ecthyma in Sudan. Conferência Internacional sobre Produção e Melhoramento de Camelos. 10-13 de dezembro de 1990. Líbia. pp. 250-254
Osman, A.M. e A.M. Adlan. 1987. Sudão. Brucelose nos animais domésticos: prevalência, diagnóstico e controlo. Série técnica, Gabinete Internacional de Epizootias, n.o 6 Paris (FRA), OIE, 1987, pp. 65-70.
Ostrovidov, P.I. 1954a. Experiência sobre a criação de camelos saudáveis a partir de represas infectadas com brucelose. Trud. Inst. Vet. Alma-Ata, 6:62-68.
Ostrovidov, P.I. 1954b. Desenvolvimento de resistência à brucelose em camelos. Trudy Inst. Vet. Alma Ata, 6:51-56.
Peck, E.F. 1939. Ingestão de sal em relação à necrose cutânea e à artrite de camelos com uma corcova (Camelus dromedarius, L.) na Somalilândia Britânica. Vet. Rec., 46(51):1355-1360.
Pegram, R.G. e F. Tareke. 1981. Observação sobre a saúde do gado Afar.
Ethiopian Vet. J., 5:11-15.
Pellegrini, D. 1942. Tuberculi spontanea del cammello in Somalia. Ricerche diagnostiche experimentali. Racc. Stud. Vet. Pat. Somali, 1942-1945, 1:33-41.
Pollitzer, R. 1954. Hospedeiros da infeção. Em Plague. W.H.O. Monogr. Ser. No. 22. Genebra, pp. 305-308
Pfeffer M., H. Meyer, U. Wernery, e O.R. Kaaden. 1996. Comparação dos vírus da varíola do camelo isolados no Dubai. Veterinary Microbiology, 49:135-146.
Polyakov, I.D. e L.G. Ivanov. 1985. Manifestações clínicas e diagnóstico diferencial da micose em camelos. Byull. Vses, Inst. Eksp. Vet., 59:64-66
Provost, A., P. Haas, e M. Dembelle. 1975. Premiers cas au Tchad de botulisme animal (type C): intoxication des dromadaires par l' eau d' un puit. Revue Elev. Med. Vet. Pays trop., 28 (1):9-12.
Purohit, N.R., D.S. Chouhan, e R.J. Choudhary. 1985. Lymphangitis in the camel (two cases). Agr. Practice, 6(5):23-24
Purohit, N.R., R.K. Purohit, D.S. Chouhan, R.J. Choudhary, P.K. Mehrotra, e K.N. Sharma. 1988. Suspeita de actinobacilose cutânea em camelos. Aust. Vet. J., 65(1):31-32.
Quandil, S.S. e J. Quder. 1984. Estudo bacteriológico de alguns casos de mamite em camelos nos Emirados Árabes Unidos. Rev. Med. Vet. (Touloose), 135:705-708.
Rabagliati, O.B.E. 1920. Tétano no camelo. J. Comp. Path. Ther., 33:10-12.
Radwan, A.I., S. El-Magawry, A. Hawari, S.J. Al-Bekairi, S. Aziz, e R.M. Rebleza. 1991. Paratuberculosis enteritis (Johne's Disease) in camels in Saudi Arabia. Biol. Sci., 1:57-66.
Radwan, A.I., S.I. Bekairi, A.A. Mukayel, A.M. Albokmy, P.V.S. Prasad, F.N. Azar, e E.R. Coloyan. 1995. Controlo da infeção por Brucella-mclitensis numa grande manada de camelos na Arábia Saudita, utilizando antibioterapia e vacinação com a vacina Rev-1. Revue Scientifique et Technique de L office Internation Des Epizooties, 14(3): 719-732.
Radwan, A.I., S. El Magawry, A. Hawari, S.I. Al Bekairi, e R.M. Rebleza. 1989. Infeção por Corynebacterium pseudotuberculosis em camelos (Camelus dromedarius) na Arábia Saudita. Trop. Anim. Hlth Prod., 21(4): 229-230.
Ramadan, R.O., El-Hassan, A.M., R. Abdin-Bay, Y.A. Algasnoui, E.M. Abdulla, e A.A. Fayed. 1987. Mastite obstrutiva crónica em camelos. Um estudo clinicopatológico. Cornell Vet., 132-150
Refai, M., W.G. EL-Said, K. Osman, Z. Lotfi, E.E. Safwat, S. Elias. 1984. Salmonella em camelos abatidos no Egipto. Zagazig Vet. J., 9:266-267.
Richard, D. 1979. Estudo da patologia do dromedário em Borana Awraja (Etiópia). Tese, IEMVT.
Rombol, B. 1942. Infeção enzoótica por bacterium coli em camelos recém-nascidos. Nuova Vet., 20:85-93.
Sadykov, J.R., S.K. Mahajan, e K.C. Satija. 1980. Nota sobre o papiloma num camelo. Ind. J. Anim. Sci., 50(9): 793-794
Sadykov, R.G. e Zh. S. Dadabaev. 1976. On camels with pus lymphangitis (staphylococcosis) in Kazakh SSR, in: infectious and parasitic diseases of farm animals. Alma Ata (SUN) s. n., 73-78.
Sanousi, S.M. e A.A. Gameel. 1993. Um surto de enterotoxemia em camelos lactentes. J. Vet. Med., 40:525-532.
Sarkisov, A.K., Polyakov, I.D, e L.G. Ivanova. 1989. Dermatomicose de camelos e propriedades biológicas do agente causal. Veterinariya, 10:31-35.
Schillinger, D. 1987. Seminário sobre o Kamel (Camelus dromedarius). Sonderdruck Vet., 9:50-53. Labhard Verlag Konstanz.
Schwartz, H.J. e M. Dioli. 1992. The One-humped Camel in Eastern Africa. A pictoral guide to diseases, health

care and management. Verlag josef Margraf.
Sebek, Z. 1974. Resultados do exame serológico de animais domésticos para a leptospirose na República Popular da Mongólia. Folia Parasit., 21(1):1058-1065.
Seifert, H.S.H. 1992. Tropentierhygiene. Gustav Fischer Verlag Jena, Stuttgart.
Shigidi, M.T.A. 1974. Animal leptospirosis in the Sudan. Br. Vet. J., 130(6):528- 531.
Sotnikov, M.I. 1973. A peste do camelo. In: Orlov ,F.M. Maloizvestnye zarazny bolezni zhivotnykh, Izdatel'stvo Kolos Vet. Bull, 44:213-222.
Strauss, G. 1991. Erkrankungen junger neuweltkamele im Tierpark Berlin- Friedrichsfelde. 11. Arbeitstagung der Zootierarzte im deutschsprachigen Raum. 13. novembro em Estugarda, Ta-gungsbericht, 80-83.
Tulepbaev, S.Zh. 1971. Doença do tipo varíola (Auzkyk) dos camelos no Cazaquistão. Diss. Kan., Alma-Ata.
Ungar-Waron, H., E. Elias, A. Gluckman e Z. Trainin. 1987. Dromedary IgG: purificação, caraterização e quantificação em soros de mães e recém-nascidos. Isr. J. Vet. Med., 43(3):198-203.
Vanstraten, M., Z. Bercovich, e Zia-Urrahman. 1997. O diagnóstico da brucelose em camelos fêmeas (camelus-dromedarius) usando o teste do anel do leite e o ELISA do leite - Um estudo piloto. J. Camel Pract. Res. 4(2):165-168.
Waghela, S., M.A. Fazil, J. M. Gathuma, e D.K. Kagunya. 1978. Um estudo serológico da brucelose em camelos na província do nordeste do Quénia. Trop. Anim. Hlth Prod., 10(1):28-29.
Wernery, U. e R. Wernery. 1990. Seroepidemiologische Untersuchungen zum Nachweis von Antikoerpern gegen Brucellen, Chlamydien, Leptospiren, BVD/MD, IBR/IPV-und Enzolotischen Bovinen Leukosevirus (EBL) bei Dromedarstuten (Camelus dromedarus). Dtsch. Tieraerztl. Wschr. 97:134-135.
Wernery, U., H.S. H. Seifert, A.M. Billah, e M. Ali. 1991. Factores predisponentes em enterotoxemias de camelos (Camelus dromedarius) causadas por Clostridium perfringens type. A. revue Elev. Med. Vet. Pays Trop. 44(2): 147-152.
Wernery, U. 1992. Dromedare, die Rennpferde Arabiens. Tieraerztl. Umschau, 47 :801.
Wernery, U., H.H. Schimmelpfennig, H.S. H. Seifert, e J. Pohlenz. 1992. Bacillus cereus como possível causa de doença hemorrágica em camelos dromedários (Camelus dromedarius. Proc. Ist Int. Camel Conf., 51-58.
Wernery, U. e B.N. Kumar. 1993. Rabies in the U.A.E. Tribulus, Bulletin of the Emirates Natural History Group, 3(1):5-21.
Wernery, U. e O.R. Kaaden. 1995. Infectious Diseases of Camelids (Doenças Infecciosas dos Camelídeos). Blackwell Wissenschafts-Verlag. Berlim.
Wernery, U., H. Meyer, e M. Pfeffer. 1997. Camel pox in the United Arab Emirates and its prevention. J. of Camel Pract. and Res., 4(2):135-139.
Yagoub, S.O. e G.E. Mohamed. 1996. Incidência, observação clínica e etiologia da necrose cutânea contagiosa em camelos (Camelus-Dromedarius) no Sudão. J. Camel Pract. Res., 3(2):95-98.
Yassien, N.A. 1985. Salmonella em camelos abatidos. Tese de Mestrado, Faculdade de Medicina Veterinária, Universidade do Cairo.
Wu. L. T., J.W.H. Chu, R. Pollitzer, e C.Y. Wu. 1936. A manual for medical and public health workers. Serviço Nacional de Quarentena de Weishengshu, Xangai, pp. 232-235.
Zowghi, E. e A. Ebadi, 1988. Brucelose em camelos no Irão. Revue Sci. tech. Off. Int. epizoot., 7(2):383-386.

Capítulo 12
ECTOPARASITAS

A infestação por ectoparasitas é um dos mais importantes contratempos na saúde dos animais nas regiões tropicais e subtropicais. Não só infligem lesões directas, como também transmitem uma vasta gama de doenças a vários animais, incluindo camelos. As moscas transmitem a tripanossomíase causada pelo Trypanosoma evansi, uma das doenças mais importantes dos camelos. A sarna causada pelo Sarcoptes scabei é frequentemente considerada como a segunda mais importante do que a tripanossomíase. As carraças desempenham um papel diretamente importante na morbilidade e mortalidade, tal como acontece com a helmintíase.

As doenças transmitidas por carraças nos camelos não são tão importantes. No entanto, foram registados casos não confirmados de anaplasmose associados a espécies de Hyalomma (Wilson, 1984). Pensa-se também que as carraças transmitem doenças virais, por exemplo, paralisia posterior (UNESCO - IPAL, 1985). Sugere-se que a Amblyomma lepidum transmite a água do coração em camelos (Karrar et al, 1963). As carraças podem infligir lesões mecânicas consideráveis e sujeitar os camelos a infecções bacterianas secundárias. Os locais mais afectados por lesões são à volta dos olhos e das patas. Existem várias outras doenças dos camelos, que causam paralisia e sintomas atáxicos/nervosos, que podem ser atribuídos a vírus ou a outros agentes tóxicos transmitidos pelas carraças. Sugere-se a realização de mais estudos sobre este aspeto.

Dos hematoparasitas, o Trypanosoma evansi é o mais importante e é transmitido por numerosas espécies de moscas que picam. As moscas podem também estar envolvidas na epidemiologia de várias doenças bacterianas, incluindo o carbúnculo e a salmonelose. Pensa-se que a globidiose, uma doença cutânea dos camelos causada por um parasita protozoário, seja transmitida por moscas que picam. Podem também transmitir espécies de Thelazia em várias espécies de animais, incluindo o camelo. Os mosquitos da espécie Aedes transmitem o Dipetalonema evansi. Embora os vermes filariais se encontrem maioritariamente no coração, por vezes também podem ocorrer microfilárias embainhadas na circulação pulmonar, nos gânglios linfáticos e no cordão espermático.

As espécies de Culticoides podem transmitir Onchocerca fasciata, que é um parasita específico dos camelos. Embora a prevalência da oncocercose do camelo possa ser elevada, a doença geralmente causa poucos problemas para além de nódulos subcutâneos inestéticos, principalmente na região do pescoço e da cabeça.

Os ectoparasitas dos camelos são constituídos por duas classes zoológicas, os Arachnida (ácaros e carraças) e os Insecta (insectos), do filo Arthropoda.

ORDEM ACARIÑA

A sarna grave pode reduzir a produtividade dos camelos de qualquer idade. As carraças podem causar perdas resultantes da mortalidade das crias. Isto deve-se ao facto de os camelos jovens serem muito susceptíveis às carraças (Pegram e Higgins, 1992). No norte do Quénia, cerca de 20-70% da mortalidade de vitelos de camelo é atribuída a Rhipicephalus pulchellus e Hyalomma truncatum. Em circunstâncias favoráveis, Hyalomma dromedarii e R. pulchellus multiplicam-se muito rapidamente. Steward (1950) registou a morte de camelos infestados com até 100 ninfas e adultos de espécies de Hyalomma / 25 cm^2. Uma infestação elevada provoca uma redução da produção de leite e uma depressão da taxa de crescimento. Embora as carraças possam ter uma importância económica direta na produção de camelos, o seu papel como vectores de doenças transmitidas por carraças é muito reduzido em comparação com o dos bovinos, ovinos e caprinos.

FAMÍLIA IXODIDAE (CARRAÇAS)

O género mais importante de carraças que parasitam os camelos é o Hyaloma, com quatro espécies específicas do hospedeiro. H. asiaticum, H. dromedarii, H. franchini e H. scupense. Os outros géneros que infestam os camelos, que podem ser facilmente identificados, são

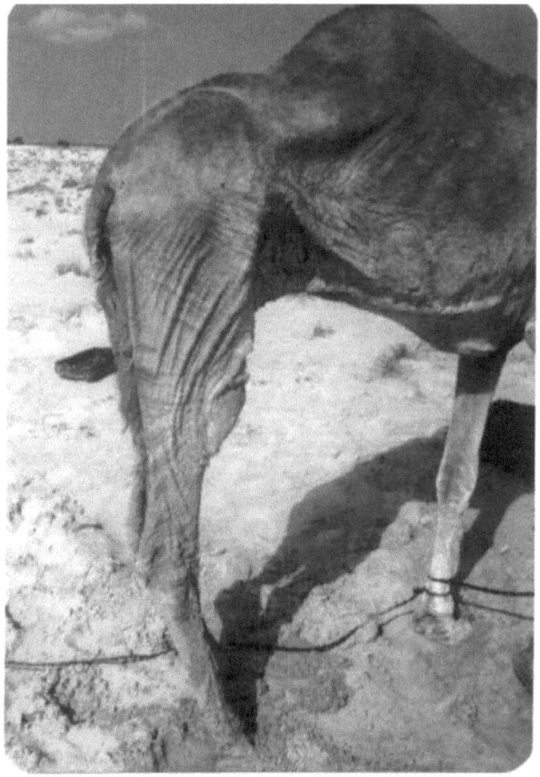

Sarna demodécica (a invasão dos folículos pilosos leva a uma inflamação crónica ; pústulas estafilocócicas na parte inferior da perna)

Amblyomma e Dermacentor, uma vez que estas são ornamentadas. Apenas três espécies de carraças moles (Argasidiae) ocorrem nos camelos, a mais importante das quais é a carraça do deserto, Ornithodoros savignyi. Invade frequentemente os currais e pátios dos camelos. Ornithodores tholozani e O. laborensis também foram registados em camelos (Abu Elela et al., 1981; Al Asgah, 1985; Dolan et al., 1983; Drerup-Eilker, 1980).

Cerca de metade das carraças Hyalomma que infestam os camelos apresentam um ciclo de vida típico de três hospedeiros (trifásico). Excepções notáveis são a H. scupense, com um hospedeiro, e as quatro espécies de H. marginatum, que são carraças de dois hospedeiros. Estas últimas subespécies estão também associadas a aves, que migram para norte e sul, e contribuem para a sua distribuição em vastas áreas. O tipo de ciclo de vida pode, no entanto, variar consoante as condições ambientais e a disponibilidade de hospedeiros. As carraças desta família possuem um escudo duro e quitinoso ou escudo que se estende por toda a superfície dorsal do macho e cobre apenas uma pequena parte atrás da cabeça na larva, ninfa e fêmea. As peças bucais são anteriores e bem visíveis do ponto de vista dorsal. Os olhos, quando presentes, são constituídos por um par situado na margem lateral do escutelo. O imago tem um par de espiráculos situados posteriolateralmente à quarta coxa.

A base do capituli ou capitulum, que se insere no corpo anteriormente e contém as peças bucais e os palpos, apresenta duas zonas porosas dorsais na fêmea. O escutelo apresenta sulcos cervicais e laterais bilaterais, que variam em profundidade e comprimento nas diferentes espécies. O corpo da fêmea pode apresentar um par de sulcos marginais laterais atrás do escutelo, enquanto que os sulcos posteriolaterais e medianos estão geralmente presentes no dorso em ambos os sexos. A margem posterior do corpo pode ser entalhada, formando os "festões", que são geralmente em número de 11. A abertura genital é uma fenda transversal ventral à frente do meio, sendo o ânus posterior. O macho pode ter placas ventrais. As carraças ornamentadas têm zonas coloridas, semelhantes a esmalte, no corpo; as carraças inornadas não têm (Soulsby, 1978).

Os Ixodidae põem os seus ovos em locais abrigados: debaixo de pedras e torrões de terra ou em fendas de paredes e rachas de madeira junto ao solo. Os ovos são pequenos, esféricos, de cor castanha amarelada a castanha escura e são postos em grandes massas. A fêmea põe todos os seus ovos de uma só vez, até 18000 em algumas espécies,

e depois morre. Todo o processo de desenvolvimento subsequente até à fase adulta é grandemente influenciado pela temperatura prevalecente, sendo que o tempo frio provoca um prolongamento acentuado das diferentes fases, especialmente a eclosão dos ovos e o período de pré-oviposição da fêmea ingurgitada.
As larvas recém-eclodidas ou "carraças-semente" trepam para a erva e os arbustos e esperam até que passe um hospedeiro adequado, ao qual se fixam com as suas garras.
Após a ingurgitação, a larva muda de corpo e transforma-se numa ninfa. O tegumento desta última necessita de alguns dias para endurecer e, em seguida, a ninfa ingurgita-se e muda para se tornar um imago. Após o endurecimento do tegumento e, muitas vezes, também após a cópula, que pode ter lugar no solo ou, mais geralmente, no hospedeiro, a fêmea ingurgita-se, cai e procura um local abrigado para depositar os seus ovos. Os machos permanecem muito mais tempo no hospedeiro do que as fêmeas, nalguns casos quatro meses ou mesmo mais, pelo que se acumulam no hospedeiro. Embora não se saiba ao certo se os machos de todas as espécies se alimentam do hospedeiro, muitos deles fazem-no certamente durante alguns dias e depois vão à procura de fêmeas. Se não houver machos no hospedeiro, as fêmeas podem permanecer aderidas durante períodos muito mais longos do que o normal.
De acordo com o número de hospedeiros de que necessitam durante o seu ciclo de vida, as carraças podem ser classificadas em três grupos:

Carraças de um só hospedeiro

Todos os três instares se engolem no mesmo animal, com as duas ecdises a ocorrerem também no hospedeiro. Exemplos: Boophilus decoloratus e B. annulatus. A infestação de camelos por B. microplus foi registada por Kennedy e Green (1993).

Carraças de dois hospedeiros

A larva ingurgita-se e faz uma muda no hospedeiro e a ninfa cai depois de também se ter ingurgitado; faz uma muda no solo e o imago procura um novo hospedeiro. Exemplos: Rhipicephalus evertsi e R. bursa.

Carraças de três hospedeiros

Requerem um hospedeiro diferente para cada instar; caem de cada vez depois de se terem engurgitado e fazem a muda no solo. Exemplos: Ixodes ricinus e Rhipicephalus appendiculatus.
Cada espécie de carraça está adaptada a determinadas gamas de temperatura e humidade, algumas ocorrendo apenas em regiões quentes com um bom grau de humidade, enquanto outras são carraças de inverno mais activas num clima seco. As carraças sugam o sangue e, por vezes, a linfa e, em geral, não são muito específicas em relação aos hospedeiros, embora algumas espécies, ou certos instares de uma espécie, mostrem uma preferência particular por certas espécies de hospedeiros, ou possa haver uma adaptação definida a certos hospedeiros. Quando uma carraça se fixa para se alimentar, enterra profundamente as suas peças bucais nos tecidos do hospedeiro e permanece presa até ficar ingurgitada. O mecanismo de alimentação das carraças foi revisto por Tatchell (1969). Este mecanismo é auxiliado pela resposta do hospedeiro à carraça e pela infiltração de neutrófilos, o que leva à destruição do colagénio, resultando numa cavidade por baixo das peças bucais.
Várias espécies de Ixodidae são vectores e reservatórios de importantes parasitas virais, rickettsiais e protozoários do homem e de outros animais (Hoogstraal, 1981).
A maioria das 32 espécies pertencentes ao género Hyalomma encontra-se frequentemente em camelos. Este género tem sido notoriamente difícil do ponto de vista taxonómico. As espécies individuais apresentam uma grande variação, o que dá origem a um grande número de descrições de novas espécies, que mais tarde são sinonimizadas.
A Hyalomma dromedarie é uma carraça altamente adaptada ao deserto que utiliza ocasionalmente três hospedeiros. O pico de densidade destas carraças ocorre geralmente em janeiro e junho-julho. No entanto, nas regiões áridas, ocorrem durante todo o ano. A Hyalomma schulzea é uma carraça de grandes dimensões e ocorre no Irão e nos países vizinhos (Hoogstraal, 1981).
A Hyalomma anatolicum anatolicum é uma pequena carraça de dois hospedeiros, que infesta uma grande variedade de animais, incluindo o camelo. Esta carraça parece estar ativa durante todo o ano. As fissuras nas paredes ou nos edifícios e os prados pedregosos albergam frequentemente numerosas ninfas e adultos.
O Hyalomma anatolicum excavatum é uma carraça de grandes dimensões, amplamente distribuída. Tem um ciclo de vida de dois a três hospedeiros, encontrando-se praticamente sempre em tocas de roedores.
O Ornithodoros savignyi é chamado de tamanhão-da-areia. Ataca normalmente os camelos em zonas quentes, áridas e desérticas, podendo também parasitar o homem e outros animais domésticos, especialmente cabras. Esconde-se logo abaixo da superfície do solo e podem ser vistos grandes números a correr em direção a um potencial hospedeiro em explorações pecuárias. Estas carraças são raramente encontradas em edifícios e são um dos artrópodes mais adaptados ao deserto. Demora menos de 30 minutos a alimentar-se e a sua picada é muito dolorosa.
O Rhipicephalus pulchellus é uma das espécies que infectam os camelos. É o membro do género mais fácil de identificar definitivamente. Cerca de metade das carraças Rhipicephalus que infestam os camelos são membros do famoso grupo R. sangumueus que, tal como algumas carraças Hyalomma, tem sido confundido devido à proliferação de sinónimos e à sua utilização como termo coletivo para carraças não identificadas.
A maior parte das observações sobre carraças de camelo fazem parte de inquéritos gerais e não de estudos específicos sobre o camelo (Liebisch e Zukar, 1974; Mc Cartan et al., 1987; Osman, 1978; Osman et al. 1982; Pegram, 1976; Pegram et al., 1982; Rutagwenda e Munjua, 1984).

[2]Foi registada a morte de camelos após infestação com até 100 ninfas e carraças adultas da espécie Hyalomma por 2,5 cm de pele (Steward, 1950). Há uma perda de 1-3 ml de sangue por cada carraça que completa o seu ciclo de vida num animal. A distração devida à irritação causada pelas carraças pode resultar numa redução da produção. As carraças também danificam as peles. Os locais danificados causados pelas carraças na pele atraem moscas, levando a infecções bacterianas/protozoárias e miíases. A fixação de Amblyomma lepidium resulta no desenvolvimento de grandes feridas. As carraças podem afetar os camelos durante todo o ano, no entanto, a taxa de sobrevivência dos ovos e dos estádios imaturos é reduzida nas condições quentes do deserto (Higgins, 1985).
As carraças podem fixar-se em qualquer parte do corpo dos camelos, nos pêlos longos, mas os locais mais comuns são as regiões perineal, inguinal, axilar, à volta dos olhos, narinas, lábios e entre os dedos dos pés.
Foi referido que algumas carraças de camelos são capazes de transmitir doenças de importância veterinária. A carraça Amblyomma lepidum foi proposta como um importante vetor da água do coração (Cowdria ruminantum) nos camelos (Karrar, 1963). A H. dromedarii é um possível vetor da teileriose dos camelos (Hoogstraal, 1981). Tem havido controvérsia quanto à possibilidade de as carraças transmitirem algumas doenças virais nos camelos; no entanto, as carraças dos camelos podem ser vectores de alguns vírus que afectam o homem, por exemplo, o H. anatolicum é um dos principais vectores do vírus da febre hemorrágica da Crimeia-Congo na URSS, Paquistão, Nigéria, Irão e Emirados Árabes Unidos (Suleiman et al., 1980).

CONTROLO

A erradicação total não é possível devido à persistência das carraças na fauna selvagem e à sua capacidade de viver durante períodos muito longos fora do camelo. Deve tentar-se reduzir a população de carraças através da pulverização periódica de insecticidas nas explorações e nos camelos.
O desenvolvimento de resistência aos insecticidas também deve ser considerado. Pode ser tentada a utilização de aplicações "pour on", que permitem um período mais longo entre tratamentos, por exemplo, a ivermectina. As carraças das espécies Ornithodorus são difíceis de controlar porque as ninfas e os adultos se fixam para se alimentarem apenas durante breves períodos. A flumetrina em pulverização dá bons resultados (El Azazy, 1996).

FAMÍLIA SARCOPTOIDAE (ÁCAROS)

A sarna foi registada no Egipto (Radwan et al., 1987), na Índia (Lodha, 1966; Rathore e Lodha, 1973; Raisinghani e Kumar, 1990), na Arábia Saudita (Higgins et al., 1984), no Sudão (Abu Samara et al., 1981), em França (Richard, 1987), na Alemanha (Grigoryan, 1987) e na Nigéria (Basu et al., 1995). O stress, a idade, a subnutrição, a sobrelotação, o mau estado da pele, o pelo comprido e a carga de vermes foram todos sugeridos como factores predisponentes importantes para a sarna do camelo. Os camelos jovens ou idosos são mais susceptíveis à infeção, o que reflecte provavelmente uma diminuição das defesas do organismo. Os camelos nómadas com uma nutrição deficiente e uma carga de parasitas mais elevada são mais susceptíveis à infeção por sarna. Doenças debilitantes como a tuberculose e a tripanossomíase também precipitam este estado. Bernstein et al. (1997) detectaram anticorpos contra a sarna em camelos. Kumar et al. (1992) e Higgins et al. (1984) registaram uma elevada incidência de sarna nos camelos. A sarna sarcóptica, causada por S. scabei var. cameli, é frequentemente classificada em segundo lugar em termos de importância relativamente à tripanossomíase nos camelos dromedários. A sarna é geralmente uma doença crónica debilitante com elevada morbilidade e baixa mortalidade. É difícil confirmar a sarna microscopicamente, devido ao efeito de escavação do parasita, e ainda mais difícil tratá-la, exceto em casos agudos recentes. O parasita é circular e minúsculo. O tamanho do ácaro fêmea é de 330-600 x 250 - 400 um e do macho 200-240 x 200 um. (Soulsby, 1978). O tempo quente na Arábia predispõe a surtos agudos de sarna de camelo, no entanto, noutras partes do mundo, a incidência parece ser maior durante os meses de inverno (Higgins et al., 1984; Raisinghani e Kumar, 1990).

Criação de camelos que sofrem de sarna sarcóptica

A sarna é geralmente diagnosticada com base na aparência clínica. Nayel e Abu Samra (1986a; 1986) infectaram experimentalmente camelos com Sarcoptes scabei e relataram os resultados clínico-patológicos. As lesões da sarna aparecem primeiro como pequenos nódulos, muitas vezes despercebidos, mas associados à escavação inicial dos ácaros, a irritação intensa leva a uma fricção e mordedura extensas que resultam em queda de pelo, formação de crostas e dermatite exsudativa. A infestação começa na região inguinal, no pescoço e nos flancos. Se não forem tratadas, as lesões espalham-se rapidamente por todo o corpo. A fêmea escava túneis nas camadas queratinosas da pele. Estes túneis são utilizados para depositar os ovos, que são postos um ou dois de cada vez e três a cinco por dia. As carraças fêmeas põem até 50 ovos, que eclodem em larvas no espaço de quatro a cinco dias. A partir daí, passam rapidamente por dois instares ninfais até atingirem a maturidade reprodutiva, com três semanas de idade. Todas as fases são capazes de infestar outro hospedeiro. As fases de repouso coincidem geralmente com o inverno. Os ácaros multiplicam-se tão rapidamente que uma única fêmea ovígera pode, teoricamente, dar origem a mais de um milhão de descendentes no espaço de três meses. Se não forem tratados, os camelos perdem rapidamente a condição e, em 2-3 semanas, a doença aguda pode dar lugar a um estado crónico. A queratinização excessiva e a proliferação de tecido conjuntivo levam a que a pele se torne espessa e se forme em pregas ou dobras, muitas vezes cobertas por uma fina camada de caspa semelhante a giz. Ram et al. (1987) encontraram um camelo a desenvolver orquite devido a infestação por Sarcoptes cameli.

Para o tratamento, o camelo pode necessitar de três ou quatro aplicações de acricida com um intervalo de 7-10 dias, esfregando vigorosamente o corpo, exceto se estiver disponível equipamento de pulverização motorizado. As selas e outras peças de vestuário também devem ser tratadas (Opferman, 1985). O enxofre e o alcatrão de hulha, sob a forma de pomada, podem ser úteis até certo ponto no tratamento da sarna. Os hidrocarbonetos clorados, os insecticidas organofosforados, o hexaclorociclohexano, o lindano e o isómero gama do hexacloreto de benzeno são também utilizados como acaricidas (Draz, 1947; Lodha, 1966; Ismail e Amer, 1978; Ram et al., 1980; Higgins, 1984).

A ivermectina e outros medicamentos semelhantes parecem ser os mais eficazes e convenientes para o tratamento da sarna (Lumsden, 1992). Uma única injeção subcutânea de ivermectina (200 ug / kg de peso corporal) resolve geralmente os sinais clínicos da sarna. Pode ser necessária uma segunda injeção um dia mais tarde para um controlo completo (Hashim e Wasfi, 1986). É melhor tratar todos os animais de um grupo (Chellapa et al., 1989). Pathak et al. (1995) verificaram que o gel de charmil dá bons resultados contra a sarna sarcóptica em camelos. O amitraz, aplicado localmente, também dá bons resultados (Singh et al., 1996).

A sarna corióptica só foi registada em camelos bactrianos. O homem pode contactar a sarna dos camelos (Basu et al., 1996).

A INSECTA

MOSCAS PRODUTORAS DE MIÍASES

A miíase resulta da invasão de tecidos de animais vivos pelas larvas de dípteros (moscas). Existem espécies específicas produtoras de miíases, como a Chrysomyia bezziana, espécies facultativas, como a Lucillia cuprina, e espécies acidentais, como a Musca domestica. Calliphoridae e Sarcophidae são grandes famílias em que os adultos têm peças bucais funcionais. Apenas algumas espécies são agentes obrigatórios da miíase. A família Oestridae é uma das quatro famílias altamente especializadas em que as peças bucais dos adultos não são funcionais, mas as larvas são parasitas obrigatórios de mamíferos, muitas vezes específicos do hospedeiro.

Os calliphoridae estão divididos em várias subfamílias; duas delas têm importância biomédica. A subfamília Chrysomyinae contém as duas espécies mais importantes de vermes, ambas agentes obrigatórios da miíase. Cochliomyia hominivorax, o verme-rosca do novo mundo, tornou-se, nos últimos anos, de importância global desde que invadiu o norte de África (Husni e Elowni, 1992). A Chrysomyia bezziana, a lombriga do velho mundo, está amplamente distribuída na Ásia, Arábia e África e é atraída por picadas de carraças e outras feridas. Várias fêmeas podem estar presas à mesma ferida, devido à produção de fermona, levando à produção de até 3000 larvas. A outra subfamília, a Calliphorinae, inclui o género Lucillus. O Lucillus cuprina está associado aos ovinos, mas também pode infetar os camelos.

A família Sorcophidae contém os géneros Sorcophaga e Wohlfabrtia. Pensa-se que a Wohlfabrtia magnifica é a mais importante das moscas produtoras de miíases obrigatórias que afectam os camelos. As moscas adultas depositam as larvas em qualquer ferida ou lesão por picada de carraça, incluindo as da cavidade nasal. Nos camelos bactrianos, a W. magnifica pode estar envolvida na miíase vaginal e prepucial. A miíase genital também foi registada em camelos por Valentin et al. (1997) e Ribbeck e Beulig (1977). Wohlfabrtia nuba, um parasita semelhante, ocorre nas feridas dos camelos e do homem. Sarcophaga misera é um parasita facultativo, que também está associado aos camelos. A Cochliomyia hominivorx é referida como sendo a causa da miíase de feridas em camelos (El Azazy, 1989)

MIÍASE NASAL

Estes são parasitas obrigatórios e desenvolvem-se nas cavidades nasofaríngeas. A Cephalopina titillator é uma mosca nasal sazonal, específica do hospedeiro do camelo (Abul Hab e Al S'Adi, 1973; Abul Hab e Affas, 1977; Elias et al., 1984; Musa et al., 1989; Hadani et al, 1989; Nwosu e Wachy, 1998). Esta mosca deposita as suas larvas nas narinas dos camelos. Após duas mudas, as larvas ingerem uma grande quantidade de sangue. O ciclo de vida pode durar vários meses. Normalmente, ocorrem duas gerações por ano. As moscas adultas têm uma vida curta

(Fatani e Hilali, 1994; Charyev, 1981).
Os animais infestados espirram e abanam a cabeça. Em infestações graves, os insectos podem perfurar os seios nasais, provocando sintomas nervosos (Hussein et al, 1982), que podem ser confundidos com várias outras doenças. Também foram detectados anticorpos contra a mosca-dos-botões em camelos (Nwosu e Wachy, 1998).

INSECTOS QUE PICAM E INCOMODAM

Existem cerca de 3000 espécies de moscas tabanídeas, cujas partes bucais são concebidas tanto para morder como para lamber. Estas moscas são robustas, muitas vezes com olhos coloridos, pintados ou com faixas. As moscas são capazes de transmitir um certo número de agentes patogénicos. São consideradas como vectores mais eficientes para a transmissão do Trypanosoma evansi do que o Chryosops e o Hematopota. As moscas causam muita perturbação aos camelos e outros animais.
As outras moscas deste grupo são as Muscidae, que são moscas hematófagas de tamanho médio, sugadoras de sangue, e estão associadas a animais estabulados. Outras moscas hematófagas mais pequenas, as "Hemobia", estão associadas a animais de pasto. A mosca do estábulo, a mosca do chifre e a mosca do búfalo estão incluídas neste grupo. A mosca do estábulo, Stomoxys calcitrans, pica as pernas e as partes inferiores do corpo dos camelos. O seu pico de atividade alimentar é de manhã cedo e à noite, um padrão comum a muitos insectos diurnos. A mosca-dos-chifres (H. irritans irritans) e a mosca-do-búfalo (H. irritans exigua) são ambas moscas hematófagas, que repousam nos seus hospedeiros e tomam pequenas refeições frequentes de sangue. Causam perturbações consideráveis e redução do desempenho dos animais. Existe outro género de moscas sugadoras de sangue. Contém cerca de 200 espécies. Entre estas, a H. camelina está bem adaptada à sua associação parasitária com o camelo e um grande número de moscas está associado de forma mais ou menos permanente aos seus hospedeiros. A Haemobia maculata também é registada como um parasita ocasional do camelo. As moscas da areia (Hippo phlebotomus) são importantes na epidemiologia da leishmaniose. Pensa-se que estão associados a uma forma de linfangite em camelos conhecida como "Pata de Elefante" (Higgins, 1986).

Tratamento e controlo

O tratamento sazonal de rotina para o controlo da sarna com diazinão oferece proteção contra o ataque de moscas durante algumas semanas. No caso de efectivos valiosos, recomenda-se a pulverização regular com piretróides sintéticos (permetrina ou cipermetrina) para repelir as moscas adultas. As feridas devem ser tratadas com insecticidas. No caso das feridas que já contêm larvas, é aconselhável remover manualmente as larvas e as feridas tratadas com insecticidas misturados com vaselina. O Negasunt, fabricado pela Bayer, é muito útil.
No caso da miíase nasal, Kunichkin (1975) recomendou a irrigação das narinas dos camelos com coumafos, triclorofeno ou triclorometafos-3 para remover com êxito as larvas das narinas. A administração de triclorofano a camelos na água de beber (0,03-0,05%) é considerada eficaz no tratamento e na profilaxia (Charyev, 1982). O oxfendazol também foi relatado como tendo alguma atividade contra o O. ovis . A Rafoxamida e o nitroxinil também são eficazes no tratamento da miíase nasal. A ivermectina também pode ser útil no tratamento da miíase (Lumsden, 1992).

PIOLHOS E PULGAS

No filo Insecta, a ordem Phthiraptera (piolhos) contém cerca de 3000 espécies. O piolho sugador do camelo (Hematopinus cameli), parasita obrigatório e específico da espécie, é geralmente um problema apenas nas regiões temperadas, onde os hospedeiros têm uma longa pelagem de inverno.
Os Siphonaptera ou pulgas, dos quais existem cerca de 1800 espécies, são um problema nas zonas de clima mais frio. A intensa irritação causada pelos piolhos e pulgas leva a fricções e mordeduras que podem afetar o desempenho dos animais.
As larvas do escaravelho "Ergaster faber" também podem ser encontradas ocasionalmente na cavidade nasal dos camelos.
Os insecticidas mencionados para o controlo das moscas, carraças e ácaros são eficazes no tratamento e controlo da infestação por piolhos e pulgas.

REFERÊNCIAS

Abul Hab, J. e H. Al S'Adi. 1973. Ocorrência sazonal de Hypoderma spp. (Diptera: Oestridae) Warble flies on cattle in Baghadad area, Iraq. Bull. Ent. Dis., 147:73-81.
Abul Hab, J. e N.N. Al-Affas. 1977. Ocorrência sazonal da mosca doméstica do camelo, Cephalopina titillator (Clark) (Diptera, Oestridae) no Iraque central. Bull. Centro de Investigação Biológica, Iraque, 8. Res. Cent., Iraque, 8:97-104.
Abou Elela, R.G., M.O. Taher, e F.M. Diab. 1981. Estudos sobre carraças que infestam camelos, ovelhas e cabras na área de Riade (Arábia Saudita). J. Coll. Sci. Univ. Riyadh, 12(2):385-399.
Abu-Samra, M.T., S.E. Imbabi, e E.S. Mahgoub. 1981. Mange in domestic animals in the Sudan (Sarna em animais domésticos no Sudão). Ann. Trop. Med. Parasit., 75:627-637.
Al Asgah, N.A. 1985. Hyalomma schulei (a carraça grande do camelo): Distribuição na Arábia Saudita. J. Med. Ent., 22(2):230-231.
Basu, A.K., A.L. Aliyu, e A. Mohammed. 1995. Prevalence of Sarcoptic Mange in camels in Nigeria (Prevalência de sarna sarcóptica em camelos na Nigéria). J. Camel Pract. Res., 2:141.
Basu, A.K., A.L. Aliyu, e A. Mohammed. 1996. Sarna sarcóptica de camelo infecta o homem. J. Camel Pract. Res., 3(1):51-51.

Bernstein, S., P Thebo, G. Zakrisson, M.T. Abusamra, e G.E. Mohamed. 1997. Demonstração de anticorpos séricos contra Sarcoptes scabiei em camelos naturalmente infectados - Um estudo piloto. J. Camel Pract. Res., 4(2):183-185.

Charyev, S.H. 1981. Localização e dinâmica do desenvolvimento das larvas da mosca-dos-camelos Cephalopina titillator. Veterinariya, 6:47-49.

Charyev, S.H. 1982. Prevenção e tratamento da infestação por Cephalopina titillator em camelos (bactrianos) com referência ao triclorfão. Veterinariya, 6:42-43.

Chellapa, E.; R. Thiruthallinathan; M. Ravishankar. 1989. Efficacy of "Ivermectin" against mange in camels. Ind. Vet. J., 66(5):451-452.

Dolan, R., A.J. Wilson, H.J. Schwartz, R.M. Newson, e C.R. Field. 1983. Camel production in Kenya and its constraints. II. Infestação de carraças. Trop. Anim. Hlth. Prod., 15(3):179-185.

Draz,O. 1947. A utilização de Gammexane no tratamento da sarna sarcóptica em camelos. Vet. Rec., 39:548.

Drerup-Eilker, K. 1980. Estudos sobre a infestação do gado com carraças (Ixodidae: Ixodidae) no Egipto. Tese (Universidade Veterinária de Hannover), Hannover (DEU).

Elias, E., M.M.S. Smuts, e K. Rauchbach. 1984. A note on the camel nasal larvae (Cephalopina titillator) in the Negev desert Refuah Vet., 39(4):171-173.

El Azazy, O.M.E. 1989. Miíase de feridas causada por Cochliomyia hominivorx na Líbia. Vet. Rec., 124(4): 103

El Azazy, O.M.E. 1996. Controlo da carraça do camelo (Acari, Ixoidae) com a aplicação Pour-on de flumetrina. Vet. Parasit, 67(3-4):281-284.

Fatani, A. e M. Hilali. 1994. Prevalência e variação do segundo e terceiro instares de Ceppholopina titillator (Diptera: Oestridae) que infestam camelos na província oriental da Arábia Saudita. Vet. Parasitol. 53: 145-151.

Grigoryan, V.V. 1987. Sarna sarcóptica em camelos. Ind. Vet. Med. J., 15:47-50.

Hadani, A, B. Ben Yaakov, e S. Rosen. 1989. Miíase causada por Wohlfhrtia magnifica (Schiner, 1862) no camelo árabe na península do Sinai. Revue Elev. Med. Vet. Pays Trop., 42:33-38.

Hashim, N.H. e I.A. Wasfi. 1986. Tratamento com ivermectina de camelos naturalmente infectados com sarna sarcóptica. Wld. Anim. Rev., 26-29.

Higgins, A. 1986. The Camel in Health and Disease (O Camelo na Saúde e na Doença). Bailliere Tindall. London.

Higgins, A.J. 1985. O Camelo na Saúde e na Doença. 4. Common ectoparasites of the camel and their control. Br. Vet. J., 141(2):197-216.

Higgins, A.J., S.A. Al Mezaini, e A.M. Abukhamseen. 1984. Observações sobre a incidência e o controlo de Sarcoptes scabiei var. cameli no camelo árabe. Vet. Rec., 115(1):15-16.

Hoogstraal, H. 1981. Carraças (Ixodoidea) de Omã. J. Oman Stud. Spec. Rep., 2:265-272.

Husani,M.M. e E.E. Elowni. 1992. Infestação de vermes do Novo Mundo (Cochliomyia hominivorax) no camelo árabe. Proc. 1st Int. Camel Conf., 401.

Hussein, M.F., F.M. El Amin, N.T. El Taib, e S.M. Basbaeil. 1982. A patologia da miíase nasofaríngea em camelos da Arábia Saudita. Vet. Parasit, 3-4: 253-260.

Ismail, A.A. e A.A. Amer. 1978. Eficácia de dursban, diazinon, lindane e DDT no tratamento da sarna em camelos e búfalos. Assiut Vet. Med. J., 3:199-207.

Karrar, G., M.N. Kaiser, e H. Hoogstraal. 1963. Ecologia e relação com o hospedeiro de carraças (Ixodoidea) que infestam animais domésticos na província de Kassala, Sudão, com especial referência a Amblyomma lepidum Donitz. Bull. Entomol. Res., 54:509-522.

Kennedy, T.P. e P.E. Green. 1993. O camelo, camelus-dromedarius, como hospedeiro da carraça do gado, Boophilus-microplus. Aust. Vet. J., 70(7):267-268.

Kumar, D., P.M. Raisinghani, e G.S. Manohar. 1992. Sarna sarcóptica em camelos: uma revisão. Proc. 1st Int. Camel Conf., 79-82.

Kunichkin, G.I. 1975. Polotsnoi ovod verblyndov I mery bor'by s nim. Veterinarya, 9:77-79.

Liebisch, A. e M. Zukar. 1974. Carraças de animais domésticos na Síria. In: Actas do terceiro congresso internacional de parasitologia, Munique (DEU), pp. 950-951.

Lodha, K.R. 1966. Estudos sobre a sarna sarcóptica em camelos. Vet. Rec., 79:41.

Lumsden, G.G. 1992. O uso de ivermectina em camelos: A review. Proc. 1st Int. Camel Conf., 83-84.

McCartan, B.M., A.G. Hunter, e R.G. Pegram. 1987. Infestação de carraças no gado da República Árabe do Iémen e o seu potencial como vectores de doenças do gado. Trop. Anim. Hlth Prod., 19(1):21-31.

Musa, M.T., M. Harrison, A.M. Ibrahim, e T.O. Taha. 1989. Observações sobre a miíase nasal do camelo sudanês causada pelas larvas de Cerphalopina titillator. Revue Elev. Med. Vet. Pays Trop., 42:27-32.

Nayel, N.M. e M.T. Abu Samra. 1986a. Infeção experimental do camelo (Camelus dromedarius) e das cabras com Sarcoptes scabiei. Br. Vet. J., 142(3):264-269.

Nayel, N.M e M.T. Abu Samra. 1986. Sarna sarcóptica no camelo de uma só cauda (Camelus dromedarius): A clinico-pathological and epizootiological study of the disease and its treatment. J. Arid Env., 10(3):199-211.

Nwosu, C.O. e C.S. Wachy. 1998. Prevalência de miíase nasal em camelos abatidos nas regiões áridas e semi-áridas da Nigéria. J. Camel Pract. Res., 5:170.

Opferman, R.R. 1985. Tratamento da sarna sarcóptica num camelo dromedário. J. Am. Vet. Med. Ass., 187(11): 1240-1241.

Osman, O.M., A.M. El Hussein, N. Ahmed, e H.S. Abdulla. 1982. Estudos ecológicos sobre carraças (Acarina, Ixodidae) da região do Cordofão, Sudão. Bull. Anim. Hlth. Prod. Afr., 30(1):45-53.
Osman, O.M. 1978. Notas preliminares sobre a distribuição de carraças Acarina, Ixodidae na província de Darfur, Sudão. Bull. Anim. Hlth. Afr., 26(4):329-334.
Pathak, K.M.L., M. Kapoor, e R.C. Shukla. 1995. Efficacy of charmil gel against Sarcoptic mange in dromedary camel. Ind. Vet. J., 72(5):494-496.
Pegram, R.G., H. Hoogstraal, e H.Y. Wassef. 1982. Carraças (Acari : Ixodoidea) da República Árabe do Iémen. A. espécies que infestam o gado. Bull. Ent. Res., 72(2):215- 227.
Pegram, R.G. 1976. Carraças (Acari, Ixodoidea) das regiões setentrionais da República Democrática da Somália. Bull. Ent. Res., 66 (2):345-363.
Pegram, R.G. e A.J. Higgins. 1992. Camel ectoparasites: a review. Proc. 1st Int. Camel Conf., 69-78.
Radwan, Y.A., O.M. Abdon, A.H. Samia, e R.M.H. Arab. 1987. Eficácia e segurança do Ivomec contra a sarna do camelo. Vet. Med. J. Giza, Egipto, 35:83-94.
Raisinghani, P.M. e D. Kumar. 1990. Sarna sarcóptica no camelo indiano. In: Advances in Veterinary Dermatology. Editado por C.V. Tscharner e R.E.W. Halliwell. Baillere Tindall, Londres. pp. 470-471.
Ram, S.M.T., S.C. Dutt, S.M. Behi, e D.V. Malhotra. 1980. Comparative efficacy of some acaricides in the control of sarcoptic mange in camels. J. Res. Haryana Agric. Univ., 10:298-302.
Ram, T.S.M., K.C. Satija, e R.K. Kaushik. 1987. Orquite num camelo (Camelus dromedarius) infetado com Sarcoptes cameli. Vet. Parasit., 23(3-4):307-309.
Rathore, M.S. e K.R. Lodha. 1973. Observações sobre a sarna sarcóptica em camelos no Rajastão. I. Incidência e intensidade. Ind. Vet. J., 50:1083-1088.
Ribbeck, R. e W. Beulig. 1977. Vaginale Myiasis beim Kamel. Mh. Vet. Med., 32:354.
Richard, D. 1987. Camel mange. Rev. Sc. Tech. Off. Int. des Epizootes, 6:471-477.
Rutagwenda, T. e W.K. Munyua. 1984. Prevalência de carraças de camelo na área de Ngurunit do distrito de Marsabit, Norte do Quénia. Bull. Anim. Hlth. Prod. Afr., 32(2):167- 170.
Singh, L., D. Kumar, e A.K. Kataria. 1996. Eficácia do amitraz contra a infestação de Sarcoptes scabiei var cameli em camelos (camelus-dromedarius). J. Camel Pract. Res., 3(1):59-60.
Soulsby, E.J.L. 1978. Helminths, Arthropodes, and Protozoa of Domestic Animals. Bailliere Tindall, Londres.
Steward, J.S. 1950. Notes on some parasites of camels in Sudan (Notas sobre alguns parasitas de camelos no Sudão). Vet. Rec., 62:835837.
Suleiman, M.N.E.H., J.M. Muscat-Baron, J.R. Harries, e A.G.O. Satti. 1980. Febre hemorrágica do Congo / Crimeia em Dubi: Um surto no Hospital Rashid. The Lancet, 1:939-941.
Tatchell, R.J. 1969. Host - Parasite interactions and the feeding of blood-sucking arthropodes. Parasitol, 59:93-104.
UNESCO - IPAL. 1985. Projeto integrado sobre as zonas áridas. Resultados e recomendações do projeto. UNESCO, Paris.
Valentin, A., M.P.O. Baumann, E. Schein, e S. Bajanbileg. 1997. Miíase genital (Wohlfahrtiosis) em manadas de camelos da Mangólia. Vet. Parasitol, 73:335-346.
Wilson, R.T. 1984. The Camel. Longman, Londres.

Capítulo 13

PROTOZOA

ANAPLASMOSE

O agente causador da anaplasmose bovina é o Anaplasma marginale. A anaplasmose é principalmente uma doença dos bovinos, mas outros ruminantes domésticos e selvagens, incluindo camelos, têm sido considerados susceptíveis de infeção natural (Ristic e Krerier, 1974; Ristic, 1977). A presença de anticorpos contra A. marginale foi documentada por Ajayi et al., (1984) da Nigéria. Registaram uma incidência de 10,7% em camelos. Não existe nenhum relatório sobre a ocorrência de anaplasmose clínica em camelos dromedários.

AILERIOSE

Theileria camelensis é um protozoário intra-eritrocítico que infecta camelos. O seu vetor presumido é o Hyalomma dromedarii (Boid et al., 1985).

A teileriose foi registada por Yakimoff (1921) em camelos do Turquestão. Foi também comunicada na URSS, no Egipto e na Somália (Barnett, 1977). A ocorrência de teileriose (Theleria dromedarii) em camelos foi registada por Rao et al. (1988). Estes últimos autores referiram as alterações bioquímicas que ocorrem nesta doença. Nassar (1992) encontrou eritrócitos infectados com diferentes espécies de Theilaria em 60 de 200 camelos (30%). Os camelos examinados por ele eram aparentemente saudáveis. Segundo o autor, os camelos examinados ou estavam cronicamente infectados ou as espécies de Theileria não eram patogénicas.

BALANTIDIO

A ocorrência de Balantidium coli nas fezes de camelos foi registada por muitos trabalhadores em todo o mundo (Gill, 1976). Está normalmente presente no intestino sem apresentar quaisquer sintomas.

Por vezes, o organismo invade a mucosa intestinal e pode causar diarreia grave nos camelos (Vasdingh e Vanniasingham, 1969; Ali e Abdelaziz, 1982). Os factores que resultam na invasão da parede intestinal pelo protozoário não são claramente compreendidos. A utilização de medicamentos à base de sulfa e de metronidazol pode revelar-se útil no tratamento da diarreia causada pela infeção por B. coli.

COCCIDIOSE

A coccidiose é causada pela infeção dos intestinos com espécies de Eimeria e Isospora em todos os animais domésticos, incluindo o camelo (Kasim et al., 1985). Pode haver uma infeção subclínica ou pode haver diarreia e disenteria. A doença não é tão importante nos camelos, no entanto, Kinne e Wernery (1997) relataram uma grave epidemia de coccidiose nos Emirados Árabes Unidos. Chineme, (1980), e Hussein et al. (1987) também registaram uma coccidiose grave e uma mortalidade de até 10% nos camelos. Os coccídios tendem a ser específicos do hospedeiro. Foram descritas algumas espécies do género Eimeria em camelos. As mais omnipresentes são a Eimeria cameli e a Eimeria dromedari. As outras espécies, que também estão muito disseminadas mas não são facilmente identificadas, são a E. rajasthani e a E. bactriani. Estas foram registadas em camelos dromedários e bactrianos. A Eimeria pellerdyi foi registada na Índia

(Rangarao e Sharma, 1997). O ciclo de vida dos coccídios inclui as fases sexual e assexual. A fase assexuada é designada por esquizogonia ou merogonia. Os oocistos esporulados são ingeridos pelos animais e passam ao longo do trato digestivo para o intestino delgado. O oocisto liberta esporozoítos, que invadem as células epiteliais. O esporozoíto muda de forma e transforma-se num trofozoíto, que, por sua vez, aumenta de tamanho

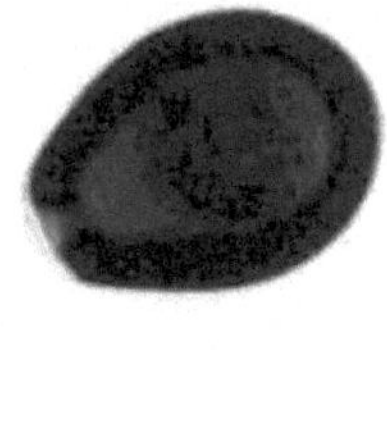

Eimeria dromedarii

e forma um esquizonte (merozonte). Dentro do esquizonte, formam-se merozoítos que acabam por romper a célula e escapar para infetar outras células. Este processo pode repetir-se duas ou três vezes. O ciclo sexual é designado por gametogonia. Os merozoítos produzidos pelo último ciclo de esquizogonia infectam uma célula e desenvolvem-se em gamontes masculinos (microgametócitos) ou femininos (macrogametócitos). O gamonte masculino fertiliza o gamonte feminino enquanto este ainda está na célula, produzindo um zigoto. O zigoto amadurece para se tornar um oocisto, que rompe a célula hospedeira e é eliminado nas fezes. Os oocistos, em 1-2 dias, tornam-se infecciosos.

As infecções por Coccidia são geralmente auto-limitadas porque a reprodução sexual é repetida, 2-3 vezes. Normalmente, só pode ocorrer um ciclo de desenvolvimento, no entanto, em ambientes contaminados, ocorre frequentemente uma reinfeção. Os ruminantes têm uma resposta imunitária. Não se sabe se os camelos têm essa resposta. Os coccídios são frequentemente observados durante o exame das fezes pelo método de flutuação (Blood e Rhadostits, 1989).

Achados clínicos

A incidência da coccidiose aumenta na estação húmida (Kawasmeh e El Bihari, 1983). Os coccídios invadem e rompem as células epiteliais da mucosa, causando enterite e diarreia. A inflamação pode ser catarral ou hemorrágica, consoante a gravidade da doença. Stepanova (1982) verificou que os camelos jovens, até um ano de idade, eram mais susceptíveis à infeção por coccídios e apresentavam sinais de fraqueza geral, falta de apetite, diarreia e emaciação. Kinne e Wernery (1997) encontraram doença grave com dores abdominais e inapetência durante 3-7 dias e fezes sanguinolentas com diarreia em camelos que sofriam de coccidiose. Chineme (1980) documentou lesões de coccidiose num camelo. Demonstrou estádios de desenvolvimento do parasita na lâmina própria do jejuno. As principais alterações patológicas observadas por Kinne e Wernery (1997) foram hemorragias graves no abomaso inflamado, jejuno e íleo. Encontraram também numerosos estádios coccidiais (oocistos, macrosquizontes e merozontes) localizados na mucosa do jejuno e do íleo. Foi também observado um edema grave das vilosidades e uma infiltração moderada a grave da mucosa com granulócitos eosinofílicos e alguns macrófagos.

Tratamento

São utilizados numerosos coccidiostáticos em ruminantes, que podem ser utilizados em camelos. A salinomicina/monensina não deve ser administrada a camelos. Pode causar envenenamento (Chaudhry et al. 1998; Wernery et al. 1998). É igualmente importante administrar fluidos para tratar a desidratação. As condições sanitárias nas explorações também devem ser cuidadas.

CRYPTOSPORIDIUM

A criptosporidiose (Cryptosporidium muri) também pode causar diarreia em camelos jovens. É difícil de ser visto microscopicamente em preparações fecais. A coloração de Zeil Nielson pode revelar o protozoário em esfregaços fecais.

SARCOCISTIOSE

As espécies de Sarcocystis pertencem ao género Coccidia. Tem um interessante ciclo de vida de dois hospedeiros. O hospedeiro primário é o carnívoro, no qual ocorre a gametogonia, a fertilização e a esporulação. Os camelos actuam como hospedeiro intermediário. Sarcocytis cameli é a única espécie de Sarcocystis registada em camelos (Hussein, 1991). Ghaffar et al (1979) sugeriram, com base em estudos ultra-estruturais, que mais do que uma espécie de Sarcocytis pode infetar camelos. Os camelos são infectados após a ingestão de oocistos esporulados presentes nas fezes de carnívoros, que são os hospedeiros finais. Os esporocistos rompem-se no intestino dos camelos e libertam esporozoítos. Os esporozoítos multiplicam-se na parede intestinal e acabam por migrar para os músculos estriados para formar os sarcocistos característicos. O ciclo de vida fica completo quando o sarcocisto contendo bradizoítos infecciosos é ingerido pelo hospedeiro final que, no caso de S. cameli, se demonstrou ser o cão (Hilali e Mohammed, 1980; Kuraev, 1981). Após um período de multiplicação que envolve a reprodução assexuada e sexual, os oocistos esporulados são eliminados nas fezes do hospedeiro final.

Sinais clínicos

Nas infecções ligeiras não se notam sinais. Em números elevados, os esquizontes nas células endoteliais podem produzir doença febril aguda, resultando em aborto e morte. A presença de sarcocistos nos músculos pode interferir com as funções musculares. Fatani et al. (1996) inocularam camelos com sarcocistos de origem canina e registaram sintomas e alterações patológicas. Observaram febre alta e anemia e sugeriram que alguns factores tóxicos desconhecidos ou metabolitos libertados pelos esquizontes podem ser responsáveis por esta situação. Também registaram uma diminuição das proteínas séricas totais, da albumina e das globulinas.

A infeção com S. cameli muitas vezes não é patogénica, sendo diagnosticada durante o exame post-mortem (Hilali et al., 1995). Os oocistos são normalmente observados nos músculos do coração, diafragma e esófago. El-Etreby (1970) encontrou miocardite não supurativa, focal e intersticial em camelos infectados com S. cameli. A taxa de infeção de 25% foi registada por Sherkov et al. (1976) na Jordânia, 52% por Rahbari et al. (1981) no Irão, 52% por Kuraev (1981) no Cazaquistão e 8% por Ginawi e Shommein (1977) no Sudão. A ocorrência de Sarcocystis em camelos foi também registada na Índia (Rao et al., 1997).

Tratamento

Não é sugerido nenhum tratamento específico. Pode tentar-se a toma de medicamentos à base de sulfa.

TOXOPLASMOSE

A toxoplasmose é uma doença contagiosa de todas as espécies animais, incluindo os camelos. Clinicamente, manifesta-se por abortos e nados-mortos em ovelhas e, em todas as espécies, por encefalite, pneumonia e

mortalidade neonatal (Mc Cabe e Chirurgi, 1993). O método mais comum de propagação em ruminantes é a ingestão de alimentos contaminados com fezes de gato, que contêm oocistos infecciosos. A toxoplasmose é uma verdadeira zoonose que ocorre naturalmente no homem, em animais domésticos e selvagens e em aves (Buxton, 1993). Estes últimos actuam como hospedeiros intermediários, nos quais o protozoário passa por um período de multiplicação assexuada, resultando na produção de pseudocistos de longa duração, em vários tecidos do hospedeiro. Tanto o hospedeiro intermediário como o final adquirem a infeção por T. gonadii através da ingestão de oocistos esporulados das fezes do hospedeiro final, da ingestão de cistos contidos em tecidos animais, de leite contendo formas multiplicadas ou por transmissão transplacentária. Pensa-se também que a ingestão de secreções pulmonares e nasais de animais infectados, especialmente de roedores, é uma causa (Rifaat et al., 1964).
Com base em exames serológicos, a incidência de toxoplasmose é bastante elevada em todo o mundo (Beyer e Shevkunova, 1986). Os inquéritos no Egipto revelaram uma prevalência entre 6% e 3% (Raffat et al., 1964). Sharma e Gautam (1974) registaram uma taxa de infeção de 11,19% em camelos na Índia. Kozojed et al. (1976) registaram uma incidência de 65% em camelos do Afeganistão. Hussein et al (1988) registaram uma incidência de 16% na Arábia Saudita e Afzal e Sakir (1994) observaram uma incidência de 30,9% e 36,4%, respetivamente, por aglutinação direta e hemaglutinação indireta nos Emirados Árabes Unidos. Verificámos que a incidência era de 18% em camelos de corrida nos EAU. A presença de um número tão elevado de camelos com anticorpos contra T. gonadii reflecte o grau de contacto entre o camelo e o hospedeiro final. Os sintomas associados à toxoplasmose aguda podem, no entanto, ser confundidos com os de outras doenças, nomeadamente a surra. Hilali et al. (1995) isolaram quistos tecidulares de toxoplasma de carne de camelo da Arábia Saudita.
Chaudhary et al. (1996) verificaram que se registava uma diminuição significativa da contagem total de leucócitos e da eosinofilia em camelos com anticorpos contra T. gonadii. Manefield e Tinson (1996) relataram um caso clínico de um camelo de 6 anos de idade que apresentava sinais de dispneia e piotórax. Vinte e quatro litros de líquido turvo foram drenados da cavidade pleural. Foram encontrados taquizoítos de Toxoplasma dentro de macrófagos em esfregaços. O líquido tinha um título de 1:20.000 para T. gonadii. Especula-se que o T. gonadii possa ser uma causa de aborto em animais.

Tratamento

A administração conjunta de pirimetamina e sulfadiazina é considerada altamente eficaz no homem e nos ratos (Blood e Radostits 1989). A sulfadimidina, a sulfamerazina e a sulfadiazina são os mais eficazes entre os medicamentos à base de sulfa. Os medicamentos são eficazes contra os parasitas em proliferação na fase aguda da doença, mas normalmente não erradicam a infeção e têm uma atividade limitada sobre os organismos nos quistos dos tecidos.
Como já foi referido anteriormente, os oocistos esporulados nas fezes dos gatos são a fonte de infeção, pelo que os programas de controlo devem ser concebidos para eliminar a fonte de infeção. O risco de infeção é maior quando os gatos são jovens, pois nessa altura habitam e defecam no feno, nos cereais ou noutras áreas de armazenamento de alimentos. A contaminação fecal das pastagens também é importante. O risco de infeção pode ser reduzido através da eliminação dos gatos do ambiente da exploração.

GLOBIDIOSE

O Globidium pertence ao género Eimeria. Ocorre sob a forma de quistos do tamanho de uma cabeça de alfinete na pele e no trato alimentar dos camelos. Pode observar-se um espessamento considerável da pele, especialmente na parte interna da coxa (Manefield e Tinson, 1996).

TRIPANOSSOMÍASE (SURRA)

O Trypanosoma evansi causa a doença protozoária mais grave dos camelos (Burn et al., 1998). É uma doença aguda, subaguda ou crónica dos cavalos e camelos. Caracteriza-se por febre, emaciação, edema, sinais nervosos e morte. A incidência da doença é maior na estação das chuvas, quando a população de moscas aumenta. A infeção também pode ocorrer com T. brucei, T. congolanse e T. vivax (Luckins, 1992). A surra é predominante em grandes áreas do mundo, incluindo África, Médio Oriente, Ásia e América Central e do Sul (Llemobade, 1971). O protozoário é injetado nos camelos pelas moscas (Dia et al., 1997). Os parasitas multiplicam-se no sangue e nos fluidos corporais, incluindo o líquido cefalorraquidiano. O Trypanosoma evansi também pode causar doenças em bovinos, búfalos, ovinos e caprinos.
A doença nos camelos é geralmente crónica. Raramente pode ser aguda. Inicialmente, os tripanossomas aparecem em grande número no sangue periférico, mas depois disso, o número de parasitas é frequentemente baixo e, por vezes, difícil ou impossível de detetar. Nas infecções crónicas, os parasitas são muito difíceis de identificar. Os principais sinais clínicos são febre recorrente acompanhada de anemia progressiva e mau estado corporal. A maior parte das vezes, o apetite não é afetado. Os camelos podem morrer numa fase avançada de emaciação. A infeção crónica pode levar ao aborto, ao parto prematuro e à incapacidade de produzir leite. Os vitelos nascidos após o termo da gestação são geralmente muito fracos. A evolução da doença é variável consoante o animal. Alguns morrem poucos meses após a infeção, outros desenvolvem uma doença crónica que dura anos. Por vezes, ocorre uma recuperação espontânea. A lesão mais pronunciada na tripanossomíase é a anemia. Normalmente, é uma anemia macrocítica e hemolítica (Raisanghanis et al. 1981). A par disto, há uma diminuição dos eritrócitos, um aumento dos linfócitos, neutrófilos, eosinófilos e monócitos. A infeção é acompanhada por alterações progressivas na concentração de proteínas séricas, com os níveis de IgM a aumentarem cinco vezes durante o curso da infeção. Também foram registadas alterações em algumas das enzimas, especialmente AST e ALT (Boid et al., 1985). Não foram registados sinais clínicos patognomónicos da doença.

Ouma et al. (1998) referiram que se verifica um aumento rápido (47%) dos níveis de complemento hemolítico após a infeção com tripanossomíase e que a ativação do complemento é responsável pela imunodepressão observada na tripanossomíase. Nijiru et al. (1997) observaram um aumento da capacidade fagocítica das células polimorfonucleares em camelos dromedários durante a infeção experimental com T. evansi. Verificaram também uma redução da explosão respiratória e da capacidade de aderir às superfícies endoteliais das células polimorfonucleares, o que sugere uma supressão global do sistema imunitário.

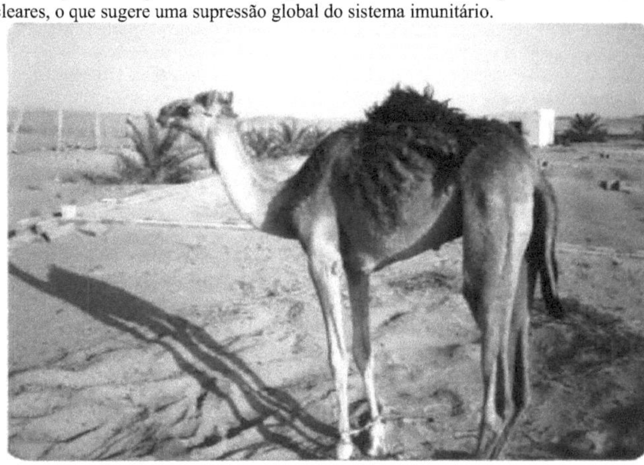

Emaciação num camelo de cinco anos que sofre de surra crónica

Diagnóstico

O controlo da doença depende da eficiência com que a doença é diagnosticada. Várias técnicas de diagnóstico de T. evansi são avaliadas por Butt et al. (1998), Pathak et al. (1997) e Raisinghani e Lodha (1986).

A técnica mais simples e mais fiável de deteção da tripanossomíase é a demonstração de tripanossomas no sangue de camelos infectados. No entanto, este método só pode detetar 60% dos animais infectados. A centrifugação pode ajudar a concentrar o sangue, aumentando as hipóteses de deteção de tripanossomas.

O número de tripanossomas presentes no sangue periférico de animais infectados é afetado por muitos factores. Um menor número de tripanossomas circulantes está presente em animais recuperados de uma doença aguda e em animais cronicamente afectados. O stress fisiológico aumenta a parasitemia. A localização de tripanossomas nos tecidos resulta numa diminuição da parasitemia, o que geralmente causa falhas na deteção de parasitas em esfregaços feitos a partir da circulação periférica.

A inoculação de roedores de laboratório com sangue de camelos suspeitos de albergarem tripanossomas é uma técnica muito sensível para a deteção de infecções não patenteadas.

Foram desenvolvidos vários métodos de diagnóstico serológico para detetar a resposta humoral contra a tripanossomíase. Embora estas técnicas sejam muito sensíveis, não são capazes de diferenciar a infeção ativa da situação pós-infecciosa, uma vez que os anticorpos persistem na circulação mesmo após três meses de tratamento bem sucedido da tripanossomíase. O aumento dos níveis de globulinas, que ocorre na tripanossomíase, pode ser detectado por um ensaio de floculação, por exemplo, o teste do gel formal e o teste do cloreto de mercúrio (Chand e Singh, 1970). Estes testes não são específicos e são inconsistentes. O teste de fixação do complemento foi um dos primeiros testes utilizados para diagnosticar a surra. Mas este teste nunca ganhou popularidade por ser muito complicado. A hemaglutinação indireta também tinha as mesmas limitações. A técnica fluorescente indireta também está a ser utilizada com dificuldades inerentes semelhantes. Com a disponibilidade do ensaio de imunoabsorção enzimática (ELISA), tem-se registado um grande sucesso no diagnóstico da tripanossomíase do camelo. O teste é fácil, específico e sensível (Rae et al. 1989). O teste

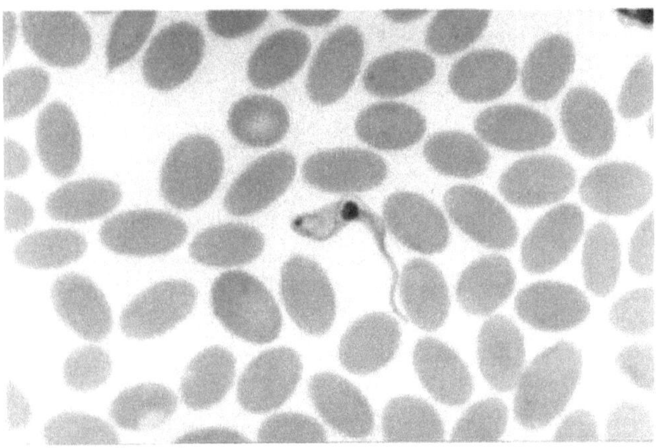

Trypanosoma evansi num esfregaço de sangue

A invenção da tecnologia de anticorpos monoclonais foi um grande avanço no diagnóstico da tripanossomíase. Não há possibilidade de reatividade cruzada entre outras espécies de tripanossomas ou outros hematoparasitas (Nantulya et al., 1989).

Os testes recentemente desenvolvidos que detectam antigénios tripanossómicos circulantes (Rae e Luckins, 1984; Nantulya, et al.,1989; Ohalo-Mukani, 1989) melhoraram significativamente o diagnóstico da tripanossomíase. Estes testes são mais sensíveis do que os testes parasitológicos convencionais e a infeção atual pode ser facilmente distinguida da infeção curada. O teste de aglutinação em látex está agora disponível comercialmente para detetar antigénios tripanossómicos (Nantulya, 1994). O diagnóstico do Trypanosoma evansi em camelos dromedários foi tentado por eletroforese isoenzimática (Al-Taqi, 1989). O diagnóstico da tripanossomíase está também a ser praticado pelo cheiro da urina de Baduoin (Hunter, 1986). Estão em curso experiências para estabelecer a sensibilidade da PCR para a deteção de T. evansi em animais (Ijaz et al., 1998; Diall et. al., 1993). A demonstração de anticorpos contra a tirosina-amino-transferase do tripanossoma para o diagnóstico da tripanossomíase também pode ser útil (El-Sawaly e Seed, 1998).

Tratamento

A toxicidade dos medicamentos tripanossómicos e o desenvolvimento de resistência dos tripanossomas a estes medicamentos constituem um desafio para os veterinários (Pathak et al., 1997). Comparativamente, o novo medicamento melarsenoxido cisteamina (Cymelarsan), que é um arsénico trivalente, dá uma boa resposta contra a tripanossomíase nos camelos (Nyang'ao et al., 1995). A dose deste medicamento é de 0,25 mg / kg de peso corporal, administrada por injeção intramuscular. O sulfato de quinapiramina (Trypacide) ou o sulfato de quinapiramina mais cloreto (Trypacide prosalt) também estão a ser utilizados com sucesso variável (Wesongah et al., 1997). O Berenil, que está a ser utilizado com sucesso noutras espécies, é considerado tóxico para os camelos, pelo que não é recomendado para esta espécie.

REFERÊNCIAS

Afzal, M. e M. Sakir. 1994. Pesquisa de anticorpos contra vários agentes de doenças infecciosas em camelos de corrida em Abu Dhabi, Emirados Árabes Unidos. Rev. Sci. Tech. Int. Epiz., 13:787-792.

Ajayi, S.A., I.O. Onyali, F.O. Oluigbo, e S.T. Ajayi. 1984. Provas serológicas de exposição ao Anaplasma marginale em camelos nigerianos de uma corcova. Vet. Rec., 114(19):478.

Ali, B.H. e M. Abdelaziz. 1982. Blandidíase em camelos. Vet. Rec., 110:506.

Barnett, S.F. 1977. In: Parasitic Protozoa. Vol. 4, Ed. J.P. Kreir. Imprensa Académica de Nova Iorque. Nova Iorque. p. 77.

Al-Taqi, M.M. 1989. Caracterização de Trypanosoma (Trypanozoan) evansi de camelos romedários no Kuwait por eletroforese isoenzimática. Vet. Parasit., 32(2- 3):247-254.

Barnett, S.F. 1977. Em Parasitic Protozoa, vol. IV, Ed. J.P. Kreier. Academic Press, Nova Iorque. p. 77.

Beyer, T.V. e E.A. Shevkunova. 1986. A review of toxoplasmosis in animals in the USSR. Vet. Parasit., 19:225-243.

Blood, D.C., e O.M. Rhadostits. 1989. Veterinary Medicine. Bailliere Tindall, Londres.

Boid, R., T.W. Jones, e A.G. Luckins. 1985. O camelo na saúde e na doença. 3. Protozoal diseases of camels. Br. Vet. J., 141:87-105.

Burn, R., H. Hecker, e Z.R. Lun. 1998. Trypanosoma-evansi e T. equiperdum-Distribuição, biologia, tratamento e relação filogenética (A Review). Vet. Parasit, 79(2):95-107.

Butt, A.A., G. Muhammed, M. Ather, M.Z. Khan, e M. Anwar. 1998. Evaluation of different tests for the diagnosis of trypanosomiasis and dipetalonemiasis in camels. J. Camel Pract. Res., 5:261-266.

Buxton, D. 1993. Ovine Toxoplasmosis. J. Roy. Soc. Med., 83:509-511.
Chand, K. e R.P. Singh. 1970. Um estudo sobre a fiabilidade dos testes de cloreto de mercúrio no diagnóstico da surra em diferentes espécies de animais domésticos. J. Res., 7:108-110.
Chauhhary, Z.I., J. Iqbal, M. Raza, e M.I. Kandeel. 1996. Haematological and biochemical studies on toxoplasmosis in racing camels-A priliminary report. J. Camel Pract. Res., 3:7-9.
Chauhhary, Z.I., J. Iqbal, M. Raza, e M.I. Kandeel. 1998. Toxicidade aguda da monensina em camelos dromedários. J. Camel Pract. Res., 5:271-274.
Chineme, O.N. 1980. Relato de um caso de coccidiose causada por Eimeria cameli num camelo (Camelus dromedarius) na Nigéria. J. Wildl. Dis., 16(3):377-380.
Dia, M.L., C. Diop, A. Thiam, M. Aminetou, e P. Jacquiet. 1997. Importância da tripanossomíase do camelo e dos seus vectores na Mauritânia. J. Camel Pract. Res., 4(2):271- 27.
Diall, O., E.B. Songa, D. Devos, N. Bendahman, S. Muyldermans, N. Vanmeirvenne, e R. Hamers. 1993. Deteção e identificação de estirpes de Trypanosoma evansi por amplificação por PCR de uma sequência de ADN de minicírculo de cinetoplasto para utilização no diagnóstico e epidemiologia da tripanossomose do camelo. Resistance or Tolerance of Animals to Disease and Veterinary Epidemiology and Diagnostic Methods, 144.
El Etreby, M.F. 1970. Sarcosporidiose miocárdica nos camelos. Pathologia Vet, 7:7-11.
El-Sawaly, A. e J.R. Seed. 1998. Diagnóstico da tripanossomíase em ratos experimentais e camelos infectados no campo através da deteção de anticorpos contra a tirosina amino transferase do tripanossoma. J. Parasit, 84:1245-1249.
Fatani, A., A El-Sebaie, e M. Hilali. 1996. Clinical and hematological changes in camels experimentally innoculated with Sarcocystis cameli. J. Camel Pract. Res., 3:11-15.
Gaffar, F.A., R. Entzeroth, B. Chobotar, e E. Scholtyseck. 1979. Estudos ultra-estruturais de Sarcocystis sp. do camelo no Egipto. Tropenmed. Parasiol., 30:434438.
Gill, H.S. 1976. Incidência de Eimeria e Infundibulorium em camelos. Ind. Vet. J., 53(2):897-898.
Ginawi, M.A. e A.M. Shommein. 1977. Prevalência de sarcosporidiose em ovelhas, cabras e camelos no Sudão. Sudan Vet. Sci. Anim. Husb., 18:92-97.
Hilali, M., A. Fatani, e S. Alatiya. 1995. Isolamento de quistos tecidulares de Toxoplasma, Isospora, Hammondia e Sarcocystis da carne de camelo (camelus-dromedarius) na Arábia Saudita. Vet. Parasit, 58(4):353-356.
Hilali, M. e A. Mohammed. 1980. O cão como hospedeiro final de Sarcocystis cameli. Tropenmed. Parasitiol, 31:213-214.
Hunter, A.G. 1986. Odor de urina num camelo que sofre de surra (infeção por T. evansi). Trop. Anim. Hlth Prod., 18 (3):146-148.
Hussein, H.S. 1991. The prevalence of Sarcoptes infection in Saudi Arabia Najdi sheep and camels. Biol. Sci., 1:43-56.
Hussein, H.S.; A.A. Kasim; Y.R. Shawa. 1987. A prevalência e a patologia das infecções por Eimeria em camelos na Arábia Saudita. J. Comp. Path, 97(3):293-297.
Hussein, M.F.; M.N. Bakkar; S.M. Basmaeil; A.R. Gar El Naki. 1988. Prevalência de toxoplasmose em camelos da Arábia Saudita (Camelus dromedarius). Vet. Parasit., 28(1- 2):175-178.
Ijaz, M.K., M.J. Nur-ul-Kamal, A.I. Mohammed, e F.K. Dar. 1998. Estudos comparativos sobre a sensibilidade da reação em cadeia da polimerase e do exame microscópico para a deteção de Trypanosoma evansi em ratos experimentalmente infectados. Comp. Immunol. Infect. Dis., 21:215-223.
Kasim, A.A. H.S. Hussein, e Y.R. Al Shawa. 1985. Coccidia in camels (Camelus dromedarius) in Saudi Arabia. J. Protozool, 32(1):202-203.
Kawasmeh, Z.A. e S. El Bihari. 1983. Eimeria cameli (Henry e Mason, 1932) Reichenow 1952: redescrição e prevalência na província oriental da Arábia Saudita. Cornell Vet., 73(1):58-66.
Kinne, J. e U. Wernery. 1997. Severe outbreak of camel coccidiosis in the United Arab Emirates. J. Camel Pract. Res., 4(2):261-265.
Kozojed. V., K. Blazek, e A. Amin. 1976. Incidência de toxoplasmose em animais domésticos no Afeganistão. Folia Parasit., 23(3):273-275.
Kuraev, G.T. 1981. Sarcocystis infection in dromedaries and bactrian camel in Kazakhstan (Infeção por Sarcocystis em dromedários e camelos bactrianos no Cazaquistão). Veterinaria Moscow, 7:41-42.
Llemobade, A.A. 1971. Estudos sobre a incidência e a patogenecidade do Trypanosoma evansi na Nigéria. I. A incidência de Trypanosoma evansi em camelos. Publicação ISCTRC/OAU/STRC, 105, Reunião do Conselho Científico Internacional para a Tripanossomíase, Lagos (NGA).
Luckins, A.G. 1992. Doenças protozoárias dos camelos. Proc. 1st int. Camel Conf., 23-27.
Manefield, G.W. e A.H. Tinson. 1996. Camels a Compendium. Fundação de Pós-graduação da Universidade de Sydney, Sydney.
Mc Cabe, R. e V. Chirurgi. 1993. Issues in toxoplasmosis. Infect. Dis. Clin. North Am., 7:587-604.
Nantulya, V.M. 1994. Suratex: um teste simples de antigénio de aglutinação do látex para o diagnóstico da infeção por Trypanosoma evansi. Trop. Med. Parasit., 45:9-12.
Nantulya, V.M., K.J. Lindquist, O. Diall, e W. Olaho-Mukani. 1989. Dois imunoensaios enzimáticos simples de deteção de antigénio para o diagnóstico da infeção por Trypanosoma evansi no camelo dromedário. Trop. Med. Parasit., 40:415-418.

Nassar, A.M. 1992. Infeção por Theileria em camelídeos (Camelus dromedarius) no Egipto. Vet. Parasit., 43:147-149.
Nijiru, Z.K., W. Olaho-Mukani, R.S. Ochierg, B.M. Khaema, e S.O. Guya. 1997. Função in vitro do granulócito dromedário durante a infeção experimental com Trypanosoma evansi. J. Camel Pract. Res., 4: 283- 286.
Nyang'ao, J.M., W. olaho-Mukani, J.M. Marbei, e J. K. Omuse. 1995. Avaliação da eficácia do melarsenoxyde cystaemine (Cymelarsan) no tratamento de camelos experimentalmente infectados com Trypanosoma evansi, utilizando o ensaio de imunoabsorção enzimática de captura de antigénio. J. Vet. Pharmacol, 18:468-470.
Olaho-Mukani, W. 1989. Desenvolvimento e caraterização de anticorpos monoclonais para trypanosoma evansi e sua aplicação como regentes de imunodiagnóstico. Tese de doutoramento, Universidade de Nairobi.
Ouma, J.O., W. Olaho-Mukani, A Mutani, B.E.L. Wishtani, e S.O. Guya. 1998. Complemento dromedário (c3), caraterização e quantificação dos seus níveis durante a infeção experimental por Trypanosoma evansi em camelos. J. Camel Pract. Res., 5:213218.
Pathak, K.M.L., M. Kapoor, e R.C. Shukla. 1997. Avaliação da eficácia terapêutica e profiláctica do cloreto de sulfato de quinapiramina e metilo em camelos naturalmente infectados com Trypanosoma evansi. Ind. J. Anim. Sci., 67(2):132-13.
Pathak, K.M.L., Y. Singh, N.V. Meirvenne, e M. Kapoor. 1997. Avaliação de várias técnicas de diagnóstico da infeção por Trypanosoma evansi em camelos naturalmente infectados. Vet. Parasit, 69(1-2):49-54.
Rae, P.F. e A.G. Lukins. 1984. Deteção de antigénios tripanossómicos circulantes por imunoensaio enzimático. Am. Trop. Med. Parasit., 78:587-596.
Rae, P.F., M.V. Thrusfleid, A. Higgins, C.G.G. Aitken, T.W. Jones, e A.G. Muckins. 1989. Avaliação de imunoensaios enzimáticos no diagnóstico da tripanossomíase do camelo (Camelus dromedarius): Uma investigação preliminar. Epidem. Infect., 102(2):297-307.
Rahbari, S., T.T. Bazargani, e H. Rak. 1981. Sarcocystosis in the camel in Iran (Sarcocistose no camelo no Irão). J. Vet. Fac. Uni. Teerão, 37:1-10.
Raisinghani, P.M. e K.R. Lodha. 1986. Comparative efficacy of different diagnostic tests for surra in camel (Camelus dromedarius). Ind. J. Anim. Sci., 56(11):1142-1143.
Raisinghani, P.M., K.R. Lodha, J.S. Bathia, e P.K. Dwarakanath. 1981. Variation in haematological and serum electrolyte levels during first twenty bouts of experimental surra in camels. Indian J. Anim. Sci., 51(7):724-729.
Rangarao, G.S.C. e R.L. Sharma. 1997. Intestinal coccidiosis due to Eimeria - Rajasthani camels (camelus-dromedarius). Ind. Vet. J., 74(5):427-428.
Rao, J.R., A.K. Misra, N.N. Sharma, Kalicharan, e M.C. Prasad. 1988. Biochemical studies on sera of camels naturally infected with Thelaria dromedarii. Rev. Parasit., 49:63-66.
Rao, G.S.C.R., R.L. Sharma, e H.L. Shah. 1997. Ocorrência de Sarcocystis em camelos na Índia. Ind. Vet. J., 74:426.
Rifaat, M.A., T.A. Morsy, S. Shafia, H.M.Khali, e P.C.C. Garnham. 1964. Proc. 1st int. Con. Parasit, Roma, Itália. p. 171.
Ristic, M. 1977. Protozoários parasitas. Ed. J.P. Kreier Vol. 4, Academic Press, Nova Iorque. p. 235.
Ristic, M. e J.P. Kreier. 1974. Eds. R.E. Buchanan, N.E. Gibbons. Bergeys Manual of determinative Bacteriology. 8th edition. Baltimore, Williams and Wilkins. p. 907.
Rutter, T.E.G. 1967. Doenças dos camelos. Parte 2: Doenças causadas por protozoários. Vet. Bull, 37:611-618.
Sharma, S.P. e O.P. Gautam. 1974. A note on the prevalence of toxoplasma antibodies among camels and pigs in Hissar. Ind. J. Anim. Sci., 44:214-215.
Sherkov, S.N., B. Leitch, e Y. El Rabie. 1976. A survey of Sacosporidia in domestic animals in Jordan. Egyptian J. Vet. Sci., 13:45-51.
Stepanova, N.J. 1982. Protozoal Diseases of Farm animals. Moscovo. p. 38.
Vasdingh, R.A. e J.A. Vanniasingham. 1969. Blandidíase em camelos. J. Am. Vet. Med. Assoc., 155: 1077-1079.
Wernery, U., A. Tinson, J. Kinne, e J. Al Masri. 1998. Salinomycin poisoning in a dromedary breeding herd in the United Arab Emirates. J. Camel Pract. Res., 5:275279.
Wesongah, J.O., W. Olaho-Mukani, F. Mukunza, e M.W. Mutugi. 1997. Sensibilidade a medicamentos de algumas espécies de Trypanosoma evansi isoladas de camelos na África Oriental. J. Camel Pract. Res., 4:277-280.
Yakimoff, W.L. 1921. A propos de l'identification du trypanosome des chameaux du Turkestan russe. Bull. Soc. Path. Exot., 14:638-640.

Capítulo 14
PARASITAS HELMÍNTICOS

Os surtos de helmintíase clínica não são frequentemente observados em camelos. As corridas de camelos são um desporto importante no Golfo Arábico, mas o desempenho pode não ser alcançado se os camelos estiverem stressados devido a infestações parasitárias. Embora as condições climáticas nas áreas onde a maioria dos camelos habita não sejam ideais para a sobrevivência de larvas ou óvulos de parasitas, não é invulgar que os camelos alberguem parasitas helmínticos.

El Bihari (1985) efectuou uma boa revisão sobre a helmintíase nos camelos. Foram publicados muitos estudos sobre a prevalência de infestação helmíntica em camelos (Steward, 1950; Selim e Rehman, 1972; Altaif, 1974; Daynes e Richard, 1974; Burgemeister et al., 1975; Barus et al., 1976; Lodha e Raisinghani, 1979; El-Bihari e Kawasmch, 1980; Fadl et al., 1989; Kayum et al., 1992; Sharrif et al., 1997; Hayat et al., 1998).

As taxas de prevalência de várias espécies de helmintos variam muito de região para região, bem como de estação para estação dentro da mesma região. Normalmente, verifica-se uma infestação mista com várias espécies de cada vez.

NEMATODES

Os nemátodos são os parasitas mais comuns dos camelos. Um grande número de nemátodos nos camelos está localizado no trato gastro-intestinal. A maioria dos parasitas do trato gastrointestinal produz uma gastro-enteropatia perdedora de proteínas. Em casos graves, pode desenvolver-se hipoalbuminemia (Partani et al., 1998). Gill (1972) salientou a importância zoonótica. Ghadirian e Arfan (1973) observaram uma infestação zoonótica devido a Trichostrongylosis.

Os nemátodos são vermes não segmentados, geralmente cilíndricos e alongados. Possuem canal alimentar e, normalmente, têm sexos separados. O seu ciclo de vida pode ser direto ou requerer um hospedeiro intermediário. Há três famílias de nemátodos que afectam habitualmente os camelos:

1) . Trichostrongyloidea: Esófago curto. Cápsula bucal ausente ou fracamente desenvolvida.
2) . Strongyloidea: Esófago curto. Presença de cápsula bucal bem desenvolvida.
3) . Trichuroidea: Esófago muito longo que se estende por pelo menos 1/3 do comprimento do corpo.

Família Trichostrongyloidae

A maioria das formas pequenas em que a cápsula bucal está ausente ou é muito pequena e é desprovida de coroas de folhas, e geralmente não tem dentes. A bursa masculina é bem desenvolvida, com grandes lobos laterais e um pequeno lobo dorsal.

GÉNERO HAEMONCHUS

Os membros deste género possuem uma pequena cavidade bucal com um dente fino ou lanceta; as papilas cervicais são proeminentes; a bursa é grande, especialmente os lobos laterais, e o lobo dorsal é pequeno e assimétrico neste género. A vulva é posterior na fêmea e estão presentes ou ausentes na região vulvar botões, abas ou processos linguiformes. As seguintes espécies deste género são encontradas em camelos:

Haemonchus longistipes: Este é um nemátodo sugador de sangue, que habita o abomaso dos camelos (Selim e Rehman, 1972; Altaif, 1974; El-Bihari e Kawasmch, 1980; Arzoun et al., 1984). A fêmea deste parasita possui uma aba vulvar linguiforme bem desenvolvida, que é em forma de botão como nas fêmeas de H. controtus. De acordo com Arzoun et al. (1984), os camelos infestados com H. longistipes apresentam emaciação, anemia, edema dos membros inferiores, eosinofilia, hipoproteinemia, hiperglobinemia e azoto ureico elevado no sangue. Também encontraram areia no rúmen de camelos infestados com este parasita aquando da necropsia. Foi registada por El Bihari e Kawasmel (1980) na Arábia Saudita. A produção de ovos por este parasita atinge o seu pico de outubro a fevereiro, ou seja, durante a estação chuvosa de inverno.

Após a ingestão, as larvas infecciosas L-3 penetram na mucosa intestinal, onde se transformam em L-4 e L-5. As larvas L-5 deixam a mucosa e tornam-se adultas no lúmen do intestino delgado. O período pré-patente é de 15 dias em circunstâncias óptimas. Os parasitas adultos vivem apenas algumas semanas. Quando as larvas se instalam no intestino, podem causar enterite e diarreia.

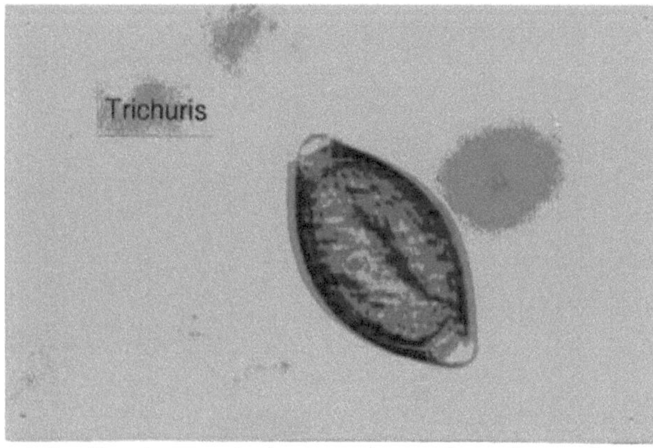

Haemonchus contortus: Encontra-se ocasionalmente no abomaso de camelos que são mantidos em estreita associação com bovinos, ovinos e caprinos.

GÉNERO NEMATODIRUS

A parte anterior do corpo é mais fina do que a parte posterior. A bursa masculina tem lóbulos laterais alongados, cobertos internamente por saliências de cutícula arredondadas ou ovais, enquanto o lóbulo dorsal, com os seus raios de suporte, está dividido em dois e cada metade está ligada ao lóbulo lateral. O lobo dorsal é simétrico. A cauda da fêmea é curta e truncada, com um apêndice terminal delgado. A vulva abre-se no terço posterior do corpo. Os ovos deste género são tão grandes que o seu tamanho os distingue facilmente dos de outras espécies de trichostrongyl. Os ovos que passam nas fezes contêm cerca de oito células. As seguintes espécies do género Nematodirus foram registadas no intestino delgado de camelos.

Nematodirus spathiger: Os adultos deste nemátodo estão localizados no intestino delgado. Os ovos são eliminados nas fezes e desenvolvem-se lentamente, ao longo de 2-3 meses.

Outras espécies do género Nematodirus encontradas no intestino delgado dos camelos são as seguintes

Nematodirus helvetianus

Nematodirus abnormalis

Nematodirus mauritanicus

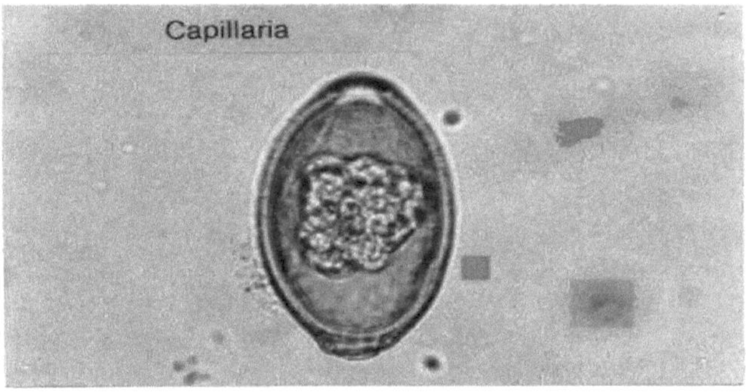

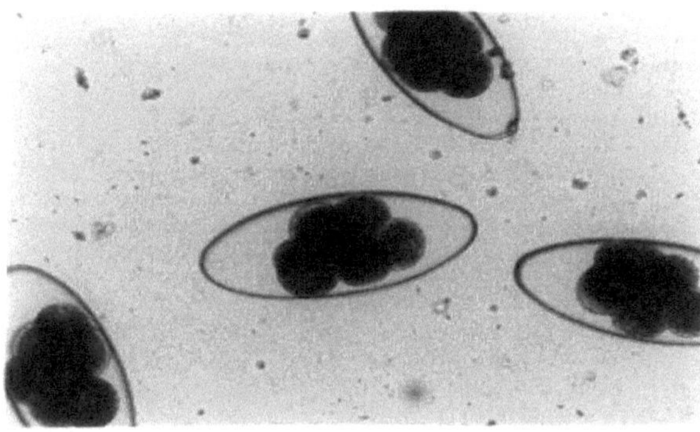

Nematodirus ova

GÉNERO CAMELOSTRONGYLUS

Este género assemelha-se a Ostertagia, exceto que a bursa tem dois grandes lóbulos laterais; as espículas são iguais, longas, estreitas e denticuladas.

Camelostrongylus mentulatus: É um verme comum do abomaso dos camelos do Médio Oriente. O ciclo de vida é semelhante ao da Ostertagia. Os ovos têm 75-85 x 40-50 um. A infestação produz alterações morfológicas e funcionais no abomaso semelhantes às causadas por Ostertagia.

GÉNERO OSTERTAGIA

As espécies deste género ocorrem no abomaso e no intestino delgado de camelos, ovinos, caprinos, bovinos e outros ruminantes. São vulgarmente conhecidos como vermes castanhos do estômago, devido à sua cor quando frescos.

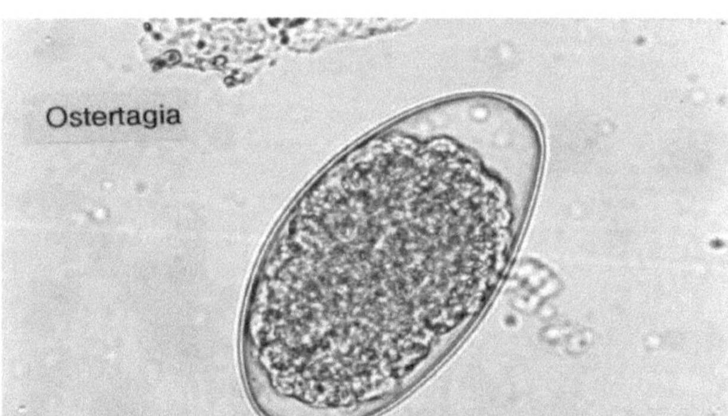

Ostertagia circumcincta: Esta espécie é encontrada ocasionalmente em camelos. Ocorre sobretudo no abomaso

de ovinos e caprinos. Outras espécies do género ocasionalmente observadas em camelos são **O. ostertagi** e **O. lyrata.**
Existem dois tipos de ciclo de vida nesta espécie. O tipo I é típico de um ciclo de vida trichostrongyl, no qual as larvas amadurecem sem passar pela fase de paragem. No ciclo do tipo II, as larvas ficam presas na mucosa do estômago, durante alguns meses, onde formam nódulos brancos acinzentados. Há apenas uma larva em cada nódulo.

GÉNERO MARSHALLAGIA

Encontra-se no abomaso e raramente no duodeno de camelos, ovelhas, cabras e ruminantes selvagens. Os ruminantes selvagens são um importante hospedeiro do parasita.
Os vermes são delgados. A cutícula da extremidade anterior pode estar ligeiramente insuflada, estriada transversalmente, e a cabeça não tem mais de 25 um de largura. O resto da cutícula do corpo apresenta 25-35 cristas longitudinais e não tem estrias transversais. A bursa masculina tem lóbulos laterais e dorsais e uma membrana bursal acessória situada anteriormente no lado dorsal. As espículas são castanhas pigmentadas, relativamente curtas e terminam posteriormente em dois ou três processos. Uma pequena aba anterior pode cobrir a vulva da fêmea.
Marshallagia (Ostertagia) marshalli: Tem um ciclo de vida semelhante ao da Ostertagia. Quando ingeridas, as larvas penetram na mucosa gástrica do abomaso e produzem nódulos com 2-4 mm de diâmetro. Os nódulos, nesta espécie, albergam mais do que uma larva, que amadurece em 15-18 dias. O desenvolvimento pode também ser interrompido nesta espécie. Os ovos desta espécie são grandes e frequentemente confundidos com os ovos da espécie Nematodirus.

GÉNERO TRICHOSTRONGYLUS

As espécies deste género são pequenas, delgadas, de cor castanho-avermelhada pálida, sem uma extremidade da cabeça especialmente desenvolvida. Não existe cápsula bucal. O poro excretor está geralmente situado numa incisura ventral bem visível, perto da extremidade anterior. A bursa masculina tem lóbulos laterais longos, enquanto o lóbulo dorsal não é bem definido.
As espículas são robustas, estriadas e pigmentadas de castanho, estando presente um gubernáculo. Os ovos são ovais, de casca fina e segmentados aquando da postura.
Trichostrongylus probolurus: Ocorre no intestino delgado de camelos e outros ruminantes e, acidentalmente, no homem. As espículas são iguais e têm 0,126-0,134 mm de comprimento.
Trichostrongylus colubriformis: Encontrado na parte anterior do intestino delgado e, por vezes, também no abomaso dos camelos e de outros ruminantes e antílopes. Os machos têm 4-5,5 mm de comprimento e as fêmeas 5-7 mm. As espículas são iguais, com 0,1350,156 mm de comprimento. Os ovos medem 79-101 x 39-47 um.
Trichostrongylus vitrinus: O T. vitrinus foi registado nos intestinos e raramente no abomaso de camelos, pequenos ruminantes, porcos, coelhos e homem de todo o mundo. As espículas são iguais e têm 0,16-0,17 mm de comprimento. Os ovos medem 93-118 x 41-52 um. Os machos têm 4-7 mm de comprimento e as fêmeas 5-8 mm.

GÉNERO COOPERIA

Os Cooperides são tricostrongilos relativamente mais pequenos e vivem no intestino delgado de ruminantes e camelos em todo o mundo. O ciclo de vida e a epidemiologia são semelhantes aos do Trichostrongylus sp.
Cooperia onchophora: Ocorre no intestino delgado de camelos, bovinos, ovinos e raramente em cavalos. Os machos têm 5,5-9 mm de comprimento e as fêmeas 6-8 mm. As espículas têm 0,240,3 mm de comprimento.
Cooperia pectinata: Foi registada em intestinos delgados de camelos, bovinos e raramente em ovinos. O macho tem 7 mm de comprimento e a fêmea 7,5-9 mm. As espículas têm 0,240,28 mm de comprimento.

GÉNERO NEMATODIRELLA

Este género assemelha-se a Nematodirus. As partes anteriores do corpo são estreitas; as espículas são iguais, muito longas, até metade do comprimento do corpo. Foram registadas três espécies em ruminantes: N. longispiculata, N. cameli e N. dromedari. Os ovos de todas essas espécies são grandes, com 230-270 por 110-140 um. Nematodirella dromedari: Lodha e Raisinghani (1979) registaram a ocorrência desta espécie em camelos.

Ciclo de vida dos Trichostrongyloidae

Os ovos que são eliminados nas fezes do hospedeiro são do tipo estrôngilo, com casca fina e na fase de 8 a 32 células (blastómeros). Assim, a larva infecciosa do terceiro estádio é produzida em quatro a seis dias em condições óptimas (27° C, O_2, H_2O). A migração das larvas nas folhas de relva ocorre quando a intensidade da luz é de cerca de 62 footcandles; a humidade favorece a migração, mas mais de 0,12 ml de água por centímetro quadrado de solo dificulta o movimento. Consequentemente, o maior número de larvas encontra-se nas folhas de relva no início da manhã e no início da noite, quando a temperatura, a humidade e a intensidade da luz são favoráveis.
A infeção ocorre através da ingestão de larvas infectantes presentes na erva. Após a ingestão de larvas infectantes, o desenvolvimento e a sobrevivência dos estádios de vida livre das espécies de Trichostrongylus dependem do clima e das condições das pastagens. Em geral, o estádio infecioso é produzido em quatro a seis dias em condições óptimas a 27° C. A temperatura mínima para o desenvolvimento situa-se entre 10 e 15° C. O desenvolvimento mais rápido ocorre no verão, sendo o pico da carga larvar nas pastagens atingido em seis a oito semanas, o que resulta em infestações pesadas.

Família Strongyloidae

Os membros desta família existem tanto como parasitas como de vida livre. A geração parasitária tem esófago cilíndrico marcadamente alongado e é heterogénea A geração de vida livre possui esófago com pólo valvulado.

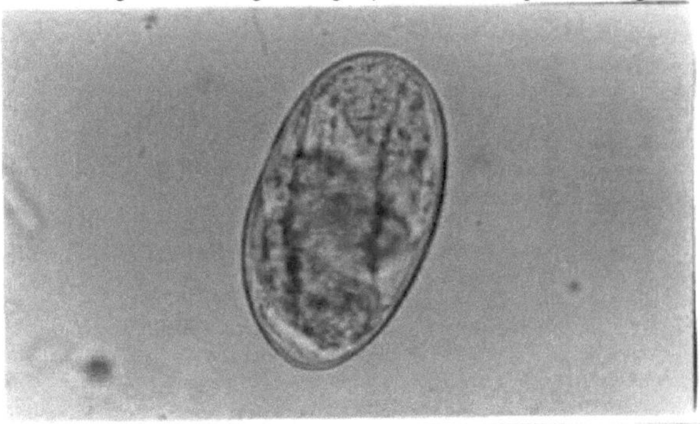

Ovos de Strongyloides

GÉNERO STRONGYLOIDES

As formas parasitárias deste género são partenogenéticas. Os seus ovos podem dar origem, fora do hospedeiro, diretamente a larvas infectantes de outra geração parasitária ou a uma geração de machos e fêmeas de vida livre. O esófago da geração de vida livre é rabdiforme. A vulva encontra-se perto do meio do corpo, os ovos são poucos mas grandes e têm uma casca fina. Esta geração não parasita produz uma geração parasita. O esófago da geração parasitária não é rabditiforme mas sim cilíndrico, sem bolbo posterior. As larvas infectantes da geração parasitária são capazes de penetrar na pele do hospedeiro e passar com o sangue para os pulmões, subindo depois pela traqueia até à faringe e até aos intestinos.

Strongyloides papillosus: Ocorre no intestino delgado de ovinos, caprinos, bovinos, camelos e outros ruminantes. Tem 3,5 a 6 mm de comprimento e 0,05-0,06 mm de espessura. Os ovos têm extremidades bastante rombas e cascas finas. Medem 40-60 x 20-25 um e contêm embriões completamente desenvolvidos quando são eliminados nas fezes do camelo.

Família Trichuroidae

Os membros da família são vermes de tamanho médio a grande, sendo a parte posterior do corpo muito mais espessa do que a anterior. O género de maior importância é o Trichuris.

GÉNERO TRICHURIS

Os ovos atingem a fase infecciosa após cerca de três semanas em condições favoráveis; no entanto, o desenvolvimento pode ser muito mais prolongado a temperaturas mais baixas (por exemplo, 6-20° C), uma vez que o desenvolvimento está relacionado com a humidade e a temperatura do solo. Os ovos infecciosos podem permanecer viáveis durante vários anos. O hospedeiro adquire a infeção através da ingestão dos ovos, e as larvas penetram no intestino delgado anterior durante dois a dez dias antes de se deslocarem para o ceco, onde se transformam em adultos.

Os vermes pertencentes a este género são geralmente conhecidos como "vermes-chicote", uma vez que a parte anterior do corpo é longa e delgada, enquanto a parte posterior é muito mais espessa. A extremidade posterior do macho é enrolada e tem uma espícula rodeada por uma bainha saliente, geralmente armada com finos espinhos cuticulares. A vulva está situada no início da parte larga do corpo.

Trichuris ovis: O macho é frequentemente observado no ceco dos camelos e de outros ruminantes. O Trichuris ovis tem 50-80 mm de comprimento; a extremidade anterior constitui três quartos do comprimento. A fêmea tem 35-70 mm de comprimento, dos quais a extremidade anterior constitui 2/3 - 4/5. A espícula totalmente evaginada tem 5-6 mm de comprimento. A bainha apresenta um inchaço oblongo a uma curta distância da sua extremidade distal e está coberta de espinhos minúsculos, que diminuem de tamanho em direção à extremidade distal. Os ovos são castanhos, em forma de barril, com um tampão transparente em cada pólo e medem 70-80 x 30-42 um, incluindo os tampões. Quando são postos, contêm um embrião não segmentado.

Trichuris globulosa: Encontrado no ceco dos camelos e noutras espécies de ruminantes. O macho mede 40-70 e a fêmea 42-60 mm, constituindo a parte anterior cerca de 2/3 -3/4 do comprimento. A espícula mede 4,2 - 4,8 mm e a sua bainha apresenta uma expansão terminal, esférica, na qual os espinhos são maiores do que na parte restante. Os ovos medem 68 x 36 um e são semelhantes aos de T. ovis.

Trichuris cameli: Encontra-se no intestino grosso dos camelos.

T. tenuis, **T. raoi** e **T. skrjabini** também foram registados em camelos.

Alguns outros parasitas nemátodes de importância relativamente menor que foram registados em camelos são

Physocephalus cristatus: Este nemátodo pertence à família Thelaziidae. Os ovos do parasita são eliminados nas fezes do hospedeiro, onde são engolidos por escaravelhos caprófagos. Sabe-se que um grande número de escaravelhos actua como hospedeiro intermediário. Nestes, as larvas desenvolvem-se até à fase infecciosa em cerca

de 28 dias. Os camelos ficam infestados ao comerem estes escaravelhos. Habitam o abomaso dos camelos.
Chobetia ovina: Este nemátodo pertence à família "Trichonematidae". Ocorre no intestino grosso dos camelos e de outros ruminantes. Os machos têm 13-14 mm de comprimento e as fêmeas 17-20 mm. A extremidade anterior é curvada ligeiramente para ventral e a grande cápsula bucal abre-se anterio-ventralmente. A abertura bucal está rodeada por uma fila dupla de pequenos elementos cuticulares que representam a coroa foliar. Existe um sulco cervical ventral pouco profundo e, anteriormente, uma vesícula cefálica ligeiramente insuflada. A bursa masculina é bem desenvolvida e as espículas têm 1,3 - 1,7 mm de comprimento, com um gubernáculo. A vulva da fêmea abre-se a cerca de 0,4 mm da extremidade posterior. Os ovos medem 90-105 x 50-55 um. O ciclo de vida é direto.
Oesophagostomum spp. Pertencem à família "Tichonematidae" e são os nemátodos de ocorrência rara nos camelos. Os membros deste género têm uma cápsula bucal cilíndrica, geralmente estreita. A coroa foliar está presente. Existe um sulco cervical ventral perto da extremidade anterior, antes do qual a cutícula é dilatada para formar uma vesícula cefálica. Habitam o intestino grosso dos camelos. Estes nemátodos são frequentemente designados por vermes nodulares, devido ao facto de várias espécies provocarem a formação de nódulos nas paredes dos intestinos.
Bunostomum spp. Estes parasitas pertencem à família Ancylostmatidae e à subfamília Necatorinae. Duas espécies deste género foram raramente registadas em camelos: B. trigonocephalum e B. phlebotomum. O primeiro parasita é um verme em forma de gancho que ocorre no intestino delgado (o macho tem 12-17 mm de comprimento e a fêmea 19-20 mm). A segunda espécie também habita o intestino delgado (o macho tem 10-18 mm de comprimento e a fêmea 24-28 mm). Os ovos medem cerca de 106 x 46 um. Têm extremidades arredondadas e células embrionárias com pigmentação escura.

Patogénese dos Nemátodos Gastrointestinais

A patologia causada pelos parasitas gastrointestinais é variada. A infeção por Ostertagia spp. está associada à destruição morfológica e funcional das glândulas gástricas do abomaso. A patologia primária causada por Haemonchus contortus é uma hemorragia acentuada através de feridas na mucosa do abomaso. A infestação por Trichostrongylus spp. e Nematodirus spp. causa atrofia das vilosidades e os adultos de Oesophagostomum spp. no intestino grosso causam ulceração e hemorragia.
Em geral, observa-se anorexia e, por conseguinte, uma redução da ingestão de alimentos nos animais parasitados. Há uma proliferação extensiva de células epiteliais no trato gastrointestinal parasitado, o que resulta na substituição de células funcionais diferenciadas por células imaturas não funcionais com complexos juncionais intercelulares imperfeitamente formados. Isto resulta na fuga de macromoléculas através da mucosa para o intestino. O aumento da síntese de ureia, possivelmente metabolizada a partir de amoníaco resultante da desaminação de aminoácidos, os níveis elevados de ureia plasmática e o aumento da excreção de azoto urinário contribuem para o balanço inferior de azoto dos animais parasitados (Soulsby, 1982).
A absorção de cálcio e fósforo é deprimida, causando, por sua vez, uma paragem no desenvolvimento do esqueleto dos camelos jovens. A absorção de selénio também é retardada. Devido ao efeito debilitante do parasitismo, o corpo perde a capacidade de resistir a agentes infecciosos menores, e uma infeção secundária pode tirar a vida do animal. Os animais infestados com helmintas mostram inapetência, levando à anorexia e, combinada com a má utilização dos alimentos, tornam-se emaciados (Fahmy et al., 1983). A anemia pode ser observada em animais com cargas de parasitas (Arzoun et al., 1984), mesmo com parasitas que não são sugadores de sangue. As peças bucais cortantes utilizadas para a fixação podem provocar a saída de plasma e de células dos capilares. Os sinais da doença são geralmente uma expressão de uma infestação mista e são provavelmente evidentes apenas quando um grande número de vermes está presente (Partani et al., 1998). ElAbdin et al (1975) registaram um aumento em algumas das actividades enzimáticas de camelos infestados com nemátodos.

CESTODES (TÉNIAS)

As ténias, que infestam os camelos, pertencem à classe "Eucestoda", ordem Anoplocephalidea e família Anoplocephlae. Foram registados dois géneros que infestam os camelos, ou seja, Monezia e Stilezia (Kasim e Shawa, 1984; Rao e Sharma, 1995).
As proglótides maduras separam-se do resto da ténia e, juntamente com os ovos, são eliminadas com as fezes. O desenvolvimento dos cisticercóides ocorre nos ácaros oribatídeos, que são um verdadeiro hospedeiro intermediário. As fases infecciosas desenvolvem-se em cerca de 4 meses. Os camelos adquirem a infeção através dos ácaros. A maturação posterior até à ténia adulta no intestino delgado demora 37-40 dias (Soulsby, 1982). Uma infestação intensa prejudica a nutrição e causa debilidade ou mesmo obstrução intestinal. Pode haver uma sazonalidade da infestação, dependendo do grau (Prokopic et al., 1976).
Monezia expensa: Muitos trabalhadores, em todo o mundo, recuperaram Monezia expensa de camelos (Kasim e Al Shawa, 1984). Uma ténia intacta pode atingir 600 cm de comprimento e 1,6 cm de largura. O escólex tem 0,36-0,8 mm e tem ventosas proeminentes e não tem ganchos. Os ovos têm uma forma algo triangular, contendo um aparelho piriforme bem desenvolvido e medem 56-67 um de diâmetro.
Stilezia vittala: Este anoplocefalídeo é muito comum no intestino dos camelos árabes.
Stilezia hepatica: Ocorre nos canais biliares de ovinos, caprinos, bovinos e ruminantes selvagens e raramente em camelos. Os adultos têm 20-50 cm de comprimento e até 3 mm de largura. O escólex tem ventosas proeminentes e tem um pescoço largo. As proglótides são curtas. Os órgãos genitais são únicos e os poros genitais alternam-se irregularmente. O útero é longo, transversal e em forma de haltere, e os ovos passam para dois órgãos paruterinos,

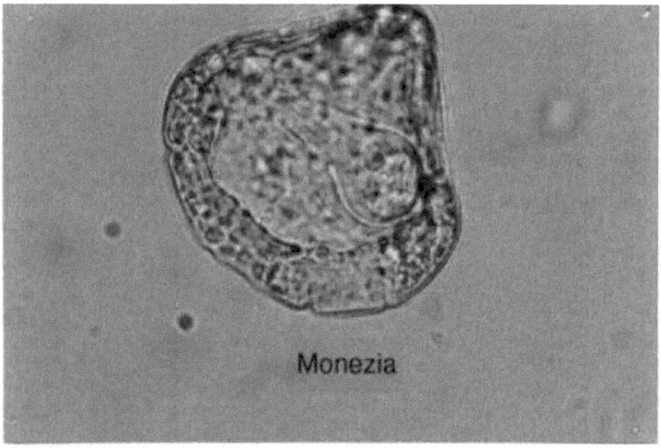

cada uma contendo cerca de 30 ovos. Os ovos ovóides não possuem aparelho piriforme. Medem 26 x 16-19 um. O ciclo de vida não é conhecido, mas pode envolver ácaros.

TREMATODOS

A prevalência de trematódes é muito baixa na Penisula arábica, mas a Fasciola hepatica foi registada em muitos países por vários trabalhadores. Magzoub e Kasim (1978) registaram uma elevada prevalência de F. hepatica na província oriental da Arábia Saudita. A ocorrência de paramphistoma também foi registada em camelos por Sey (1977).

O sistema circulatório pode ser infestado por Trematódeos. Schistosoma bovis, S. indicum, S. nasalis e Ornithobilhargia turkestanic foram registados como infestando camelos (Manefield e Tinson, 1996).

Schistosoma bovis: Pode ocorrer nas veias porta e mesentérica dos camelos e de algumas outras espécies de animais. Os machos de S. bovis têm 9-22 mm de comprimento e 1-2 mm de largura, dependendo do grau de dobragem dos bordos laterais. A fêmea tem 12-28 mm de comprimento. As ventosas e o corpo do macho atrás das ventosas estão armados com espinhos minúsculos, enquanto a superfície dorsal do macho apresenta pequenos tubérculos tegumentares.

Schistosoma indicum: Ocorre nas veias porta e mesentérica de camelos, ruminantes e equídeos na Índia e no Paquistão. O adulto mede 5-22 mm e os ovos nas fezes medem 57-140 X 18 - 72 um.

Schistosoma nasalis: Os adultos medem 5-11 mm de comprimento. Os ovos têm forma de boomerang e 350-380 por 50-80 um. O parasita desenvolve-se nas veias da mucosa nasal do camelo e de outros animais no Paquistão e na Índia (Soulsby, 1982). Os parasitas adultos causam dilatação e trombose da veia. A mucosa nasal está repleta de granulomas e abcessos contendo ovos.

O ciclo de vida das espécies de Schistosoma inclui:

A fêmea ovígera penetra profundamente nos pequenos vasos da mucosa ou submucosa do intestino, deposita os ovos nos capilares, de onde os ovos passam através da parede intestinal para o lúmen intestinal e saem nas fezes. Quando são postos, os ovos não estão completamente maduros e continuam o seu desenvolvimento à medida que são eliminados nas fezes. Os ovos eclodem após contacto e diluição das fezes com água. A agitação assegura uma eclosão óptima. Os miracídios infectam os caracóis aquáticos, que são o hospedeiro intermediário. Os miracídios penetram nos tecidos do caracol e desenvolvem-se duas gerações de esporocistos, a segunda formando as cercárias, que emergem do caracol e nadam na água. A emergência das cercárias do caracol é periódica. A infeção do hospedeiro definitivo faz-se por penetração ativa na pele, embora as cercárias possam penetrar nas paredes do rúmen quando ingeridas com água. As cercárias transformam-se em esquistossómulos, que são transportados para os pulmões através da circulação dentro de 4-7 dias. Em seguida, são transportados para o fígado, presumivelmente através da corrente sanguínea e, a partir de 8 dias, os esquistossomas são encontrados nas veias porta do fígado. O emparelhamento dos vermes ocorre nas veias portais antes de deixarem o fígado para atingirem a maturidade nas veias mesentéricas.

O Praziquantil parece ser o medicamento de eleição, 60 mg/kg em dose única ou três doses de 20 mg/kg administradas com 4 horas de intervalo. Também podem ser administrados niridazol, hicantona, oxamniquina, furaprodieum, emético de tártaro, antimosano e estibofeno.

Ornithobilharzia turkestanicum: Ocorre nas veias mesentéricas de camelos e outros animais na Rússia, Turquestão, Cazaquistão, Mongólia, Iraque e França. O hospedeiro intermediário é o caracol (Lymnaea euphratica). O comprimento do macho é de 4,2 - 8 mm e o da fêmea de 3,4 - 8 mm. Os ovos medem 72-77 X 18-26 um (Soulsby, 1982).

Eurytrema pancreaticum: É raro nos camelos e reside nos ductos pancreáticos e, por vezes, nos ductos biliares e no duodeno. Mede 8-16 x 5-8,5 mm. Os caracóis e os funis de capim são hospedeiros intermediários.

Diferentes métodos de exame das fezes para deteção de parasitas gastrointestinais

A menos que já tenham sido observados parasitas adultos nas fezes, deve ser efectuado um exame fecal para iniciar o processo de diagnóstico. Os métodos de exame fecal incluem esfregaço direto, sedimentação, Mc Master, flutuação de Lanes e flutuação de Willies (Soulsby, 1982). De acordo com Kayum et al. (1992), a flutuação de Willis é o método mais adequado para a deteção de nemátodos gastrointestinais nas fezes de camelos; no entanto, as espécies de Blantidium só podem ser observadas nos esfregaços directos e no método de sedimentação. Assim, recomendam o método de flutuação de Willis para o exame fecal de rotina, complementado com o exame direto de esfregaços de amostras de diarreia. A contagem de ovos é boa para sugerir uma terapia.

Tratamento e controlo

As informações sobre o tratamento de nemátodos gastrointestinais em camelos são extrapoladas a partir da experiência com bovinos e pequenos ruminantes (El-Bihari, 1985). Foram efectuados ensaios com alguns medicamentos por El Molla et al. (1981), Lodha et al. (1977), Michael et al. (1980), Selim et al. (1983), Saleh et al. (1987), Sharrif et al. (1997), Partani et al. (1995). Estes últimos trabalhadores observaram alguma variação na eficácia de alguns anti-helmínticos. Estudaram a eficácia de 5 anti-helmínticos e concluíram que a ivermectina era o medicamento mais eficaz nos camelos (Boyce et al., 1984), seguida do albendazol, do levamisole, do fenbendazol e do tetramisol. O albendazol e o fenbendazol não mostraram um efeito útil contra o Trichuris, mas o levamisole e o tetramisole foram eficazes contra este parasita. O tartarato de morantel também dá bons resultados em camelos. Os parasitas podem frequentemente adquirir resistência aos medicamentos. Deve-se ter cuidado para evitar o uso frequente e a subdosagem dos medicamentos. A terapia deve ser administrada apenas aos animais com um número suficiente de ovos. Também é útil mudar os medicamentos.

O Praziquanet (Droncit) numa dose de 2,5-10 mg/kg, administrado por via oral ou sob a forma de injeção, pode ser eficaz no tratamento da infestação por ténias. O fenbendazol na dose de 10-15 mg/kg é eficaz em bovinos e ovinos.

PARASITAS GASTROINTESTINAIS EXTRA

ONCOCERCARIOSE

Foram registadas três espécies de Onchocerca nos camelos. As espécies do género Onchocerca são vermes filariformes alongados. Vivem no tecido conjuntivo do seu hospedeiro, dando frequentemente origem a nódulos firmes nos quais se encontram enrolados. A cutícula é estriada transversalmente e, além disso, apresenta espessamentos espirais característicos que são geralmente interrompidos nos campos laterais. As microfilárias encontram-se na pele, nos espaços linfáticos e nos espaços do tecido conjuntivo. Os hospedeiros intermediários são insectos das famílias Simuliidae e Ceratopogonidae.

Onchocerca fasciata: foram registados por Bain e Nasher (1981) em populações de camelos. De acordo com Cheema et al. (1984), 20% de 478 camelos tinham nódulos subcutâneos e nucais deste parasita. A doença é caracterizada pela presença de nódulos (ninhos de vermes) no subcutâneo (região da cabeça e do pescoço) e, menos frequentemente, na fáscia do ligamento nucal. Os nódulos contêm vermes vivos degenerados ou calcificados e células inflamatórias. As microfilárias, com 245-294 um de comprimento, encontram-se sempre na pele das regiões da cabeça e do pescoço; são particularmente abundantes na crista anterior do pescoço e em redor das pálpebras inferiores dos olhos. O vetor de O. fasciata é desconhecido, mas as espécies de Cuticoides podem desempenhar um papel na transmissão, uma vez que as moscas negras, o vetor das espécies de Onchocerca, são poucas nos habitats dos camelos.

Onchocerca gutturosa: (El Sinnary e Hussain, 1981). É de ocorrência rara e encontra-se no ligamentum nuchae e noutras partes do corpo, como na cartilagem escapular e nas regiões da anca, do joelho e do ombro. Holdsworth e Moorhouse (1985) registaram a sua ocorrência na Austrália. Os machos têm 2,9-3,0 cm de comprimento e as fêmeas 60 cm ou mais. As microfilárias, com 200-230 um, encontram-se na pele do hospedeiro, mas o local de predileção varia e podem ser encontradas praticamente em todo o corpo. Os parasitas adultos não são patogénicos. Os parasitas ocorrem em túneis e nódulos no tecido conjuntivo, com uma reação invulgarmente reduzida.

Onchocerca armilata: Encontra-se em túneis tortuosos e nódulos na aorta. Nas fases iniciais, observam-se túneis elevados e alguns nódulos. Em lesões antigas, as paredes da aorta tornam-se espessadas e a íntima apresenta numerosos túneis tortuosos e numerosos nódulos contendo líquido amarelo caseoso ou viscoso e vermes enrolados. Em condições mais crónicas, ocorre calcificação dos nódulos, a parede da aorta torna-se mais fina e podem ser observados aneurismas (Cheema e Ivoghli, 1978). O parasita adulto geralmente não causa sinais clínicos. Mas um número excessivo de microfilárias resulta em ataques epilépticos em bovinos. El Mannan et al. (1988) registaram oncocercose vascular em camelos do Sudão.

Normalmente, não há evidência clínica da presença de microfilárias na pele. No entanto, a dermatite sazonal (verão), esporádica, com vários nomes, como dermatite alérgica, etc., é observada em todo o mundo (Hussein et al, 1988). Existe uma dermatite papular ou exsudativa com alopécia e prurido grave. As microfilárias podem ou não estar presentes nesta doença. Assim, muitos autores consideram que esta doença se deve a uma reação alérgica à picada de insectos Ceratopogonídeos ou Simulídeos. É possível que a etiologia da dermatite nos animais seja dupla, estando associada a uma reação imunológica às microfilárias mortas e moribundas na pele de alguns animais e a uma reação alérgica às picadas de insectos noutros animais.

As oncocercas adultas nos ligamentos só podem ser detectadas no exame post-mortem. Os parasitas que residem

nos nódulos da pele podem ser palpados. As microfilárias podem ser encontradas nos espaços linfáticos subcutâneos. Uma biopsia cutânea efectuada no local de predileção revelará microfilárias, se presentes. O líquido extraído dos gânglios linfáticos afectados pode revelar a presença de microfilárias. Os nódulos de oncocerca devem ser diferenciados dos nódulos de tuberculose (Michael e Saleh, 1977).
A dietilcarbamazina é microfilaricida e é utilizada tanto no homem como nos animais na dose de 5-8 mg/kg administrada diariamente durante 21 dias. Os corticosteróides devem ser aplicados topicamente. O metrifonato suprime a microfilaremia e o triclorofão também tem sido utilizado com êxito. As ivermectinas também são úteis no tratamento da oncocercose (tanto dos adultos como das microfilárias).

DIPETALONEMATOSE

O Dipetalonema evansi é um importante hemoparasita do dromedário (El-Bihari, 1986; Butt et al. 1996). Foi detectado nas artérias pulmonares e espermáticas e nos gânglios linfáticos de camelos no Egipto, Extremo Oriente, Sudeste Asiático e Leste da URSS. Trata-se de um filarídeo bastante grande, com o macho a medir 75-90 mm e a fêmea 170-215 mm. As microfilárias medem 250-300 um. Até 80% dos camelos podem estar infectados nas repúblicas orientais da URSS e suspeita-se que o mosquito Aedes detritus seja um hospedeiro intermediário. Butt et al. (1998) registaram uma incidência de 12,5 - 14,5% de microfilárias de Dipetalonema evansi em camelos. Os camelos infectados podem sofrer de arteriosclerose e insuficiência cardíaca. Pode desenvolver-se uma orquite parasitária ou podem estar presentes aneurismas nos vasos espermáticos (Youssef, 1976).
O parasita maduro pode causar sintomas respiratórios (dispneia) quando está presente em grande número nos pulmões. Nagaty (1947) relatou a presença de um grande número de vermes machos e fêmeas reunidos para formar uma massa do tamanho de uma bola de golfe na aurícula direita do camelo. Saleh e Abdin (1982) efectuaram estudos bioquímicos em camelos infestados com D. evansi.
O diagnóstico é feito através do exame de película espessa húmida ou corada ou através da concentração de microfilárias no sangue pela técnica de Knott ou métodos adequados semelhantes. Os antigénios dos parasitas foram utilizados para diagnosticar a doença por Rifaat et al (1973).

PULMÕES

Dictyocaulus viviparous, D. filaria e D. cameli foram ocasionalmente registados como infectando camelos. Os vermes residem na traqueia, nos brônquios e nos bronquíolos. A incidência é mais elevada nos camelos bacterianos do que nos dromedários. Dictyocaulus cameli é considerado sinónimo de D. viviparus (Priadko e Baitursinov, 1984).
Dictyocaulus viviparus: Ocorre nos brônquios do camelo e de alguns outros ruminantes em todo o mundo. O macho mede 4-5,5 cm de comprimento e a fêmea 6-8 cm. Os ovos medem 82-88 x 33-38 um.
Dictyocaulus filaria: Reside nos brônquios de ovelhas, cabras, camelos e alguns outros ruminantes selvagens em todo o mundo. O macho mede 3-8 cm e a fêmea 5-10 cm de comprimento. Os vermes têm uma cor branca leitosa e o intestino apresenta uma linha escura. Os ovos medem 112-138 x 69 - 90 um.
Os ovos podem eclodir nos pulmões, mas geralmente são tossidos e engolidos, e as larvas do primeiro estádio eclodem enquanto atravessam o trato alimentar do hospedeiro. Alguns ovos podem ser expelidos no corrimento nasal ou na expetoração. As larvas do primeiro estádio passam para as fezes (0,55-0,58 mm). Após um ou dois dias, a larva atinge o segundo estádio, mas não deixa cair a cutícula velha até atingir o terceiro estádio, ou estádio infecioso. Em condições ideais, o estádio infecioso é atingido em 6-7 dias. A infestação do hospedeiro ocorre per os. As larvas penetram na parede intestinal no prazo de três dias e passam através dos vasos linfáticos para os gânglios linfáticos mesentéricos, onde se desenvolvem e realizam a terceira ecdise cerca de 4 dias após a infestação. O verme pode agora passar através dos vasos linfáticos e sanguíneos para os pulmões, onde fica preso nos capilares e penetra nas vias respiratórias. O desenvolvimento até à maturidade no hospedeiro demora 4 semanas. O ciclo de vida da D. vivparous e da D. cameli também se assemelha ao ciclo de vida da D. filaria.
A ivermectina, o tetramisol, o levamisol, o albendazol, o fenebendazol, o oxfendazol, o morantel, o metilridrnico, a dietilcarbamazina e a citinacetoxazina são utilizados com diferentes graus de sucesso. Wundersee e Tschener (1976) trataram com sucesso a infestação por D. filaria com mebendazol.

OVNIOS

Os parasitas do género Thelazia encontram-se no saco conjuntival ou no ducto lacrimal de mamíferos e aves.
Thelazia leesi: Round (1962) registou a sua ocorrência em dromedários da URSS e da Ásia. A sua ocorrência é muito rara.

DOENÇA HIDRATADA

Ecchinococcus granulosus: Encontra-se no intestino delgado de animais carnívoros (particularmente no cão). O seu estado intermédio (quisto hidratado) é encontrado muito frequentemente no homem e num grande número de animais, incluindo camelos (Aboudaya, 1985; Abu Damir et al., 1985; Abdul Salam et al., 1988; Abdel Hafez et al., 1986; Afshar et al., 1971; Dada, 1978; El Ridi, 1983; Hassounah e Behbehani, 1976; Lodha et al., 1982).
O Ecchinococcus granulosus liberta ovos nas fezes dos carnívoros, que são imediatamente infecciosos quando ingeridos por ungulados. As oncosferas penetram nas vénulas intestinais ou nos linfáticos para chegar ao fígado, aos pulmões ou a qualquer outro órgão (Mahamud, 1984). Os quistos hidratados desenvolvem-se lentamente ao longo de vários meses. Os quistos hidáticos têm normalmente 5-10 cm de diâmetro ou mais. Foi registado um quisto com 50 cm de diâmetro e contendo cerca de 16 litros de líquido. O quisto hidático é geralmente uniocular e é composto por uma membrana exterior concentricamente laminada bastante espessa. A partir desta,

desenvolvem-se cápsulas de criação, cada uma contendo protoscolices, cerca de cinco meses após a infeção. Nesta altura, o quisto é infecioso para o hospedeiro definitivo. As cápsulas de criação podem desprender-se e flutuar livremente no fluido do quisto, sendo designadas por areia hidática. Ocasionalmente, desenvolvem-se quistos filhos no interior do quisto hidático. Se um quisto se romper, os proscólitos e as cápsulas de cria podem desenvolver-se noutros quistos filhos externos. Podem também formar-se quistos filhos externos se um pedaço de membrana germinativa ficar encerrado numa camada laminada. O ciclo de vida completa-se quando um cão ingere protoscolices. Estes evaginam, penetram profundamente entre as vilosidades nas criptas de Lieberkuhn e desenvolvem-se até à maturidade em cerca de 47 dias. Os cães podem permanecer infestados durante cerca de 2 anos. Os protocistos não são produzidos por todos os quistos hidáticos. Os que não produzem protoscolículos são estéreis.

A prevalência de quistos em camelos varia consoante o local. Foram registadas taxas de até 49% (Babero et al., 1963). Depende da associação dos camelos com cães. Na maior parte dos casos, os quistos são diagnosticados aquando do exame post mortem. Al Abbasy et al. (1984) avaliaram o teste de hemaglutinação para o diagnóstico de hidatidose em camelos. Também se está a tentar diagnosticar a doença através de marcadores de ADN (Zhang et al., 1998). Está indicado o tratamento de cães de companhia contra as ténias e a erradicação de cães vadios.

Coenurus cerebralis: É o estádio larvar da ténia, Taenia multiceps, do cão. Também foi registada em camelos (Burgmeister et al, 1975). Pode causar a doença neurológica "gid".

A ocorrência de Cysticercus dromedarii em camelos foi registada por El Sergany et al (1970).

REFERÊNCIAS

Aboudaya, M.A. 1985. Prevalência de Echinococcus granulosus em animais domésticos na Líbia. Trop. Anim. Hlth. Prod., 17(3):169-170.

Abu Damir, H., M.H. Tageldin, e A.A. Wahbi. 1985. Nota sobre um caso de hidatidose generalizada num dromedário. Revue Elev. Med. Vet. Pays Trop., 38(3):253-257.

Abdul Salam, J.M. e M.A Farah. 1988. Flutuações sazonais de helmintos gastrointestinais de camelos no Kuwait. Vet. Parasit., 28(1-2):93-102.

Abdul salam, J.J.M. e M.A. Farah. 1988. Hidatidose em camelos no Kuwait. Parasitol. Res., 74(3):267-270

Abdel Hafez, S.K., F.M. Al Yaman, e I.M. Said. 1986. Further studies on prevalence of hydatidosis in slaughtered animals from North Jordan. Z. Parasitkdc, 72(1):89-96.

Afshar, A., I. Nazarian, e B. Baghban-Baseer. 1971. Um estudo da incidência de quisto hidratado em camelos no Sul do Irão. Br. Vet. J., 42(11):544-546.

Al Abbasy, S.N., S.K. Mubarak, e S.R. Ali. 1984. Avaliação do teste de hemaglutinação indireta para o diagnóstico de hidatidose em ovinos, bovinos e camelos. In: Proceedigs of the 3rd Arab scientific conference of biological science, Amman (JOR), National centre for agricultural documentation, pp. 39-54.

Altaif, K.I. 1974. Helmintos em camelos no Iraque. Trop. Anim. Hlth. Prod., 6:55-57.

Arzoun, I.H., H.S. Hussein, e M.E. Hussein. 1984. A patogénese da infeção experimental por Haemonchus longistipes em camelos. Vet. Parasit., 14(1):43- 53.

Babero, B.B., M.A. Al Dabagh, A.S. Al Saffar, e F.M. Ali. 1963. A zoonose de parasitas animais no Iraque. VIII. Doença hidática. Ann. Trop. Med. Parasit., 57:499510.

Bain, O. e A.K. Nasher. 1981. Redescription de l'onchocerque du dromadaire O. Fasciata R. et H., 1910. Annls Parasit. Hum. Comp., 56:401-406.

Barus, V., A. Amin, K. Blazek, e F. Moravec. 1976. Nematodes parasitizing domestic ruminants in Afghanistan. Folia Parasit., 23(3):207-216.

Boyce, W., G. Kollias, C.H. Courtney, J. Allen, e E. Chalmers. 1984. Efficacy of ivermectin against gastrointestinal nematodes in dromedary camels. J. Am. Vet. Med. Ass., 185(11):1307-1308.

Burgemeister, R., W. Layk, e R. Gossler. 1975. Studies on the occurrence of parasites and bacterial and viral infections in Southern Tunisian dromedaries (Estudos sobre a ocorrência de parasitas e infecções bacterianas e virais em dromedários do sul da Tunísia). Deut. Tierarz. Wochensch, 82:352-354.

Butt, A.A., N.I. Chaudhary, G. Muhammad, M. Athar, e K. Iqbal. 1996. Prevalence of Haematoparasites among dromedary in and around Faisalabad (Punjab). J. Camel Pract. Res., 3:103-106.

Butt, A.A, G. Muhamed, M. Ather, M. Z. Khan, e M. Anwar. 1998. Evaluation of different tests for the diagnosis of trypanosomiasis and dipetalonemiasis in camels. J. Camel Pract. Res., 5:261-266.

Cheema, A.H. e B. Ivoghli. 1978. Oncocercose bovina causada por Onchocerca armillata e O. gutturosa. Vet. Path., 15:495-505.

Cheema, A.H., S. El Bihari, N.A. Ashour, e A.S. Ali. 1984. Onchocerciasis in camels (Camelus dromedarius) in Saudi Arabia. J. Helminth, 58(4):279-285.

Dada, B.J.O. 1978. Incidência da doença hidática em camelos abatidos no matadouro de Kano. Trop. Anim. Hlth Prod., 10(4):204.

Daynes, P. e D. Richard. 1974. Nota sobre os helmintos (e alguns outros parasitas) do dromedário na Etiópia). Revue Elev. Med. Vet. Pays Trop., 27(1):53-56.

El-Abdin, Y.Z., M.S. Abdel Rahman, S.M. Hamza, e R.M. Abdel Wahab. 1975. Estudos comparativos sobre alguns constituintes do soro e algumas actividades enzimáticas do soro de camelos normais e infestados de nemátodos. Egipto. J. Vet. Sci., 12(1):31-43.

El Bihari, S. 1985. Helminths of camels : A review. Br. Vet. J., 141:315-325.
El Bihari, S. 1986. O camelo na saúde e na doença. 5. Helminths of the camel: a review. Br. Vet. J., 141(3): 315-326.
El Bihari, S. e Z.A. Kawasmeh. 1980. Ocorrência e variação sazonal de alguns helmintos gastrointestinais do dromedário, Camelus dromedarius, na Arábia Saudita. In: Actas da quarta conferência sobre aspectos biológicos da Arábia Saudita, Riade, Arábia Saudita.
El Mannan, A.M., O.A. Ali, M.H. Tag El Din, e Zakia Abbas. 1988. Oncocercose vascular em camelos sudaneses. In: Simpósio internacional sobre o desenvolvimento dos recursos animais no Sudão, Cartum (SDN), 1988/01/03-07, Universidade de Cartum, p.502.
El Molla, A. e Fawzia Fahmy. 1981. Ensaios com alguns anti-helmínticos contra nemátodos gastrointestinais em camelos. Zagazig Vet. J., 4:24-30.
El Ridi, A.M. 1983. Infeção por hidátide em alguns animais no Egipto. J. Egypt. Soc. Parasit., 13(2):413-416.
El Sergany, M.A., E. Eimossalami, e F. El Nawawy. 1970. Estudos histopatológicos sobre carne de camelo infestada com Cysticercus dromedarii. J. Vet. Sci., 7(2):191- 200.
El Sinnary, K. e H.S. Hussein. 1981. Onchocerca gutturosa (Neumann) em camelos no Sudão. Ann. Trop. Med. Parasit., 75:469-470.
Fadl, M., M. Magzoub, e H.J. Burger. 1989. Prevalência de nemátodos gastrointestinais de camelos na zona de pastagem de Butana (região central do Sudão). In: Simpósio internacional sobre o desenvolvimento dos recursos animais no Sudão, Cartum (SDN), Universidade de Cartum, pp. 54-57.
Fahmy, F., F.S. Salem, B.A. Ahmed, e S.E. Mohamed. 1983. Haematological changes in camels suffering from some nematode parasites at Sharkia governorate and the effect of treatment o f these changes. J. Drug. Res. Egipto, 14:89-93.
Ghadirian, E. e F. Arfan. 1973. Trichostrongylosis, uma infeção zoonótica prevalecente no Irão. In: Nono congresso internacional de medicina tropical e malária, vol. 1. Comité de publicações de Atenas, Grécia.
Gill, H.S. 1972. Um estudo sobre as zoonoses parasitárias na Índia. Proc. Ind. Sci. Congr., 59(3):549.
Hassounah, O. e K. Behbehani. 1976. A epidemiologia da infeção por Echinococcus granulosus no Kuwait. J. Helminth, 50(2):65-73
Hayat, C.S., B. Hayat, A. Maqbool, N. Badar, H.A. Hashami, e I. Hussain. 1998. Common Gastrointestinal Helminths of camels of Pakistan (Helmintos gastrointestinais comuns de camelos do Paquistão). J. Camel Pract. Res., 5:251-254.
Holdsworth, P.A. e D.E. Moorhouse. 1985. Onchocerca gutturosa num camelo australiano. Aust. Vet. J., 62(6):201-202.
Hussein, H.S., A.M. Atta El Mannan, e K. El Sinnary. 1988. Onchocerca armillata (Henry, 1909) e Onchocerca gutturosa (Neumann, 1910) em camelos (Camelus dromedarius) no Sudão. Vet. Res. Commun., 12(6):475-480.
Kasim, A.A. e Y.R. Al Shawa. 1984. Cestodes em camelos (Camelus dromedarius) na Arábia Saudita. J. Coll. Sci. Univ. Riyadh, 15(1):133-139.
Kayum, A., M. Afzal, e R. Salman. 1992. Parasitas gastrointestinais em camelos de corrida. Prevalência e avaliação de diferentes métodos de exame fecal. Proc. 1st Int. Camel Conf., pp. 85-87.
Lodha, K.R., P.M. Raisinghani, e R.S. Karwasra. 1977. Ensaios quimioterapêuticos de alguns anti-helmínticos contra parasitas helmínticos em camelos. Ind. J. Anim. Sci., 47(10):677-682
Lodha, K.R. e P.M. Raisinghani. 1979. Report of Nematodirella dromedarii (Nematoda : Trichostrongyloidea) from the Indian camel (Camelus dromedarius) with remarks on the genus Nematodirella Yorke and Maplestone, 1926. Ind. J. Anim. Sci., 49(10):817-822.
Lodha, K.R., P.M. Raisinghani, e U.K. Vyas. 1982. Note on echinococcosis in Indian camel (Camelus dromedarius). Ind. J. Anim. Sci., 52(7):613-616.
Magzoub, M. e A.A. Kasim. 1978. A prevalência da fasciolíase na Arábia Saudita. Trop. Anim. Hlth. Prod., 10:205-206.
Mahamud H.M. 1984. Hidtidose pulmonar em dromedários. Boll. Scient. Fac. Zootec. Vet., Univ. naz Somal, 5:97-100.
Manefield, G.W. e A.H. Tinson. 1996. Camels a Compendium. University of Sydney Post Graduate Foundation in Veterinary Science, Sydney.
Michael, S.A. e S.M. Saleh. 1977. O teste de aglutinação em lâmina para o diagnóstico da filariose em camelos. Trop. Anim. Hlth Prod., 9(4):241-244.
Michael, S.A., A.H. El Refail, e A.J. Higgins. 1980. Evaluation of oxfendazole against natural infections of gastro intestinal nematodes and cestodes in Egyptian camels. Br. Vet. J., 136(1):84-87.
Nagaty, H.F. 1947. Dipetalonema evansi (Lewis, 1882), e suas microfilárias de Camelus dromedarius. Parasit., 38:86-92.
Partani, A.K., D. Kumar, G.S. Manohar, e R. Kumar. 1995. Comparative efficacy of some anthelmintics against gastrointestinal nematodes in camels. J. Camel Pract. Res., 2:97-99.
Partani, A.K., D. Kumar, G.S. Manohar, e A.K. Bhan. 1998. Clinical manifestations of natural infection with gastrointestinal nematodes in camels. J. Camel Pract. Res., 5:255-256.
Priadko, E.I. e K.K. Baitursinov. 1984. Infestação de camelos por Dictyocaulus no Kazakhastan. Izu. Akad. Nauk.

Kazakh, SSR, 3:36-38.
Prokopic, J., K. Blazek, F. Moravee, e A. Amin. 1976. Cestodes of ruminants in Afghanistan. Folia parasit., Praha, 23(2):127-129.
Rao, G.S.C.R. e R.L. Sharma. 1995. Cyclophyllid cestodiosis in camel (camelus- dromedarius) in India. Ind. J. Anim. Sci., 65(3):261-265.
Rifaat, N.A., H.M. Khalil, S.A. Salem, e N.H. Mohamed. 1973. A filária do camelo (Dipetalonema evansi) e a utilização dos seus antigénios no diagnóstico da filariose no Egipto. J. Egypt. Vet. Med. Ass., 33(1-2):75-83.
Round, M.C. 1962. J. Helminth, 36:375.
Saleh, S.M. e Y.Z. El Abdin. 1982. Alguns estudos bioquímicos sobre o soro de camelos infectados e não infectados com Dipetalonema evansi. Egipto. J. Vet. Sci., 19(1-2):141-145.
Saleh, S.M., E.I. Ramadan, A.M.F. Solman, S.M. El Atrash, e M.M. Fahmy. 1987. Estudos comparativos de alguns anti-helmínticos contra parasitas gastrointestinais de camelos. J. Egypt. Vet. Med. Assoc., 47(1-2):339-346.
Selim, M.K. e M.S. Rehman. 1972. Enteric nematodes of camels in Egypt. Egipto J. Vet. Sci., 9:75-80.
Selim, M.K., A.A. Hassan, M.A. Tawfik, e Y.Z. El Abdin. 1983. Efficiency of some anthelmintics against gastrointestinal nematodes of sheep and camels. Egipto. J. Vet. Sci., 20(1):35-38.
Sey, O. 1977. Exame dos anfistomos (Trematoda: Paramphistomata) que parasitam ruminantes egípcios. Parasitologia Hungarica, 10:47-50.
Sharrif, L., K.M. Alqudah, e F.K. Alani. 1997. Prevalência de helmintos gastrointestinais em camelos de uma corcova (Camelus-Dromedarius) na Jordânia. J. Camel Pract. Res., 4(1):67-69.
Soulsby, E.J.L. 1982. Helminths, Arthropods and Protozoa of Domesticated Animals, Bailliere Tindall, London (GBR). pp. 504-507.
Steward, J.S. 1950. Notes on some parasites of camels in Sudan (Notas sobre alguns parasitas de camelos no Sudão). Vet. Rec., 62:835837.
Sultanov, M.A., D.A. Azimov, V.I. Gekhtin, e P.A. Muminov, 1975. Helmintos de camelos (Camelus dromedarius). In: Uzbekistana, Tashkent (SUN), Izdatel' stvo "FAN" pp. 80-81.
Wundersee, W.J. e W. Tscherner. 1976. Treatment of Dictyocaulus filaria infection in bactrian camels with mebendazole. Berlim (DDR), Akademic Veriag, pp. 225-230.
Youssef, A.H. 1976. Orquidectomia na filariose do camelo. J. Egypt. Vet. Med. Ass., 35(3):147-157.
Zhang, L.H., A. Eslami, S.H. Hosseini, e D.P. Mcmanus. 1998. Indicação da presença de 2 estirpes distintas de Echinococcus granulosus no Irão através de marcadores de ADN mitocondrial. Am. J. Trop. Med. Hyg., 59(1):171-174.

Índice

More Books!

I want morebooks!

Buy your books fast and straightforward online - at one of world's fastest growing online book stores! Environmentally sound due to Print-on-Demand technologies.

Buy your books online at
www.morebooks.shop

Compre os seus livros mais rápido e diretamente na internet, em uma das livrarias on-line com o maior crescimento no mundo! Produção que protege o meio ambiente através das tecnologias de impressão sob demanda.

Compre os seus livros on-line em
www.morebooks.shop

info@omniscriptum.com
www.omniscriptum.com

OMNIScriptum

MIX
Papier aus verantwortungsvollen Quellen
Paper from responsible sources
FSC® C105338

Printed by Books on Demand GmbH, Norderstedt / Germany